卫星导航定位技术系列丛书

全球导航定位技术及其应用

QUANQIU DAOHANG DINGWEI JISHU JIQI YINGYONG

主 编 陈 刚
副主编 田建波 陈永祥 陈明剑

内容简介

本书以全球定位系统(GPS)为主体,作者结合教学、科研和生产实践经验,系统介绍了GPS定位技术及其应用。全书共分9章,内容包括全球卫星导航定位系统的组成、空间大地测量基准、国家基础网、工程控制网等,重点讲述了GPS控制网的方案设计、外业观测及数据处理方法和技术。

本书可作为高等学校测绘工程专业本科生和研究生的参考教材,也可供测绘、地震、水利、交通等部门的相关科研工作人员参考。

图书在版编目(CIP)数据

全球导航定位技术及其应用/陈刚主编.—武汉:中国地质大学出版社,2016.10(2017.8重印)

(卫星导航定位技术系列丛书)

ISBN 978-7-5625-2942-2

Ⅰ.①全…

Ⅱ.①陈…

Ⅲ.①全球定位系统

Ⅳ.①P228.4

中国版本图书馆 CIP 数据核字(2016)第 034971 号

全球导航定位技术及其应用		陈 刚 主编
责任编辑:胡珞兰 刘桂涛　　选题策划:蓝 翔		责任校对:张咏梅

出版发行:中国地质大学出版社(武汉市洪山区鲁磨路388号)　　邮编:430074

电　　话:(027)67883511　　传真:(027)67883580　　E-mail:cbb@cug.edu.cn

经　　销:全国新华书店　　Http://www.cugp.cug.edu.cn

开本:787毫米×1 092毫米　1/16　　　　　　　　　　字数:380千字　　印张:15

版次:2016年10月第1版　　　　　　　　　　　　　　印次:2017年8月第2次印刷

印刷:武汉市教文印刷厂　　　　　　　　　　　　　　印数:501—1500册

ISBN 978-7-5625-2942-2　　　　　　　　　　　　　　　　　　　　定价:76.00元

如有印装质量问题请与印刷厂联系调换

前 言

全球卫星导航系统,被称作"人类在太空里的眼睛",GPS 凭借其高精度、全天候、无需通视等优点,在大地测量、工程测量、地质灾害监测和预报等领域已被广泛应用。因而 GPS 导航定位技术已成为测绘相关专业人员的必备工具。

本书结合 GPS 测量的教学、科研和生产实践,从定位原理、测量作业、数据处理等方面对 GPS 定位技术及其应用作了较详细的介绍。作者在编写过程中参考了多本科学著作和教材,严格执行国家现行测量规范,并吸收最新的科学技术成果,力争在学习基础理论知识的同时,加强实践能力的培养。

本书以 GPS 导航定位技术的应用为着眼点,重点阐述了 GPS 控制网的方案设计、外业观测及数据处理方法和技术。全书共分 10 章。第 1、2 章介绍了全球卫星导航系统的基本概念、系统组成和设备检验方法;第 3、4、5 章介绍了国家空间大地测量基准和国家控制网的体系、内容,以及大地控制网的 GPS 数据处理;第 6、7 章介绍了工程控制网的设计和应用实例;第 8、9、10 章介绍了实时精密单点定位技术以及 GPS 基准站(CORS 站)的相关知识和利用 GPS 求取正常高的方法。

书中第 1、4、6、7 章由田建波编写,第 2、3、9、10 章由陈刚编写,第 5 章和附录部分由陈永祥编写,第 8 章由陈明剑编写,最后由陈刚负责统稿。

书后列出的参考文献并非包含本书引用文献的全部,对那些书中提及但是参考文献目录中未能列入的作者表示深深的歉意。

在本书编写期间,魏子卿院士给予了热情鼓励和支持,作者单位的领导也给予了大量支持和帮助,还有一些同事、同行及学生提出了一些建议。在本书完稿之际,作者向他们一并表示最真诚的感谢。

本书的研究工作和出版得到了国家自然科学基金(项目号:41274036)的经费资助。

由于作者水平和编写时间所限,书中难免存在错误及不足之处,敬请读者指正。

目　　录

1 绪　　论 …………………………………………………………………………… (1)
　1.1　GPS 系统 ………………………………………………………………… (1)
　1.2　GLONASS 系统 …………………………………………………………… (2)
　1.3　伽利略系统 ………………………………………………………………… (3)
　1.4　北斗导航定位系统 ………………………………………………………… (7)
2 GPS 接收机 ……………………………………………………………………… (11)
　2.1　GPS 接收机介绍 …………………………………………………………… (11)
　2.2　GPS 接收机检验 …………………………………………………………… (11)
　2.3　数据质量检查（TEQC）…………………………………………………… (20)
3 空间大地测量基准 ……………………………………………………………… (28)
　3.1　基本概念 …………………………………………………………………… (28)
　3.2　WGS84 坐标系 …………………………………………………………… (28)
　3.3　ITRF 框架 ………………………………………………………………… (30)
　3.4　WGS84 与 ITRF 间的转换 ……………………………………………… (33)
　3.5　中国国家 2000 坐标系 …………………………………………………… (34)
4 国家基础网布设 ………………………………………………………………… (36)
　4.1　全国 GPS 一、二级网 …………………………………………………… (36)
　4.2　国家 A、B 级网 …………………………………………………………… (37)
　4.3　中国大陆环境构造监测网络 ……………………………………………… (37)
　4.4　国家基础网技术设计 ……………………………………………………… (39)
　4.5　外业实施方法 ……………………………………………………………… (41)
　4.6　GPS 测量误差分析及模型改正 …………………………………………… (46)
　4.7　野外工作对精度的影响 …………………………………………………… (56)
5 数据处理 ………………………………………………………………………… (61)
　5.1　常用专业软件介绍 ………………………………………………………… (61)
　5.2　GAMIT/GLOBK 软件 …………………………………………………… (62)
　5.3　GAMIT 数据处理 ………………………………………………………… (66)
　5.4　某 GPS 大地控制网 GPS 测量数据处理方案 …………………………… (76)
　5.5　2000 中国大地坐标系下点位坐标的历元归算 ………………………… (78)
　5.6　CGCS2000 与其他大地坐标系之间的坐标变换 ………………………… (85)
6 GPS 工程控制网布设 …………………………………………………………… (91)
　6.1　技术设计 …………………………………………………………………… (91)

  6.2 实施方案 …………………………………………………………………… (92)
  6.3 外业技术总结编写 ………………………………………………………… (95)
  6.4 数据处理 …………………………………………………………………… (96)
  6.5 坐标系统转换 ……………………………………………………………… (103)
  6.6 内业技术总结编写 ………………………………………………………… (105)
  6.7 技术方案的制订 …………………………………………………………… (105)

7 工程控制网布设示例 ………………………………………………………… (109)
  7.1 带状测区示例 ……………………………………………………………… (109)
  7.2 中蒙边界第二次联合检查大地控制网联测实施方案 ………………… (113)
  7.3 面状测区示例 ……………………………………………………………… (122)
  7.4 有方位联测的 GPS 控制网 ……………………………………………… (126)
  7.5 线状 GPS 工程控制网布设方法 ………………………………………… (130)
  7.6 高速铁路测量 ……………………………………………………………… (133)
  7.7 利用 GPS 测定垂线偏差 ………………………………………………… (143)
  7.8 在其他测量方面的应用 …………………………………………………… (145)

8 实时精密单点定位技术 ……………………………………………………… (148)
  8.1 实时精密单点定位观测模型 ……………………………………………… (148)
  8.2 实时精密单点定位星历内插算法 ………………………………………… (158)
  8.3 电离层延迟的改正方法 …………………………………………………… (169)
  8.4 周跳的探测和修复 ………………………………………………………… (174)
  8.5 Kalman 滤波单点定位 …………………………………………………… (178)

9 基准站(CORS 站)与 RTK 测量 …………………………………………… (181)
  9.1 传统 RTK 测量 …………………………………………………………… (181)
  9.2 参考站网(CORS) ………………………………………………………… (183)
  9.3 单参考站 …………………………………………………………………… (194)
  9.4 基准站的建设 ……………………………………………………………… (200)
  9.5 移动 GNSS 基准站 ……………………………………………………… (205)

10 利用 GPS 求取正常高 …………………………………………………… (213)
  10.1 GPS 正常高测量原理 …………………………………………………… (213)
  10.2 采用多项式进行拟合 …………………………………………………… (214)
  10.3 移动曲面拟合 …………………………………………………………… (216)
  10.4 多曲面插值法 …………………………………………………………… (219)
  10.5 结　论 …………………………………………………………………… (221)

附录一 精密星历及相关表文件的获取 …………………………………………… (222)
附录二 GPS 测量的有关术语 ……………………………………………………… (223)
附录三 名词解释(缩写词) ………………………………………………………… (227)
附录四 我国常用大地参考系的定义和有关常数 …………………………………… (228)
主要参考文献 ……………………………………………………………………………… (231)

1 绪 论

全球定位系统(Global Positioning System,简称 GPS),GPS 技术的出现,给传统大地测量带来了巨大的冲击和深刻的变革。GPS 以毫米级的精度测量中短基线(几千米至几百千米)和厘米级的精度测量长基线(几千千米)技术,在测量中得到了极大应用。GPS 技术提供高精度、高效率的大地测量能力,无论在国家基础网布设还是局部控制网布设,均得到了充分体现。

1992 年国际大地测量协会(IAG)建立了国际 GPS 地球动力学服务(IGS),这个机构依靠全球布设的 IGS 的 GPS 跟踪网,通过所属的 7 个分析中心各自处理,最后汇集到设在加拿大的 IGS 协调中心,对分中心的结果进行综合处理,通过加权平均最终得到 IGS 的综合精密星历及其他信息,向全球提供使用。到目前为止,IGS 跟踪站已达 300 多个,其中包括我国的上海、武汉、昆明、拉萨、西安、乌鲁木齐和北京房山。

IGS 现有 3 个全球数据中心:法国巴黎国家地理院(IGN)、美国马里兰州 NASA 哥达德宇航中心(GSFC)、美国加州的圣迭戈的海洋研究所(SIO)。7 个 GPS 分析中心:瑞士伯尔尼大学天文研究所(AIUB)、加拿大渥太华加拿大自然资源中心(EMR)、德国达姆施塔特的欧洲空间中心(ESOC)、德国波茨坦的地学研究中心(GFZ)、美国加州的 NASA 喷气推进实验室(JPL)、美国马里兰州的国家天气海洋管理局(NOAA)、美国加州圣迭戈的海洋研究所(SIO)。

目前 IGS 向用户提供两类数据:一是 IGS 全球跟踪站的观测数据,这种数据已转换为 RINEX 的标准格式;二是 IGS 的产品。其中,IGS 的产品包括以下方面。

(1)GPS 卫星的精密星历。一种是各个分析中心建立的精密星历,其精度为 10~40cm;另一种是 IGS 综合的精密星历,精度为 5~10cm。

(2)GPS 卫星钟和站钟的信息。所给出的钟差的精度为 0.5~5ns。

(3)地球自转参数。极位置的精度为 0.2~0.7ms(角秒),日长精度为每天 50ms。

(4)IGS 跟踪站坐标及其位移速度。IGS 提供的跟踪站坐标属于 ITES 建立的国际地球参考框架 ITRF。IGS 站坐标一年解的精度为 3mm~1cm;跟踪站位移速度的测定精度可达 1~2mm/a。

IGS 为 GPS 用户提供的高质量、高效率的服务是 GPS 技术广泛应用于高精度大地测量的保证。

1.1 GPS 系统

GPS 系统空间部分由 21+3 颗卫星组成,分布在 6 个接近圆形的轨道面上,轨道倾角为 55°。轨道离地面的高度约为 20 200km,相应的轨道椭圆长半轴为 26 600km。轨道运行周期为 12 恒星时,相对于协调世界时每天提前约 4min。

地面控制部分包括主控站(MCS)、一些分布于全球的监测站(MS)及给卫星发送更新数据的地面天线(GA)。GPS 的操作控制部分(OCS)由科罗拉多·斯普林斯(Colorado Springs,

美国)附近的主控站,在夸贾林岛(Kwajalein)、阿森松岛(Ascension)与迪戈·加西亚(Diego Garcia)的3个监测站和地面天线(GA),以及2个设在科罗拉多·斯普林斯和夏威夷(Hawaii)的监测站组成。其作用是:连续监测和控制卫星系统;确定 GPS 系统时间;预报卫星星历与卫星钟状态;周期性更新每颗卫星上的导航电文。

监测站接收所有卫星信号,从中计算出所有可见卫星的伪距,并连同当地气象资料,通过数据传输器发送给主控站,主控站利用这些资料预先计算出卫星星历与卫星状态参数并生成导航电文,然后再把导航电文数据发送给注入站(地面天线),注入站通过 S 波段把它们发送给能看到的卫星。由于注入站分布于全球,使得每颗卫星每天与地面控制部分至少能实现3次联系。

GPS 观测中,使用3种不同类型的 GPS 卫星信号,即载波、码和数据信号,其主要特性如表1-1所示。

表1-1　3种不同类型的 GPS 卫星信号主要特性

原子钟(Cs,Rb)基本频率	10.23MHz
L_1 载波信号	154×10.23MHz
L_1 频率	1 575.42MHz
L_1 波长	19.05cm
L_2 载波信号	120×10.23MHz
L_2 频率	1 227.60MHz
L_2 波长	24.45cm
P 码频率(码元速率)	10.23MHz
P 码波长	29.31m
P 码周期	266 天/卫星
C/A 码频率(码元速率)	1.023MHz
C/A 码波长	29.31m
C/A 码周期	1ms
数据信号频率	50bps
数据信号周期持续时间	30s

1.2　GLONASS 系统

GLONASS 是 Global Navigation Satellite System(全球导航卫星系统)的字头缩写,是苏联从20世纪80年代初开始建设的与美国 GPS 系统相类似的卫星定位系统,由卫星星座、地面监测控制站和用户设备3部分组成,现在由俄罗斯空间局管理。

GLONASS 系统的卫星星座由 24 颗卫星组成,均匀分布在 3 个近圆形的轨道平面上,每个轨道面 8 颗卫星,轨道高度 19 100km,运行周期 11h15min,轨道倾角 64.8°。

与美国的 GPS 系统不同的是 GLONASS 系统采用频分多址(FDMA)方式,根据载波频率来区分不同卫星[GPS 是码分多址(CDMA),根据调制码来区分卫星]。每颗 GLONASS 卫星发播的两种载波频率分别为 $L_1=1\ 602+0.562\ 5k(MHz)$ 和 $L_2=1\ 246+0.437\ 5k(MHz)$,其中,k(1~24)为每颗卫星的频率编号。所有 GPS 卫星的载波的频率是相同的,均为 $L_1=1\ 575.42MHz$ 和 $L_2=1\ 227.6MHz$。

GLONASS 卫星的载波上也调制了两种伪随机噪声码:S 码和 P 码。俄罗斯对 GLONASS 系统采用了军民合用、不加密的开放政策。GLONASS 系统单点定位精度水平方向为 16m,垂直方向为 25m。

GLONASS 卫星由质子号运载火箭一箭三星发射入轨,卫星采用三轴稳定体制,整体质量 1 400kg,设计轨道寿命 5 年。所有 GLONASS 卫星均使用精密铯钟作为其频率基准。第一颗 GLONASS 卫星于 1982 年 10 月 12 日发射升空。1995 年建成 24+1 颗卫星的 GLONASS 星座,经数据加载、调整和检验,1996 年 1 月 18 日俄罗斯宣布 GLONASS 系统组星完毕,打破了美国 GPS 垄断卫星导航定位领域的局面,形成了多系统共存共用的新格局。后由于各种原因,工作卫星达到使用年限后,没再发射新星,造成后来仅存十几颗,使用受到限制。最近几年由于俄罗斯经济复苏,增加了发射卫星次数。

GLONASS 导航电文为用户提供有关卫星的星历、卫星工作状态、时间系统、卫星历书等信息,是卫星导航的数据基础。

GLONASS 导航电文分为实时数据和非实时数据两类。实时数据是与发射该导航电文的 GLONASS 卫星相关的数据,包括卫星钟面时、卫星钟差、卫星信号载波实际值与设计值的相对偏差、星历参数。非实时数据为整个卫星导航系统的历书数据,包括卫星状态数据(状态历书)、卫星钟面时相对于 GLONASS 系统时的近似改正数(相位历书)、卫星的轨道参数 (轨道历书)、GLONASS 系统时间相对于 UTC 的改正数等。

为进一步提高 GLONASS 系统的定位能力,开拓广大的民用市场,俄政府计划用 4 年时间将其更新为 GLONASS-M 系统。更新的内容有:改进一些地面测控站设施;延长卫星的在轨寿命到 8 年;实现系统高的定位精度,位置精度提高到 10~15m,定时精度提高到 20~30ns,速度精度达到 0.01m/s。另外,俄罗斯计划将系统发播频率改为 GPS 的频率,并得到了美国罗克威尔公司的技术支援。

尽管 GLONASS 与 GPS 同为全球卫星导航系统,但彼此有许多不同之处。GLONASS 定位的精准度和 GPS 相比有一定差距,但其具有更强的抗干扰能力。由于坐标和时间上的使用标准不同,GLONASS 虽在国际通用上有其局限性,但在至关战略存亡的安全重要性上,此设计避免了战时自己卫星信号被敌干扰。

GLONASS 系统的主要用途是导航定位,当然与 GPS 系统一样,也可以广泛应用于各种等级和种类的测量应用、GIS 应用和时频应用等。

1.3 伽利略系统

欧盟(EC)在 1999 年提出了欧洲的伽利略卫星导航系统的计划。该计划利用来自个人与公共部门的基金,包括4个发展阶段。GALILEO 系统设计为同时满足民用和政府使用,其控制与运行采取民间管理方式。GALILEO 包括:30 颗卫星组成的星座以及分布于全球的大量地面站和一个地面监控系统——非常类似于 GPS 的架构、格式与设计。系统的研发从 2001 年开始。

1.3.1 卫星部分

卫星设计的主要数据如下。

外形尺寸:27m×12m×11m;发射质量:625kg;功率:15kW;设计寿命:15 年;有效载荷:2 对铷钟和氢脉冲钟,搜索救援载荷;每颗卫星都将搭载导航载荷和 1 台搜救转发器。

1.3.2 伽利略系统体系结构

伽利略系统由全球设施、区域设施、局域设施、用户部分及服务中心 5 部分组成(图 1-1)。

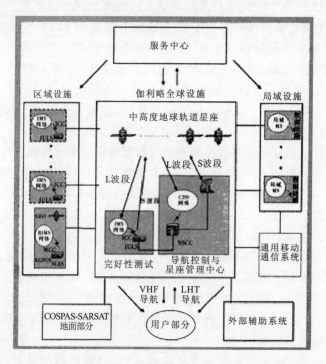

图 1-1 伽利略系统体系结构

1.3.2.1 全球设施

全球设施部分由空间段和地面段组成。空间段的 30 颗卫星均匀分布在 3 个中高度圆形地球轨道上,轨道高度为 23 616km,轨道倾角 56°,轨道升交点在赤道上相隔 120°,卫星运行周期为 14h,每个轨道面上有 1 颗备用卫星。某颗工作星失效后,备份星将迅速进入工作位置,替代其工作,而失效星将被转移到高于正常轨道 300km 的轨道上。这样的卫星设置可为全球提供足够的覆盖范围。

地面段由完好性监控系统、轨道测控系统、时间同步系统和系统管理中心组成。伽利略系统的地面段主要由2个位于欧洲的伽利略控制中心(GCC)和29个分布于全球的伽利略传感器站(GSS)组成,另外还有分布于全球的5个S波段上行站和10个C波段上行站,用于控制中心与卫星之间的数据交换。控制中心与传感器站之间通过冗余通信网络相连。全球地面部分还提供与服务中心的接口、增值商业服务以及与"科斯帕斯-萨尔萨特"(COSPAS – SAR-SAT)的地面部分一起提供搜救服务。

1.3.2.2 区域设施

伽利略系统是全球导航系统,完好性监测遍布全球,但系统设计允许引入区域性地面设施。区域设施由监测台提供区域完好性数据,由完好性上行数据链直接或经全球设施地面部分,连同搜救服务商提供的数据,上行传送到卫星。全球最多可设8个区域性地面设施。

1.3.2.3 局域设施

有些用户对局部地区的定位精度、完好性报警时间、信号捕获/重捕等性能有更高的要求,如机场、港口、铁路、公路及市区等。局域设施采用增强措施可以满足这些要求。除了提供差分校正量与完好性报警外($\leqslant 1s$),局域设施还能提供其他几项服务:①商业数据(差分校正量、地图和数据库);②附加导航信息(伪卫星);③在接收GSM和UMTS基站计算位置信号不良的地区(如地下停车场和车库),增强定位数据信号;④移动通信信道。

1.3.2.4 用户

接收机是伽利略系统中一个重要环节。根据市场的需求,有各种不同类型的接收机利用伽利略系统的各种信号实现不同的服务。伽利略接收机还应有外部辅助系统(GPS、GLO-NASS和罗兰等)接口,可组成综合服务。

1.3.2.5 服务中心

服务中心提供伽利略系统用户与增值服务供应商(包括局域增值服务商)之间的接口。根据各种导航、定位和授时服务的需要,服务中心能提供:①性能保证信息或数据登录;②保险、债务、法律和诉讼业务管理;③合格证和许可证信息管理;④商贸中介;⑤支持开发应用与介绍研发方法。

1.3.3 频率与信号设计

伽利略系统的频率与信号基本确定有10种右旋圆极化导航信号,占用4个频段,分别为1 164~1 214MHz(E_5a和E_5b),1 260~1 300MHz(E_6)和1 559~1 591MHz($E_2 - L_1 - E_1$)。伽利略的载波频率与频谱有一部分与GPS或GLONASS重合。

伽利略系统的所有卫星工作在同样的载频上,各颗卫星利用与GPS兼容的码分多址接入。10种导航信号中有6种供广大伽利略用户使用,它们是E_5a、E_5b和L_1载频上的开放服务(OS)及生命安全服务(SOL),其中3个正交频道是无数据频道(测距码未经数据调制),称为辅助频道。E_6载频上的两个信号是加密测距码,其中一个是无数据信道,通过商业服务供应商供专门用户使用。最后两个信号是E_6和$E_2 - L_1 - E_1$载频上的加密测距码和数据,只供公共管理服务的特许用户使用。

1.3.3.1 调制方式

对各种伽利略载波频率采用不同的调制方式。

(1) E_5a 和 E_5b 载频调制。E_5a 载频由 50sps 导航数据流来调制,经测距码 $CI(E_5a)$ 和 $CQ(E_5b)$ 扩频。E_5b 载频的调制方式相似,只是数据率为 250sps。E_5a 和 E_5b 载频的两个正交信道 I 信道和 Q 信道上的测距扩频码的码元速率均为 10.23MHz。

(2) E_6 载频调制。E_6 载频信号包含 3 个信道,目前考虑采用修正 6 相调制,以时分多址接入方式在同一载频上发射。

(3) $E_2-L_1-E_1$ 载频调制。L_1 载频信号也包含 3 个信道,调制方式与 E_6 相同,也考虑用时分多址方式接入。

1.3.3.2 伽利略系统扩频码

伽利略系统的一个重要特性是在导航信号中采用伪随机噪声码序列作为测距码。基本的测距码是多层码,由长周期副码调制短周期主码构成。合成码的等效周期等于长周期副码的周期。主码采用传统的 gold 码,寄存器最长达 25 级。副码预定序列长度可达 100 级。

1.3.4 伽利略系统的服务内容

伽利略系统的各种数据载波上指配提供下列各项服务。

1.3.4.1 开放服务

信号利用 E_5a、E_5b 和 $E_2-L_1-E_1$ 载频上不加密的测距码和导航数据电文,单频接收机可接收 $E_2-L_1-E_1b$ 和 $E_2-L_1-E_1c$ 的信号以及 GPS L_1 频段 C/A 码信号。双频接收机还可以接收 E_5aI、E_5aQ 以及未来的 GPS 和 L_5 信号,采用附加信号 E_5bI 和 E_5bQ 还可以进一步提高精度。开放服务是免费的。

1.3.4.2 生命安全服务

信号利用所有 E_5 和 $E_2-L_1-E_1$ 载频上的开放服务测距码及导航电文数据,主要是完好性和空间信号精度数据。完好性数据的使用是有偿服务。

1.3.4.3 商业服务

信号利用 $E_2-L_1-E_1b$ 和 $E_2-L_1-E_1c$ 信号上的开放服务测距码和导航电文数据及 E_6b 和 E_6c 载频上的附加保密商业数据电文和测距码,提供增值服务。商业服务供应商与伽利略地面控制中心有接口,由商业服务供应商直接向用户提供收费商业服务数据。

1.3.4.4 公共管理服务

信号利用 E_6 和 $E_2-L_1-E_1$(或 L_1)载频上加密 PRS 测距码和导航数据电文,用 E_6a 和 $E_2-L_1-E_1a$ 表示。

1.3.4.5 搜救服务

伽利略卫星装有搜救转发器,可增强"科斯帕斯-萨尔萨特"的搜救功能,缩短遇险信标位置检测时间和提高信标定位精度,并向用户发送接收遇险电文的确认信息。遇险用户从"科斯帕斯-萨尔萨特"信标发出的遇险电文,由卫星上搜救转发器接收,下行传送给"科斯帕斯-萨尔萨特"地面站,再经地面站转发至救助中心,对电文进行进一步处理。"科斯帕斯-萨尔萨特"地面站随即向伽利略地面站发出确认电文。接收报警电文的确认信息通过上行链路发送到用户视界内的卫星,再由卫星转发器发回到发出报警的信标。电文包含在伽利略导航信号中,装有伽利略接收机的用户才能接收该信号。目前正在研究进一步加强搜救服务性能的问题,使用户与搜救中心之间具有交换简短信息的功能。伽利略搜救服务应与现有"科斯帕斯-萨尔萨特"服务协调,并和全球海上遇险和安全系统(GMDSS)及泛欧运输网络兼容。

"科斯帕斯-萨尔萨特"根据伽利略搜救服务提供的信号与数据,确定遇险信标的位置。现有信标的定位精度约5km,装备伽利略接收机的先进信标的定位精度优于10m。

1.3.4.6 导航通信服务

综合利用伽利略系统和现有无线电、地面和卫星通信网络,将导航数据与通信系统进行综合开发是一项重要的商机。

1.3.4.7 星基增强服务

EGNOS可向单频GPS和GLONASS接收机提供完好性与差分校正量数据。数据通过地球静止卫星向欧洲地区播发。EGNOS能完成GPS和GLONASS方域差分校正量及完好性数据的测定与发布,并与其他星基增强系统,如北美的广域增强系统(WAAS)和日本的星基增强系统(MSAS)交互作用。

1.3.5 伽利略系统的管理和实施

开发阶段和在轨验证阶段主要由欧空局和欧盟提供资金,空间段和地面段的开发和验证由欧空局来实现。

伽利略计划采用公私合营体制运行操作,在计划的各个阶段,私营企业都可以参与,这是伽利略计划的特点。公私伙伴关系(PPP)的运作方式在项目有效管理、经费合理运用、业务质量保证、风险共同分担和解决资金短缺问题等方面有着不可替代的作用。

1.4 北斗导航定位系统

全球卫星导航系统,被称作"人类在太空里的眼睛",哪个国家拥有这双"眼睛",就好比掌握了太空战制胜的"王牌"。军事需要和不可小觑的商业利益,使世界各国在这一领域的竞争日趋激烈。

目前,世界上仅有4套卫星导航系统处于工作或研制状态,即美国的GPS、俄罗斯的GLONASS、欧洲的"伽利略"以及我国的"北斗"。

2003年5月25日零时34分,我国在西昌卫星发射中心用"长征三号甲"运载火箭,成功地将第三颗"北斗一号"导航定位卫星送入太空。前两颗"北斗一号"卫星分别于2000年10月31日和2000年12月21日发射升空,运行至今导航定位系统工作稳定,状态良好。这次发射的卫星是导航定位系统的备份星。它与前两颗"北斗一号"工作星组成了完整的卫星导航定位系统,确保全天候、全天时提供卫星导航信息。我国的"北斗一号"卫星导航系统是20世纪80年代提出的"双星快速定位系统"的发展计划。北斗导航系统的方案于1983年提出,突出特点是构成系统的空间卫星数目少、用户终端设备简单、一切复杂性均集中于地面中心处理站。"北斗一号"卫星定位系统是利用地球同步卫星为用户提供快速定位、简短数字报文通信和授时服务的一种全天候、区域性的卫星定位系统。系统的主要功能是:①定时,快速确定用户所在地的地理位置,向用户及主管部门提供导航信息;②通信,用户与用户、用户与中心控制系统间均可实现双向简短数字报文通信;③授时,中心控制系统定时播发授时信息,为定时用户提供时延修正值。

"北斗一号"卫星定位系统由两颗地球静止卫星(E80°和E140°)、一颗在轨备份卫星(E110.5°)、中心控制系统、标校系统和各类用户机等部分组成。系统的工作过程是:首先由中心控制系统向卫星Ⅰ和卫星Ⅱ同时发送询问信号,经卫星转发器向服务区内的用户广播。用户响应其中一颗卫星的询问信号,并同时向两颗卫星发送响应信号,经卫星转发到中心控制系统。中心控制系统接收并解调用户发来的信号,然后根据用户的申请服务内容进行相应的数据处理。对定位申请,中心控制系统测出两个时间延迟:即从中心控制系统发出询问信号,经某一颗卫星转发到达用户,用户发出定位响应信号,经同一颗卫星转发回中心控制系统的延迟;从中心控制发出询问信号,经上述同一卫星到达用户,用户发出响应信号,经另一颗卫星转发回中心控制系统的延迟。由于中心控制系统和两颗卫星的位置均是已知的,因此由上面两个延迟量可以算出用户到第一颗卫星的距离以及用户到两颗卫星距离之和,从而知道用户处于一个以第一颗卫星为球心的一个球面和以两颗卫星为焦点的椭球面之间的交线上。另外,中心控制系统从存储在计算机内的数字化地形图查寻到用户高程值,又可知道用户处于某一与地球基准椭球面平行的椭球面上。从而中心控制系统可最终计算出用户所在点的三维坐标,这个坐标经加密由出站信号发送给用户。

"北斗一号"的覆盖范围是北纬5°—55°,东经70°—140°之间的地区,上大下小,最宽处在35°N左右。其定位精度为水平精度100m(1σ),设立标校站之后为20m(类似差分状态)。工作频率为2 491.75MHz。系统能容纳的用户数为每小时540 000户。

"北斗一号"卫星导航系统与GPS系统比较如下。

1.4.1 覆盖范围

北斗导航系统是覆盖我国本土的区域导航系统,覆盖范围为东经70°—140°,北纬5°—55°。GPS是覆盖全球的全天候导航系统,能够确保地球上任何地点、任何时间能同时观测到6～9颗卫星(实际上最多能观测到11颗)。

1.4.2 卫星数量和轨道特性

北斗导航系统是在地球赤道平面上设置2颗地球同步卫星,每颗卫星的赤道角距约60°。

GPS 是在 6 个轨道平面上设置 24 颗卫星,轨道赤道倾角 55°,轨道面赤道角距 60°,绕地球一周的时间为 11h58min。

1.4.3 定位原理

北斗导航系统是主动式双向测距二维导航。地面中心控制系统解算,提供用户三维定位数据。GPS 是被动式伪码单向测距三维导航。由用户设备独立解算自己的三维定位数据。"北斗一号"的这种工作原理带来两个方面的问题:一方面,是用户定位的同时失去了无线电隐蔽性,这在军事上相当不利;另一方面,由于设备必须包含发射机,因此在体积、重量、价格和功耗方面处于不利的地位。

1.4.4 定位精度

北斗卫星导航系统致力于向全球用户提供高质量的定位、导航和授时服务,包括开放服务和授权服务两种方式。开放服务是向全球免费提供定位、测速和授时服务,定位精度 10m,测速精度 0.2m/s,授时精度 10ns。授权服务是为有高精度、高可靠卫星导航需求的用户提供定位、测速、授时和通信服务以及系统完好性信息。

1.4.5 用户容量

北斗导航系统由于是主动双向测距的询问-应答系统,用户设备与地球同步卫星之间不仅要接收地面中心控制系统的询问信号,还要求用户设备向同步卫星发射应答信号,这样,系统的用户容量取决于用户允许的信道阻塞率、询问信号速率和用户的响应频率。因此,北斗导航系统的用户设备容量是有限的。GPS 是单向测距系统,用户设备只要接收导航卫星发出的导航电文即可进行测距定位。因此,GPS 的用户设备容量是无限的。

1.4.6 生存能力

和所有导航定位卫星系统一样,"北斗一号"基于中心控制系统和北斗卫星的工作,但是"北斗一号"对中心控制系统的依赖性明显要大很多,因为定位解算在中心控制系统而不是由用户设备完成的。为了弥补这种系统易损性,GPS 正在发展星际横向数据链技术,使得万一主控站被毁后 GPS 卫星可以独立运行。而"北斗一号"系统从原理上排除了这种可能性,一旦中心控制系统受损,系统就不能继续工作了。

"北斗一号"定位具有实时性。"北斗一号"用户的定位申请要送回中心控制系统,中心控制系统解算出用户的三维位置数据之后再发回用户,其间要经过地球静止卫星走一个来回,再加上卫星转发、中心控制系统的处理,时间延迟就更长了,因此,对于高速运动体,就加大了定位的误差。此外,"北斗一号"卫星导航系统也有一些自身的特点,其具备的短信通信功能就是 GPS 所不具备的。

"北斗一号"系统已连续稳定运行了 7 年多,在部队巡逻、作战指挥、训练演习、抢险救灾等军事活动中发挥了重要作用。特别是 2008 年汶川抗震救灾,"北斗一号"系统发挥了其独特的技术优势。随着"北斗二号"卫星不断发射,导航系统进入了加速组网阶段。

"北斗二号"组网卫星:2010 年 11 月 1 日 0 时 26 分成功发射第 6 颗北斗组网卫星,这是我国 2010 年连续发射的第 4 颗北斗卫星,北斗卫星导航系统于 2012 年已具备亚太地区区域服务能力,2020 年左右将覆盖全球。

已投入使用的美国 GPS 系统和俄罗斯 GLONASS 系统日趋完善,能力不断增强。GPS 系统正在实施现代化改造,旨在提高系统的稳定性、定位与授时精度、可靠性以及抗干扰、抗毁伤与系统快速修复能力和导航战能力,计划 2020 年完成,届时导航定位精度达 1m,授时精度达 1ns。俄罗斯 GLONASS 系统进入快速增长期,在轨卫星 22 颗,导航定位精度优于 5m。欧洲正在实施 GALILEO 计划,"伽利略"接收机不仅可以接受本系统信号,而且可以接受 GPS、GLONASS 这两大系统的信号,并且具有导航功能与移动电话功能相结合、与其他导航系统相结合的优越性能。日本和印度也正在分别发展本国的"准天顶"卫星导航系统(QZSS)和区域卫星导航系统(IRNSS)。X 射线脉冲星导航尚处于研究阶段,美国国防部 2004 年提出并启动了 X 射线脉冲星导航计划(XNAV),航天器自主定轨和定时精度将分别达 10m(3σ)和 1ns(1σ)。卫星导航定位装备建设将向增强导航定位、抗干扰、自主运行和导航战等能力方向发展。

2 GPS 接收机

2.1 GPS 接收机介绍

GPS 接收机有单频 GPS 接收机、双频 GPS 接收机、单频 RTK GPS 接收机及双频 RTK GPS 接收机。天线有内置天线、外接随机配置天线及抗多路径效应较好的扼径圈天线。目前许多 GPS 接收机公司研制的天线,其抗多路径效应达到了与扼径圈天线相当的水平。在 GPS 测量中,各种类型的 GPS 接收机观测量如下。

2.1.1 单频 GPS 接收机

(1)L_1 载波相位观测值。
(2)调制在 L_1 上的 C/A 码伪距。
(3)调制在 L_1 上的 P 码伪距。
(4)L_1 上的多普勒频移。

2.1.2 双频 GPS 接收机

(1)L_1 载波相位观测值。
(2)L_2 载波相位观测值(半波或全波)。
(3)调制在 L_1 上的 C/A 码、P 码。
(4)调制在 L_2 上的 C/A 码、P 码伪距。
(5)L_1 上的多普勒频移。
(6)L_2 上的多普勒频移。

2.1.3 RTK GPS 接收机

单、双频 RTK GPS 接收机观测量与单、双频 GPS 接收机相同,只是在配置上增加了电台及其附属设施。

2.2 GPS 接收机检验

GPS 接收机检验是提高测量精度的重要保证。GPS 接收机检验分为计量检验和测量检验,计量检验是指 GPS 接收机出厂后到达用户手中之前的检验,由计量检定部门进行,主要检验仪器是否达到了标称指标,如仪器精度指标为 $5mm+1\times10^{-6}$,计量检验出厂仪器是否真正达到了 5mm+1×10^{-6},检验完成后由计量部门出具检定证书,作为仪器可以使用的依据;而测量检验是指仪器测量精度能否达到测量项目所要求的精度,如项目精度要求为 3mm+1×10^{-6},而仪器精度指标为 5mm+1×10^{-6},若利用该仪器进行该项目测量,进行测量检验时,若能达到项目精度要求,则可用于项目测量。

GPS 接收机计量检验与测量检验有所不同,一般来讲,计量检验项目比较固定,测量检验项目根据任务要求不同有所不同。对于静态 GPS 测量仪器,计量检验一般检验项目有接收机外观检验、接收机通电检验、随机电池检验、零基线检验、天线相位中心偏差检验和短基线检验。对于精度要求较低的项目,测量检验一般与计量检验项目相同,对于高精度项目或特殊要求的测量项目则根据需要增加检验项目,并确定检验指标。

GPS 测量(含 RTK 测量)检验项目有以下 15 项,对于一般精度测量仪器,仅检验前 5 项;对于高精度测量的仪器,根据需要增加检验项目,一般需增加第 6、第 8 和第 9 项;对于 RTK 测量仪器,在前 5 项基础上增加第 12、13、14、15 四项检验,其他检验根据测量任务要求进行。

2.2.1 检验项目

(1)接收机外观检视。
(2)接收机通电检验。
(3)随机电池检验。
(4)零基线检验。
(5)天线相位中心偏差检验。
(6)短边基线检验。
(7)中边基线检验。
(8)长边基线检验。
(9)多路径效应检验。
(10)接收机钟漂检验。
(11)数据后处理软件检验。
(12)RTK 测量内符合精度检验。
(13)RTK 测量外符合精度检验。
(14)RTK 测量初始化时间检验。
(15)RTK 测程检验。

以上为 GPS 接收机所有检验的项目,在《全球定位系统(GPS)测量型接收机检定规程》(CH 8016—95)中,对新购置的和修理后的 GPS 接收机、使用中的 GPS 接收机检定做了如表 2-1 的规定。

2.2.2 GPS 接收机检验技术要求

2.2.2.1 环境条件

(1)GPS 接收机的检定在常温下进行。
(2)检定现场不应受到强磁场、电场、强震动的干扰,天线周围高度角 10°以上无障碍物。

表 2-1 测量型接收机检定规程检定项目

检定项目	检定类别	
	新(修)	使用中
接收机系统检视	检	检
接收机通电检验	检	检
接收机内部噪声水平测试	检	检
接收机天线相位中心稳定性测试	检	否
接收机外业性能及不同测程精度指标的测试	检	否
接收机频标稳定性检验和数据质量评价	检	检
接收机高低温性能测试	检	否
接收机附件检验	检	检
数据后处理软件验收和测试	检	否
接收机综合性能的评价	检	否

2.2.2.2 测试、验收的设备与条件

(1)测量标志墩,也称观测墩,无论何种基线都应牢固结实,顶面应严格水平,中心标志半径 15cm 范围内,高差小于 1mm。为保证对中精确,观测墩上应建造强制对中装置。

(2)超短边基线,基线长度 D 在 5~10m,标准长度的扩展不确定度应小于 0.6mm。

(3)短边基线网,基线长度 D 在 24~5 000m,基线标准长度的标准偏差应小于 $1\text{mm}+1\times10^{-6}D$。

(4)中边基线网,基线长度 D 在 40~100km,基线标准长度的标准偏差应小于 $1\text{mm}+0.5\times10^{-6}D$。

(5)长边基线网,基线长度 D 在 100km 以上,基线标准长度的标准偏差应小于 $1\text{mm}+1\times10^{-7}D$。

(6)动态定位误差测试装置,其点位扩展不确定度应小于 10cm。

(7)功分器,2 个以上输出端,信号功率均匀分配。

(8)标准钢尺,铟钢材料,长度应在 5m 以上,每 5m 的长度标准偏差应当不大于 0.3mm。

2.2.2.3 技术要求

测量型接收机的相对定位标准偏差用 $a+b\times10^{-6}D$ 来简写表示,a 称为固定误差,b 称为比例误差系数(或者简称比例误差),D 为相对定位距离,计算综合标准偏差 σ 时按式(2-1)计算:

$$\sigma=\sqrt{a^2+(b\times10^{-6}\cdot D)^2} \qquad (2-1)$$

测量型 GPS 接收机的准确度等级按照其出厂标称的静态测量相对定位标准偏差来划分,如表 2-2 所示。

表 2-2 测量型 GPS 接收机的准确度等级

仪器等级	I		II		III	
标称静态标准偏差	固定误差 a	比例误差 b	固定误差 a	比例误差 b	固定误差 a	比例误差 b
	≤3mm	≤0.5	≤5mm	≤1	≤10mm	≤2

对于 GPS 接收机检验,下面给出的是参考性技术指标,外观检验、通电检查和电池供电时间检验在所有型号仪器均需检查,其他项目应结合具体工程要求,确定检验项目和技术指标。对于 RTK GPS 接收机除检验 RTK 功能外,还需检验静态测量指标。

(1)外观检验。仪器主机和天线的外观良好;各种部件和附件齐全、完好;接插部位不应有松动脱落现象;使用手册、说明书、保修卡齐全。

(2)通电检查。电缆型号及接头应配套完好。充电功能应工作正常。将主机、天线、控制器及电源之间的电缆正确连接,确保稳固可靠,开启电源,各种信号灯、显示系统、按键工作应正常,接收机锁定卫星的时间、接收信号强度、数据传输性能应符合厂家随机发布的手册要求,其他附件功能完好。

(3)电池供电时间测试。电池测试是测试接收机功耗及随机电池的供电时间,将主机、天线、控制器等附件正确连接,用充满电的随机电池供电,从开启电源开始计算接收机工作时间,工作时间应满足标称要求。

(4)零基线检验。使用零基线法,任意时段测得的基线长度 D 应小于 1mm。

(5)天线相位中心偏差检验。天线的相位中心偏差 Φ 应不大于标称固定标准偏差,即:$\Phi \leqslant a$。

(6)短边基线长度测量测试。GPS 静态定位模式测量的基线长度与已知基线长度偏差应不大于标称标准偏差 σ。

(7)中边基线比对测试。GPS 静态定位模式测量的任何一个时段基线长度与已知基线长度之差 Δ_B 的绝对值应不大于标称标准偏差;不同时段的基线长度之差 Δ_D 的绝对值应不大于 2 倍标称标准偏差,即

$$\Delta_B = |D - B| \leqslant \sigma \tag{2-2}$$

$$\Delta_D = |D_{max} - D_{min}| \leqslant \sigma \tag{2-3}$$

式中,D 为某一时段的基线测量长度,D_{max}、D_{min} 分别为基线长度的最大值和最小值;B 为基线已知长度;Δ_B 为已知基线长度与一个时段基线测量长度之差;Δ_D 为不同时段的基线测量长度之差;σ 为把基线已知长度带入公式(2-1)所计算的标称标准偏差。

(8)长边基线检验。在 GPS 检定场进行,观测时间不应少于 24h,解算的结果(采用精密星历)与已知基线值之差应满足仪器的标准误差。

仪器的标准误差以式(2-4)计算,即

$$\sigma = \sqrt{a^2 + (b \times 10^{-6} \cdot D)^2} \tag{2-4}$$

式中,σ 为标准偏差,单位为 mm;a 为仪器固定误差,单位为 mm;b 为比例误差系数;D 为基线长度,单位为 mm。

(9)多路径效应检验。测试现场无强干扰源,天线周围高度角10°以上无障碍物。多路径 MP1、MP2 均小于 0.5m。

(10)RTK测量内符合标准偏差检定。实测的内符合标准偏差 u_p(内)和 u_h(内)均应小于相应距离的 RTK 测量标称标准偏差的 1/2,即

$$u_p \leqslant \frac{1}{2}\sigma_p \tag{2-5}$$

$$u_h \leqslant \frac{1}{2}\sigma_h \tag{2-6}$$

式中,u_p(内)为 RTK 测量平面点位内符合标准偏差;u_h(内)为 RTK 测量高程内符合标准偏差;σ_p 为标称 RTK 测量平面点位标准偏差,用 RTK 测量指标 a_p 和 b_p,按公式(2-1)计算;σ_h 为标称 RTK 测量高程标准偏差,用 RTK 测量指标 a_h 和 b_h,按公式(2-1)计算。

(11)RTK测量外符合标准偏差检定。在 GPS 检定场进行,实测外符合标准偏差 u_p 和 u_h 均应小于 RTK 测量标称标准偏差。①RTK 测量初始化时间检定。RTK 测量初始化时间应小于出厂标称的数值,通常应小于 2min。②RTK 测程检验。在电台信号不被严重干扰或者严重遮挡的条件下,RTK 测程试验如果能在标称测程以上稳定可靠地得到测量结果,即认为合格,否则为不合格。③随机软件检验。数据下载软件是否齐全,数据传输性能是否完好;随机后数据处理软件是否完整可靠,安装光盘应能正确安装;软件能够方便地导入观测数据,配置的各种计算功能齐全,界面良好。

2.2.3 检验方法

2.2.3.1 外观检查

用目视和手动检查,其结果应符合上面的技术要求。

2.2.3.2 通电检查

仪器加电和目视检查,其结果应符合上面的技术要求。

2.2.3.3 接收机功耗和随机电池检验

正确连接接收机、天线和电池;按观测要求开机观测,并记录开始观测时间,直到电池电量耗尽,计算电池工作时间是否与标称相符合;根据电池电量和接收机工作时间,计算接收机功耗是否与标称相符合。

2.2.3.4 零基线检验

如图 2-1 所示,用功率分配器将同一天线接收的卫星信号按照功率、相位相同的原则分成两路或者多路,分别送入各个接收机主机,设置采样间隔 10s,按照静态作业模式同步观测 0.5~1h,用生产厂家提供的随机软件对观测数据进行基线解算处理,求得坐标增量 ΔX、ΔY、ΔZ 和基线长度 D 应符合上面的技术规定。

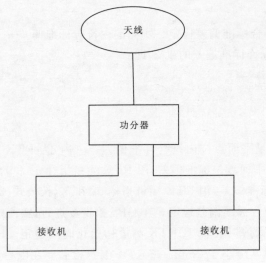

图 2-1 零基线测试

2.2.3.5 天线相位中心偏差检验

方法一：

如图 2-2(a)所示，将两台 GPS 接收机天线安置在 3~5m 的超短边基线上，精确对中、整平，两个天线都指向正北，按照静态作业模式同步观测一个时段(1~3h)，称为第 1 时段；固定天线 A 方向不变，另一个天线 B 依次旋转 90°、180°、270°，分别指向东、南、西，测量第 2、第 3、第 4 时段，如图 2-2(b)、(c)、(d)。求得 4 个时段的基线值，它们的最大互差即为 B 天线的相位中心偏差。然后，将 B 天线方向固定向北，保持不动，把 A 天线依次旋转 90°、180°、270°，分别指向东、南、西，又分别测得第 5、第 6、第 7 的 3 个时段。第 1、第 5、第 6、第 7 这 4 个时段所测量的基线长度最大互差为 A 天线的相位中心偏差。即

$$\Phi = D_{\max} - D_{\min} \tag{2-7}$$

式中，Φ 为相位中心偏差；$D_{\max}$ 为 4 个时段所测量的基线长度最大值；$D_{\min}$ 为 4 个时段所测量的基线长度最小值。

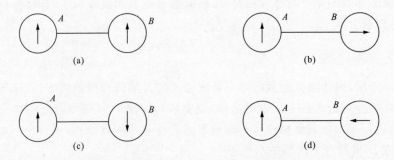

图 2-2 旋转 90°测定法测量天线相位中心

注意:在天线相位中心偏差检验中计量检验和测量检验计算方法不同,计量检验中相位中心偏差计算是4个方向最大与最小之差的1/2;而测量检验中相位中心偏差计算是4个方向最大与最小之差。

在天线相位中心偏差检验中,由于两台接收机的天线距离较近,所以环境对其影响是一致的;4个不同方向的观测时段中,由于其所观测的时间不同,所测卫星的高度和角度不同,即使不改变天线方向,所测量结果也不同。最科学的方法就是在不同方向观测时,卫星的高度和信号入射的角度也要相同。根据卫星运转情况,卫星绕地球运行一周约12h,因此每个方向观测以12h或24h为佳。根据此理论,目前在中国大陆环境构造监测网络区域网观测中,采用方法二进行检测。

方法二:

将若干台GPS接收机天线(至少2台),分别安置在超短边基线(2~20m)两端具有强制归心装置的观测墩上,并进行整平和正北定向。任选一台作为检测的参考天线(它本身的相位中心偏差可以是未知的),其余天线均为待检天线。

安置完成后观测一个完整的全天时段即24h(UTC时间,00:00—24:00,采样间隔为15s);然后保持参考天线固定不动,将其他待检天线水平旋转180°,即待检天线的定向标志由正北指向正南,再观测1个完整的全天时段。

通过处理两个全天时段L_1和L_2的载波相位观测数据,分别求出待检天线2个时段与参考天线之间的短边基线矢量。注意,在基线处理时,参考天线和待检天线均不加相位中心偏差改正。

通过计算待检天线与参考天线2个时段得到的2个基线矢量的水平分量之差的1/2即可得到待检天线相位中心水平"偏差"的东西方向(E—W)分量和南北方向(S—N)分量。即

$$D_{E-W} = [B_{(E-W)前} - B_{(E-W)后}]/2 \tag{2-8}$$
$$D_{S-N} = [B_{(S-N)前} - B_{(S-N)后}]/2$$

式中,$B_{(E-W)前}$,$B_{(E-W)后}$分别为待检天线旋转180°前、后与参考天线之间的短基线东西方向分量;$B_{(S-N)前}$,$B_{(S-N)后}$分别为待检天线旋转180°前、后与参考天线之间的短基线南北方向分量。

对于一个合格的天线,要求D_{E-W}和D_{S-N}与制造商给出的模型值之差的绝对值不得超过1mm,同时要求各被检天线相位中心水平分量构成的向径长度即$\sqrt{D_{S-N}^2 + D_{E-W}^2}$不超过2mm(此为中国大陆环境构造检测网络要求,其他项目可根据具体技术要求,提出自己的技术指标)。

数据处理可使用GAMIT软件或随机商用软件,要求如下。

在数据处理前必须确定所测天线的型号,找到其在GEO++等权威机构的检测结果(一般在网上可以查到,也可咨询厂家或经销商)。在数据处理时,参考天线与待检天线的相位改正模型都设置为0,数据处理模式分别采用L_1解算和L_2解算,从解算结果中提取出被检天线相对于参考天线2个观测时段的基线矢量在东西方向(E—W)和南北方向(S—N)分量的差值,此差值的1/2与GEO++等权威机构提供的东西方向(E—W)和南北方向(S—N)分量改正数比较,其水平偏差不超过1mm;同时要求相位中心的总水平偏差不超过2mm(此为陆态网络项目要求,其他项目根据需要制订精度要求)。

在示意图(图2-3)中,坐标系(站心坐标系)原点表示天线的几何中心,$a(N=0.37, E=0.86)$表示GEO++等机构提供的该类型天线的水平分量改正参数;$b(N=0.6, E=0.85)$表示实际检测的偏差结果,此位置b要求满足两个条件,即不能偏离原点2mm,同时偏离位置a不能超过1mm。

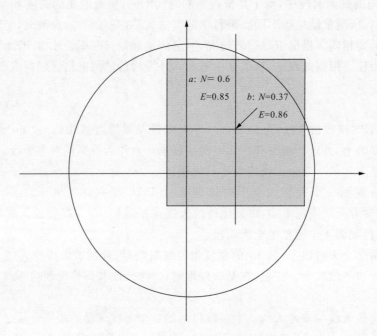

图2-3 天线相位中心计算示意图

2.2.3.6 短边基线长度测量测试

在短边基线两端分别安置一台GPS接收机,要求天线精确整平对中,对中误差应小于0.5mm,天线指向正北,精确量取天线高度,按照静态作业模式同步观测60min,用厂家所配软件计算基线长度D,D与基线的标准长度偏差ΔD应符合上面的技术要求。

2.2.3.7 中边基线比对测试

在中边基线同一条边上按照静态模式进行2个时段测量,每个时段同步观测90min,计算出基线的空间长度D_1和D_2,两者的较差为$\Delta D = D_1 - D_2$,测量基线与基线标准长度B_1比较,得到基线偏差ΔB_1和ΔB_2。即

$$\Delta B_1 = B_1 - D_1 \tag{2-9}$$

$$\Delta B_2 = B_1 - D_2 \tag{2-10}$$

式中,D_1、D_2为基线测量长度;B_1为基线标准长度。用厂家所配软件计算测量结果应符合上面的技术要求。

2.2.3.8 长边基线检验

在GPS检定场进行,在长边基线两端(100km以上)分别安置GPS接收机,要求天线严格

整平对中,对中误差小于1mm,天线指向正北,精确量取天线高度,观测时间不应少于24h,采样间隔30s,高度角5°,利用GAMIT或同等类型软件进行数据处理,解算时采用精密星历,加入对流层、电离层折射修正和板块移动修正,其解算的结果与已知基线值之差应满足$1mm+1\times10^{-7}D$要求。

若无GPS检定场,则观测4个时段,每时段24h,采样间隔30s,高度角5°,基线长度100~300km的基线的重复精度应小于3mm,300km以上的基线的重复相对精度小于10^{-8}。

2.2.3.9 多路径效应检验

将接收机与天线安置在检定场的基线点上,连续观测24h,采样间隔30s,高度角5°。采用TEQC计算,MP1、MP2值均小于0.5m。

2.2.3.10 RTK测量内符合标准偏差检定

将作为参考站的GPS接收机精确安置在基准点上,输入精确的WGS84坐标,开启数据发射电台;流动站的GPS接收机初始化后,把天线精确安置在检测点上,得到固定解后,记录检测点的平面坐标X_1,Y_1和高程H_1;将天线离开检测点数米距离,再次回到检测点,精确测量检测点的平面坐标X_2,Y_2和高程H_2;如此方法在同一个检测点上测量n次,得到n组数据,计算出平均值为X_0,Y_0,H_0,各组数据与平均值的差值为V_X,V_Y,V_Z。即

$$V_X = X_i - X_0 \tag{2-11}$$

$$V_Y = Y_i - Y_0 \tag{2-12}$$

$$V_H = H_i - H_0 \tag{2-13}$$

式中,$i=1,2,3,\cdots,n$。

按照下列公式计算平面点位标准偏差u_p(内)和高程标准偏差u_h(内):

$$u_p(\text{内}) = \sqrt{\frac{\sum(V_X^2+V_Y^2)}{n-1}} \tag{2-14}$$

$$u_h(\text{内}) = \sqrt{\frac{\sum V_H^2}{n-1}} \tag{2-15}$$

检定时,流动站距离参考站应大于1.5km,参考站和流动站的卫星天线对点误差、量高误差均应小于2mm;重复测量次数n应不小于15,测量结果应符合上面的技术要求。

2.2.3.11 RTK测量外符合标准偏差检定

在GPS检定场选一已知点作为参考站,精确安置GPS接收机,输入精确的WGS84坐标,开启数据发射电台;把流动站天线精确安置在检测点上,输入精确的坐标转换参数或者转换点坐标,得到固定解后,记录检测点的平面坐标和高程X_i,Y_i,H_i;分别与检测点的已知坐标比较,得到各检测点的坐标差值$\delta_X,\delta_Y,\delta_H$,按公式(2-16)、公式(2-17)计算外符合标准偏差:

$$u_{p(\text{外})} = \sqrt{\frac{\sum(\delta_X^2+\delta_Y^2)}{n}} \tag{2-16}$$

$$u_{h(外)} = \sqrt{\frac{\sum \delta_H^2}{n}} \qquad (2-17)$$

式中,$\delta_X = X_{(测量)} - X_{(已知)}$;$\delta_Y = Y_{(测量)} - Y_{(已知)}$;$\delta_H = H_{(测量)} - H_{(已知)}$;$n$ 为检测点数。

检定时,流动站距离参考站应大于 1.5km。参考站和流动站的卫星天线对中误差、量高误差均应小于 2mm。检测点数 n 不应小于 8。参考站和流动站已知坐标和高程的平面点位标准偏差应小于 5mm,高程标准偏差应小于 10mm。u_p 和 u_h 检定结果均应符合技术要求。

2.2.3.12 RTK 测量初始化时间检定

RTK 测量的初始化时间是流动站接收机从冷启动开机到锁定足够数量卫星信号,并且获得标称定位精度结果的时间,它反映了 GPS 接收机捕获卫星的速度和实时解算整周模糊度的速度。进行此项检定时,要求参考站和流动站的天空开阔,环视条件良好。首先,安置好参考站接收机和数据发射电台,开始信号发送后,在距离基准站 1~5km 的地方设置流动站的各种参数,关闭接收机;再次开机,从冷启动开机开始计时,直到显示获得固定解标志为止,记录这段时间为 t_1,关闭接收机;流动站移动 10m,再次开机进行 RTK 测量,记录初始化时间 t_2,关闭接收机;再次移动流动站 10m,开机进行 RTK 测量,得到第 3 次初始化时间 t_3,在 t_1,t_2,t_3 中选择最大时间为最后结果 T。即

$T = \max(t_1, t_2, t_3)$,T 不大于标称数值为合格。

2.2.3.13 RTK 测程试验

在视野开阔、远离大功率无线电发射源、足够高度的地方设置参考站,启动数据发射电台。根据 GPS 接收机出厂标称的 RTK 测程,到达距离基准站标称测程的地方,选择天空开阔处设立流动站,开机进行 RTK 测量,连续进行 5 个点定位,检查记录初始化时间和定位精度。如果工作正常,结果达到标称要求,则测程试验成功结束。如果接收不到基准站的电台信号,或者失锁严重,难以达到标称定位精度,则判定此项目不合格。

2.2.3.14 随机软件检验

(1)接收机与计算机连接,启动数据传输软件,查看数据传输性能是否完好。

(2)对随机后数据处理软件进行安装,检查安装光盘能否正确安装。

(3)软件能够方便地导入观测数据,精确地解算基线向量,对基线向量构成的控制网进行合理正确的平差计算,并检查其配置的各种功能齐全,运行是否良好。

(4)在 GPS 综合检定场观测 3 个点以上,进行基线处理和网平差,处理结果与已知结果比较,检查软件处理精度,并与其他类型的后处理软件进行比较。

2.3 数据质量检查(TEQC)

TEQC 是目前世界上比较流行的一种免费 GPS 数据质量检查软件,也是近十几年比较通用的软件,该软件升级较快,功能比较齐全。国内许多单位也编制了不少数据质量检查软件,但大部分是针对某项工程的需要编制的,在功能方面也有其独到之处,但检查项目没 TEQC

多,有些是对 TEQC 的补充。下面对 TEQC 常用功能进行介绍。

TEQC(Translate,Edit,Quality Check)软件由 UNAVCO 开发,功能强大,可以自动对 GPS、GLONASS 和 SBAS 数据统一进行格式转换、编辑、质量检查等预处理,不需要进行交互式操作。目前,TEQC 支持的操作系统有:Solaris Sparc 2.3 or later;Solaris x86 2.6 or later;HP-UX (PA-RISC) 10.20 or later;Mac OSX;x86 Linux,32 and 64bit;Windows 95/98/NT/2000/XP。

运行 teqc-help 或 teqc+help,可以列出 TEQC 支持的命令选项。每个命令符前的-表示要输入某些内容(stdin 或目标文件除外)或关闭某些命令选项;+表示要输出某些内容(stdout 和/或 stderr 除外)或打开某些命令选项。对某些命令选项,-和+具有同样的作用,比如 teqc-help 和 teqc+help。更全面、详尽的介绍请参见 http://facility.unavco.org/software/teqc/teqc.html。

对于 GPS 野外作业来说,利用 TEQC 可以有效地对观测数据进行质量检查和控制。这里主要介绍如何采用 TEQC 软件对 GPS 观测数据进行质量检查。

2.3.1 GPS 数据文件格式

在对 GPS 观测数据进行质量检查时,TEQC 只接受 RINEX(Receiver Independent Exchange)格式的数据,version 2.xx 是其期望的版本。在处理 version 1.xx 的数据文件时将自动转换成 version 2.xx。

RINEX 格式的文件是纯 ASCII 码的文本文件。GPS 数据文件包含 3 类文件:观测文件(ssssdddf.yyo)、导航文件(ssssdddf.yyn)和气象文件(ssssdddf.yym)。检查观测文件的 RINEX 版本,可以查看文件表头的第 1 行。

2.3.1.1 观测文件格式

观测数据文件必须要有完整的、正确的表头,也就是说,可以多一些注释行,但必须包含以下标志行。这些表头标志从每行的第 61 个字符开始,以下列字符串结束。

```
RINEX VERSION/TYPE    注:必须是第 1 行。
PGM/RUN BY/DATE
MARKER NAME
OBSERVER/AGENCY
REC#/TYPE/VERS
ANT#/TYPE
APPROX POSITION XYZ
ANTENNA:DELTA H/E/N
WAVELENGTH FACT L1/2  注:取决于接收机的技术类型,通常情况下 TEQC 能给出正确的值。
#/TYPES OF OBSERV
TIME OF FIRST OBS
END OF HEADER         注:在 version 2.xx 中必须是最后一行,在 version 1.xx 中是一空白行。
```

2.3.1.2 导航文件格式

导航文件也必须有完整的、正确的表头。同观测数据文件一样,表头标志从每行的第 61

个字符开始,以下列字符串结束。

RINEX VERSION/TYPE　注:必须是第1行。
PGM/RUN BY/DATE
END OF HEADER　注:在 version 2.xx 中必须是最后一行,在 version 1.xx 中是一空白行。

2.3.1.3　气象文件格式

导航数据文件的表头标志也是从每行的第61个字符开始,以下列字符串结束。
RINEX VERSION/TYPE　注:必须是第1行。
PGM/RUN BY/DATE
MARKER NAME
#/TYPES OF OBSERV
END OF HEADER　注:在 version 2.xx 中必须是最后一行,在 version 1.xx 中是一空白行。

2.3.2　标准输入、标准输出和错误提示

TEQC 接受 RINEX 格式的数据文件作为标准输入(Standard Input,stdin),而不同操作系统的标准输出(Standard Output,stdout)和错误提示(Standard Error,stderr)则不完全一样。选择一种合适的 shell 可以直接将 stdout 和 stderr 分离开,如 UNIX 操作系统下的 Bourne shell(sh)和 Korn shell(ksh)。对 UNIX 操作系统下的 C-shell 以及 Windows 操作系统下的 DOS,它们不能直接将 stdout 和 stderr 分别显示在不同的文件里,但我们可以通过增加选项来实现。

2.3.2.1　stdout 写入文件 out.txt,stderr 屏幕显示

　　sh 或 ksh:teqc{其他选项}stdin>out.txt
　　csh 或 dos:teqc+out out.txt{其他选项}stdin

2.3.2.2　stdout 屏幕显示,stderr 写入文件 err.txt

　　sh 或 ksh:teqc{其他选项}stdin 2>err.txt　注:2 与>之间一定要无空格
　　csh 或 dos:teqc+err err.txt{其他选项}stdin

2.3.2.3　将 stdout 和 stderr 写入同一个文件 temp

　　sh 或 ksh:teqc{其他选项}stdin>temp 2>&1　注:2>& 之间一定要无空格
　　csh 或 dos:teqc+out temp+err temp{其他选项}stdin

2.3.2.4　将多个观测文件的 stdout 或 stderr 写入同一个文件里

　　sh 或 ksh:teqc{其他选项}stdin≫out.txt 2≫err.txt
　　csh 或 dos:teqc++out out.txt+err err.txt{其他选项}stdin
　　　　　teqc++out out.txt{其他选项}stdin
　　　　　teqc++err err.txt{其他选项}stdin

2.3.3 TEQC数据质量检查的命令及输出

运行teqc+qc++config,可以列出质量检查(Quality Check,qc)模式下TEQC所有的命令选项及缺省状态。我们不能就这些选项一一说明,仅对一些应用最多的选项给予举例说明。举例说明均以C-shell系统为例,%是C-shell的提示符。

2.3.3.1 命令格式:teqc+qc-nav ssssdddf.yyn {其他选项} ssssdddf.yyo

在这个命令格式中,以+和-引导的选项是没有先后次序要求的,但数据文件ssssdddf.yyo一定是在最后。

例1:%teqc+qc-nav bjfs2340.nav bjfs2340.06o

stderr和stdout显示在屏幕上,同时生成文件bjfs2340.06S、bjfs2340.azi、bjfs2340.ele、bjfs2340.ion、bjfs2340.iod、bjfs2340.mp[1-2]和bjfs2340.sn[1-2]。

后缀为yyS的文件是质量检查的报告,其中通常包括了短报告和长报告两部分,这是因为+s和+l是缺省的设置。在命令行中加-s或-l可以略掉短报告或长报告。短报告与stdout完全一样。

后缀为azi、ele、ion、iod、mp[1-2]和sn[1-2]的文件分别存储了每一个观测历元的站心卫星方位角(°)、站心卫星高度角(°)、电离层延迟(m)、电离层延迟变化率(m/s)、多路径误差MP1和MP2(m)及L_1和L_2的信噪比(S/N)。这些文件是基于缺省设置+plot产生的,可以很方便地用于相关图像的生成。在命令行中加-plot可以将这些文件全部略掉,但要略掉ion、iod、mp[1-2]和sn[1-2]中的某一项,则需要在命令行中加相应的指令-ion、-iod、-mp或-sn。

例2:%teqc+qc-nav bjfs2340.nav-plot-l bjfs2340.06o

stderr和stdout显示在屏幕上,只有bjfs2340.06S文件生成且内容与stdout完全一样。

例3:%teqc+qc-nav bjfs2340.nav-iod-sn bjfs2340.06o

stderr和stdout显示在屏幕上,没有生成后缀为iod和sn[1-2]的文件。

例4:%teqc+qc-nav bjfs2340.nav-set_mask 15 bjfs2340.06o

这个命令与例1的基本相同,只是多了选项-set_mask(缺省设置10°),指定15°以上的数据用于质量检查。

2.3.3.2 命令格式:teqc+qc {其他选项} ssssdddf.yyo

如果工作目录中没有导航文件ssssdddf.yyn,就只能采用这样的命令格式。因为没有了卫星的位置信息,所以没有文件ssssdddf.azi和ssssdddf.ele生成。stdout和ssssdddf.yyS中也会缺少与卫星位置有关的项,比如+dn、-dn和Pos等。这种没有导航文件的数据质量检查方式称为qc_lite模式,而使用导航文件的方式称为qc_full模式。

例5:%teqc+qc+err bjfs2340.err bjfs2340.06o

stdout显示在屏幕上,stderr写入指定的文件bjfs2340.err;生成的文件有bjfs2340.06S、bjfs2340.ion、bjfs2340.iod、bjfs2340.mp[1-2]和bjfs2340.sn[1-2]。

2.3.4 TEQC数据质量检查结果的简单解释

2.3.4.1 stderr

```
! Notice ! GPS week in GPS week in RINEX NAV=1389;(default)GPS week = 1391
qc full>! Notice ! 2006 Aug 22 00:08:30.000:possible increase of session sampling interval OR
data gap of 90.000000 seconds
>>>>>>>>>>>>>>>>>>>>>>>>>>>>>>>>>>>>>>>>>>>>>>>>>>>>>>>>>>>>>>>
```

这个stderr中提示了两个内容。①数据是1 389周的,但缺省的设置是当前时间1 391。如果要检查的数据是非当前时间的,可以在命令行加-week项,给定数据所属的时间;②在2006 Aug 22 00:08:30.000时刻,采样间隔增大或90s的数据中断。通常情况下,采样率是不会非人为改变的,实际情况是丢失了00:07:30.000和00:08:0.000两个历元的数据。

2.3.4.2 stdout

```
SV+------------------------------------------------------------------+ SV
 1|         _-Iooooooooooooooooo+_                                    | 1
 2|                                  _+oooooooooooooooooo+_           | 2
 3|            _-ooooooooooooooI^_                                    | 3
 4|                          ^Iooooooooooooooooo++_                   | 4
 5|Ioooooooooooo+_              _+oooooooooo+               _+| 5
 6|        _-oooooooooo+_                        _--oooooooooo++_ | 6
 7|_        Iooooooooooooooo+_               _+ooooo+++| 7
 8|           _-oooooooooooo++_          _+oooooo++_         | 8
 9|-ooooooo++_        __+2o+++_                _+oooooo| 9
......
28|_             _^Ioooooooooooooooo+_                    ____| 28
29|-o-               ____                    _-ooooooooooooo| 29
30|_++oooooooooooo++_                      _--ooooo++_        | 30
-dn|11 11             111   1                                  |-dn
+dn|c1221121  121  1  11233112111  1   11 11  121 1 1  111111 1 |+dn
+10|99998998777998899999aaaaaaaaaa88667688877788799999999989a988888bba99978|+10
Pos|ooo   oooo  oooooooo o                       o     oo     o        | Pos
Clk|^                                                                  | Clk
   +----------|----------|----------|----------|----------|----------+
```

```
00:00:30.000                                                     23:59:30.000
2006 Aug 22                                                       2006 Aug 22


************************
QC of RINEX   file(s) :bjfs2340.06o
input RnxNAV file(s) :bjfs2340.06n
************************

Time of start of window :2006 Aug 22   00:00:30.000
Time of end of window :2006 Aug 22   23:59:30.000
Time line window length :23.98 hour(s), ticked every 3.0 hour(s)
   antenna WGS 84 (xyz):-2148794.2939 4426619.4745 4044668.2411 (m)
   antenna WGS 84 (geo):N   39 deg 36′ 31.22″   E 115 deg 53′ 35.24″
   antenna WGS 84 (geo):39.608673 deg     115.893122 deg
         WGS 84 height :97.0901 m
|qc - header| position:6369585 m            qc确定的测站位置与RINEX文件表头给出的位置差


Observation interval:30.0000 seconds
Total satellites w/ obs:28                              观测到的所有卫星数
NAVSTAR GPS SVs w/o OBS:12    15    31    32            没有观测到的卫星PRN号
NAVSTAR GPS SVs w/o NAV:                                导航文件中缺少的卫星PRN号
Rx tracking capability:12 SVs                           接收机的通道数
Poss. # of obs epochs:2879                              期望的观测历元数
Epochs w/ observations:2877                             实际的观测历元数
Possible obs>0.0 deg:28524                              >0°的期望观测量
Possible obs>10.0 deg:22500                             >10°的期望观测量
Complete obs>10.0 deg:21974         >10°完整观测的数量,码和载波相位观测量缺一不可
Deleted obs>10.0 deg:78                                 >10°的被删除观测量
Moving average MP1:0.429402 m                           平均的MP1
Moving average MP2:0.477774 m                           平均的MP2
Points in MP moving avg:50                              MP滑动窗的长度
No. of Rx clock offsets:0                               接收机钟重置的次数
Total Rx clock drift:0.000000 ms                        接收机总的钟漂
Rate of Rx clock drift:0.000 ms/hr                      接收机钟漂的时速
Report gap > than:10.00 minute(s)
    but < than:90.00 minute(s)               数据中断的时间大于10min但小于90min
epochs w/ msec clk slip:0
other msec mp events:0 (:12)     {expect <= 1:50}
IOD signifying a slip:>400.0 cm/minute
IOD slips <   10.0 deg:39                               <10°的电离层延迟滑移次数
IOD slips >   10.0 deg:31                               >10°的电离层延迟滑移次数
IOD or MP slips <   10.0:39                    <10°的电离层延迟滑移或MP滑移次数
IOD or MP slips >   10.0:31                    >10°的电离层延迟滑移或MP滑移次数
           first epoch   last epoch    hrs   dt  # expt  # have  %   mp1  mp2  o/slps
SUM 06  8 22 00:00  06  8 22 23:59  23.98  30  22500  21974  98  0.43  0.48  709
```

stdout 中包括了两个部分:一部分是利用一些特别规定的符号给出了时序图,利用 teqc+qc++sym 可以列出时序图的符号集合;另一部分是一些简要的文字说明。qc_lite 模式和 qc_full 模式给出的内容有些不同,主要是因为在 qc_lite 模式下没有卫星的位置信息可利用,与卫星位置有关的项缺失。文字说明部分的简要解释见例子中的中文注释。

在时序图部分的上半部分,每行是每颗卫星的数据状态。以下是用来描述卫星数据状态的符号及含义,层次由上而下为:

[C]:接收机钟跳,表现为所有卫星的 MP1 和 MP2 的滑移,是一个相同的整数毫秒;利用 -cl 可以关闭这项检查。

[m]:类似于接收机钟跳,表现为部分卫星的 MP1 和 MP2 的滑移,它们可能是一个相同的整数毫秒,也可能不同的卫星有不同的整数毫秒;检查出滑移次数的多少与 -msec_tol 设置有关。

[I]:电离层引起的相位滑移;利用 -ion 可以关闭这项检查。

[M]:MP1 和 MP2 同时滑移,但不是整数毫秒;利用 -mp 可以关闭这项检查。

[1]:仅存在 MP1 的滑移,但不是整数毫秒;利用 -mp 可以关闭这项检查。

[2]:仅存在 MP2 的滑移,但不是整数毫秒;利用 -mp 可以关闭这项检查。

[3]:记录开关的状态。

[4]:记录开关的状态。

[-]:在 qc_full 模式下,表示卫星在截止高度角以上,但是接收机没有记录到观测数据;在 qc_lite 模式下,数据有间断,但一定小于 -gap_mx 设定的最大值(分钟)。

[+]:仅在 qc_full 模式下存在,表示接收机记录到了完整的数据,但卫星在截止高度角以下。

[^]:仅在 qc_full 模式下存在,表示接收机记录到了部分数据,但卫星在截止高度角以下。

[.]:观测到的载波和/或码数据仅有 L_1 和 C/A,且 A/S 处于关闭状态;如果是在 qc_full 模式下,观测到的卫星在截止高度角以上。

[:]:观测到的载波和/或码数据仅有 L_1 和 P1,且 A/S 处于关闭状态;如果是在 qc_full 模式下,观测到的卫星在截止高度角以上。

[~]:观测到的载波和/或码数据是 L_1、C/A、L_2 和 P2,且 A/S 处于关闭状态;如果是在 qc_full 模式下,观测到的卫星在截止高度角以上。

[*]:观测到的载波和/或码数据是 L_1、P1、L_2 和 P2,且 A/S 处于关闭状态;如果是在 qc_full 模式下,观测到的卫星在截止高度角以上。

[,]:观测到的载波和/或码数据仅有 L_1 和 C/A,且 A/S 处于工作状态;如果是在 qc_full 模式下,观测到的卫星在截止高度角以上。

[;]:观测到的载波和/或码数据仅有 L_1 和 P1,且 A/S 处于工作状态;如果是在 qc_full 模式下,观测到的卫星在截止高度角以上。

[o]:观测到的载波和/或码数据是 L_1、C/A、L_2 和 P2,且 A/S 处于工作状态;如果是在 qc_full 模式下,观测到的卫星在截止高度角以上。

[y]:观测到的载波和/或码数据是 L_1、P1、L_2 和 P2,且 A/S 处于工作状态;如果是在 qc_full 模式下,观测到的卫星在截止高度角以上。

[L]:卫星失锁,利用 -lli 可以关闭这项检查。

[_]:仅在 qc_full 模式下存在,表示卫星在地平线和截止高度角之间,但是接收机没有记录到数据;利用-hor 可以关闭这项检查。

[ ]:在 qc_lite 模式下,表示没有跟踪到卫星;在 qc_full 模式下,没有卫星在地平线或截止高度角以上(参见-set_hor 和-set_mask 的设置)。

在时序图的底部是一些综合信息。在 qc_lite 模式中,"Obs"行记录了每一列代表的时间段内接收机跟踪到的最大卫星数:1-9 表示跟踪到 1~9 颗卫星,a 和 b 分别表示跟踪到 10 和 11 颗卫星,空格表示没有跟踪到卫星。在 qc_full 模式中,一行"Obs"变为了"-dn"、"+dn"、"+xx"和"Pos"四行,它们的含义如下。

-dn:在每列所代表的时间段内所有观测历元中期望的卫星数与实际的卫星数差值的最小值;此值用十六制数表示,空格表示差值为 0。

+dn:在每列所代表的时间段内所有观测历元中期望的卫星数与实际的卫星数差值的最大值;表示方法同上,出现字母 c 则代表至少有一个历元无观测数据。

+xx:此处 xx 是卫星截止高度角。这行的含义与 qc_lite 模式下的"Obs"行极为类似,不同之处在于"Obs"表示跟踪到的卫星数,+xx 表示应该跟踪到的卫星数。

Pos:表示在不同历元码定位成功与否。以下是用来描述"Pos"状况的符号及含义,层次由左往右,从上而下表示如下。

[^]:大的位置变化;   [X]:码定位求逆失败;

[C]:位置不收敛;   [H]:大的水平位置不定性;

[V]:大的垂直位置不定性;   [T]:大的三维位置不定性;

[>]:动态定位成功;   [o]:静态定位成功;

[O]:缺乏足够的观测量;   [E]:缺乏足够的星历;

[S]:缺乏足够的卫星。

紧临"Pos"的一行是 Clk,标注了接收机钟的工作状态。符号+或-表示钟存在一个正或负的重置。符号^比+和-低一层次,表示在每一列所表示的时间段至少丢失了一个历元的观测。

时序图的最后一行是时间标记行。从行首和行尾给出的时间,可以确定每一列所代表的时间段。

3 空间大地测量基准

3.1 基本概念

坐标架:它表明坐标采用的形式及相关概念的总称。一般情况下,它是一个由通过原点的3个相互垂直的坐标轴或其他结构组成的框架。如直角坐标系是由3个相互垂直的坐标轴构成。

坐标系:坐标框架和该坐标架内标定点的位置的方法的总称。坐标架不同,坐标系亦不相同。一个坐标架需要和标定点位置的理论和方法相结合才能构成坐标系。

参考架:它是一组用于实现一个特定参考系的点及其他坐标的组合。在四维的定义中还需要给定坐标随时间的变化,这些点称为参考点。在该参考架中,未知点坐标可以通过和参考点的联测确定,并称所确定的坐标属于该参考架。参考点的位置坐标可以用不同形式的坐标架。

参考系:这是参考架和确定参考架中参考点位置坐标的理论、方法及采用的模型和常数的结合。建立一个参考系应该包括两个步骤:首先确定参考系的模式,其中包括一组模型和常数,一套理论(主要是地球自转的理论)和数据处理方法;第二是给定一个参考架。建立参考系一般包括以下内容:首先是在参考系模式规定的原则、公式、常数值的基础上根据某种空间大地测量手段或综合多种空间技术,对参考点的观测结果求得参考系定向的有关数值;同时按规定的数据处理方法获得参考点的坐标值,在四维定义中还需给出位置坐标的时间变化。

参考架和参考系的关系是:参考架提供一个使参考系具体化的方法,以便描述点的运动,参考系是总体概念,参考架是具体应用形式。在这里可以看出模式只是从理论上建立参考系,而参考架才是从实践上建立参考系,用户可以通过参考架中的参考点位置坐标将未知点位置坐标纳入该参考系中去。

3.2 WGS84 坐标系

3.2.1 WGS84 坐标系

WGS84 坐标系是1984世界大地坐标系(World Geodetic System)的简称。它是美国国防制图局于1984年建立的,是 GPS 卫星星历的参考基准,也是协议地球参考系的一种。该系列先后有 WGS60、WGS72 以及 WGS84,其后的发展演变为 WGS84(G730)、WGS84(G873)和2001年完成的最新的 WGS84(G1150)。

WGS84 的基础是美国海军导航定位系统(NNSS)的 NSWC9Z-2 的参考坐标系。将此坐标系的原点、比例尺因子加以修正,即将 NSWC9Z-2 的原点沿 Z 轴降低 4.5m,将其尺度因子乘上 -0.6×10^{-2},并将 NSWC9Z-2 的零子午线向西旋转 0.181 4 弧秒以使其与 BIH 定义的 1984 年零子午线一致。

建立 WGS84 的参考框架的测站坐标主要来自以下几个方面:

(1) NSWC9Z-2 中的多普勒观测站的观测结果,在建立 WGS84 时达 1 500 多个。

(2) 直接由 NSWC9Z-2 进行坐标转换。

(3) 由 WGS72 参考点的坐标转换。

(4) 美国国防部(DOD)的永久性 GPS 监测站,其最初的点位精度为米级。

WGS84 的椭球参数及有关常数均采用国际大地测量与地球物理联合会 IUGG/IAG 第 17 届大会推荐的 GRS80 值。只是将 GRS80 中的 J_2 改用 $\bar{c}_{2,0}$,两者的关系为 $\bar{c}_{2,0}=-J_2(5)^{0.5}$。

WGS84 的重力场模型(EGM)是重力位的球谐函数展开式,到 180 阶次,共包含 32 755 个位系数。

为了改善和提高 WGS84 系统的精度,1994 年 6 月由美国国防制图局(DMA)将其 WGS84 中参考架的测站数扩大,即将美国空军在全球布设的 GPS 跟踪站的数据及部分 IGS 站的数据进行联合处理,并以 IGS 站在 ITRF91 框架下的坐标作为固定值,重新计算了 WGS84 参考架的全球跟踪站在 1994.0 历元的站坐标,得到了一个更加精确的 WGS84 (G730),其起点为 1994 年 1 月 2 日。

1996 年 WGS84 参考架再次进行了更新,得到了被称为 WGS84(G873)的新系统,使用起点为 1996 年 5 月 29 日,坐标参考历元为 1997.0。1996 年对 WGS84 坐标系重新作数据处理时,采用了 13 个 IGS 站作为控制,采用的坐标框架为 ITRF94,从而使新系统的坐标参考架精度有了进一步提高,点位精度标称 5cm。它与 ITRF94 框架的坐标差小于 2cm。

2001 年又对 WGS84 进行再次精化,其成果记为 WGS84(G1150)。此次精化由美国国家影像与制图局(NIMA)完成。利用选定的 26 个 GPS 永久性跟踪站并利用转换到 ITRF2000 框架内的 49 个 IGS 枢纽站作为控制,采用 NIMA 精密星历进行数据平差处理和计算获得精化后的 WGS84(G1150),其历元为 2001。利用其中 18 个站进行了检验,坐标精度优于 1cm。WGS84 的基本参数见表 3-1。

表 3-1 WGS84 的基本参数

参数	符号	数值
长半轴	A	6 378 137.0m
扁率	$1/f$	298.257 223 563
地球自转角速度	ω	7 292 115.0$\times10^{-11}$ rad/s
卫星应用角速度	ω	7 292 115.146 7$\times10^{-11}$ rad/s
岁差参考架速度	ω^*	7 292 115.855 3$\times10^{-11}$ rad/s
地球重力位常数	GM	3 986 004.418$\times10^8$ m^3/s^2

精化后的WGS84与ITRF两种参考框架就定位来说具有基本相同的精度(就站坐标内部的协调性而言),但从定义参考框架的本意来说,WGS84比较偏重于点的绝对位置和适用于相对静态的在地测量。当需要顾及地壳的运动而可能引起的站坐标变化时,它需借助于板块运动模型给出运动参数来施加改正。而ITRF参考框架的确定则以某种方式顾及了地壳运动[顾及的方式ITRF(年)随年的不同而有所不同],因此每一次新确定的ITRF参考框架,不仅是不断的精化,而且随着对地壳运动的认识的深入,严格来说其定义也有变化,似乎更适合于用来作为研究全球地壳运动的参考框架。

3.2.2 PZ90坐标系

PZ90(有时称PE90)是GLONASS卫星导航系统采用的坐标系统,PZ90坐标系和WGS84坐标系一样,同属地心坐标系。PZ90坐标系是俄罗斯进行地面与空间网联合平差后建立的。GLONASS卫星系统在1993年以前采用苏联的1985年地心坐标系,1993年后改用PZ90坐标系。PZ90理论上与ITRF一致,实际上,由于跟踪站不受全球分布等因素影响,造成了PZ90与ITRF之间的差异。

其定义为:坐标原点位于地球质心;Z轴指向IERS推荐的协议地极原点,即1900~1905平均北极,X轴指向地球赤道与BIH定义的零子午线的交点,Y轴满足右手坐标系。由该定义知,PZ90与ITRF框架是一致的。PZ90坐标系参数见表3-2。

表3-2 PZ90坐标系参数

参考椭球半径 a	6 378 136m
J_2(或 f)	108 262.57×10^{-8} (1/298.257 839 303)
地球引力常数(GM)	398 600.44×10^9 m^3/s^2
地球旋转角速度	7 292 115×10^{-11} rad/s

3.3 ITRF框架

3.3.1 ITRF参考架起源

国际地球参考框架(ITRF)是由国际地球自转服务局(IERS)按一定要求建立地面观测台站进行空间大地测量,并根据协议地球参考系的定义,采用一组国际推荐的模型和常数系统对观测数据进行处理,解算出各观测台站在某一历元的坐标和速度场,由此建立的一个协议地球参考框架。它是协议地球参考系的具体实现。

从1984年起,BIH(国际时间局)作为协调中心,将全球许多分析中心的Doppler、SLR、LLR、VLBI测量资料经统一平差测定协议地球参考系CTS(简称为BTS),提供了BTS84-

BTS87 系列。1988 年国际地球旋转服务 IERS(International Earth Rotation Service)代替 BIH 和 IPMS 的工作,测定了 IERS 地球参考框架 ITRF88 – ITRF * * 系列,也就是国际地球参考框架 ITRF 系列。

国际地球自转服务局(IERS)1988 年 1 月 1 日成立,成立后相继发表了 ITRF88、ITRF89、ITRF90、ITRF91、ITRF92、ITRF93、ITRF94、ITRF96、ITRF97 和 ITRF2000 参考框架。

IERS 采用多种空间技术手段来维持 ITRF 框架,主要技术是:VLBI、SLR、LLR 和 1991 年加入的 GPS,从 1994 年起又加入了卫星轨道跟踪和无线电定位(DORIS)。IERS 下面有多个分布在全球的分中心,各分中心以某种技术为主完成自身观测结果的处理分析,得出以某种特定技术(如 VLBI)为依据的站坐标、速度及地球自转参数(ERP);然后由 IERS 中心局(IERS CB)对各个分中心获得的结果采用一定的方法进行综合分析处理,获得站坐标、速度及 ERP 的综合结果,以此结果建立国际地球参考系和国际地球参考架(ITRS 和 ITRF),并以年报的形式向全球发布。具体步骤为:以多种空间技术手段观测获得多组站坐标(SSC),用它们各自的站速度模型,归算到某一个公共的参考历元 t_0。定义定向参数、原点及尺度因子,不同年度有的不同;再参考历元 t_0,对各分析中心的结果进行综合,采用最小二乘方法求得综合的 ITRF 站坐标及各组 SSC 相对于 ITRF 的各自的 7 个参数,在综合时,采用的标准模型是建立在欧几里得相似性基础上的 7 个参数模型。采用同时定位的测站间的局部联系及其固有的方差。估计当前的 ITRF 站坐标速度,为此可有两种方法:①用综合站坐标所使用的类似方法来综合 SSC 的速度;②用两个不同历元的坐标的差分进行综合。

不同时期参考框架采用的技术手段、台站数不同,数据处理方式也不完全相同,因此各时期参考框架的原点、尺度因子也不相同。如 ITRF96 和 ITRF97 参考框架完全基于空间测量数据得到,没有任何地质模型假设。而 ITRF2000 参考框架去掉了 GPS 解,附加了百万年平均模型 NNR – NUVEL1A 的约束。

ITRF2000 参考框架定义如下:

原点:其原点是通过 SLR(CGS,CSR,DGFI 和 JCET 中心)数据处理结果加权平均得到的。

尺度因子:通过 VLBI(GUIB,GSFC,SHA)和 SLR(CGS,CSR,DGFI 和 JCET 中心)数据处理结果加权平均得到的。

定向:定向参数选择为历元 1997.0 的 ITRF97 的地球自转参数。

3.3.2 ITRF 参考架间的转换参数

虽然协议地球参考系的定义是确定的,但由于各分析中心采用不同的观测手段以及在不同的时期建立地球参考架的过程中对参考架的原点、定向、尺度的约定等不可能完全一致,使各分析中心所建立的参考架不完全一致。不同时期所得的结果也将存在一定的系统差,因此使用这些参考架时需要知道它们间的转换关系。

这种转换可以采用常规的坐标转换公式,我们知道不同直角坐标系进行转换时,通常采用七参数的布尔沙公式或莫洛金斯基公式两种,在这里我们给出莫洛金斯基公式及其参数,供学习参考。

$$\begin{bmatrix} X \\ Y \\ Z \end{bmatrix}_{新} = \begin{bmatrix} X \\ Y \\ Z \end{bmatrix}_{原} + \begin{bmatrix} T_1 \\ T_2 \\ T_3 \end{bmatrix} + \begin{bmatrix} D & -R_3 & R_2 \\ R_3 & D & -R_1 \\ -R_2 & R_1 & D \end{bmatrix} \begin{bmatrix} X \\ Y \\ Z \end{bmatrix}_{原} \qquad (3-1)$$

式中，$\begin{bmatrix} X \\ Y \\ Z \end{bmatrix}_{新}$ 和 $\begin{bmatrix} X \\ Y \\ Z \end{bmatrix}_{原}$ 分别为转换框架和原始框架的坐标。

$T_1, T_2, T_3, D, R_1, R_2, R_3$ 为原始框架到转换框架的 7 个参数，其定义分别为平移参数、尺度因子和旋转参数。

在协议地球参考架变换时，对站坐标的速度亦可用同样的 7 个参数按上述公式进行，因此，两个框架间的转换共有 14 个参数。ITRF2000 到其他 ITRF 框架之间坐标及速率的转换参数如表 3-3，ITRF 94 以前相对于 ITRF 94 的转换参数及其速率转换如表 3-4。

表 3-3　ITRF2000 到其他 ITRF 框架之间坐标及速率的转换参数

转换框架	T_1(cm) $\hat{T}_1$(cm/a)	T_2(cm) $\hat{T}_2$(cm/a)	T_3(cm) $\hat{T}_3$(cm/a)	$D(10^{-9})$ $\hat{D}(10^{-9}/a)$	R_1(mas) $\hat{R}_1$(mas/a)	R_2(mas) $\hat{R}_2$(mas/a)	R_3(mas) $\hat{R}_3$(mas/a)	基准历元
ITRF 97	0.67 0.00	0.61 −0.06	−1.85 −0.14	1.55 0.01	0.00 0.00	0.00 0.00	0.00 0.02	1997.0
ITRF 96	0.67 0.00	0.61 −0.06	−1.85 −0.14	1.55 0.01	0.00 0.00	0.00 0.00	0.00 0.02	1997.0
ITRF 94	0.67 0.00	0.61 −0.06	−1.85 −0.14	1.55 0.01	0.00 0.00	0.00 0.00	0.00 0.02	1997.0
ITRF 93	1.27 −0.29	0.65 −0.02	−2.09 −0.06	1.95 0.01	−0.39 −0.11	0.80 −0.19	−1.14 0.07	1988.0
ITRF 92	1.47 0.00	1.35 −0.06	−1.39 −0.14	0.75 0.01	0.00 0.00	0.00 0.00	−0.18 0.02	1988.0
ITRF 91	2.67 0.00	2.75 −0.06	−1.99 −0.14	2.15 0.01	0.00 0.00	0.00 0.00	−0.18 0.02	1988.0
ITRF 90	2.47 0.00	2.35 −0.06	−3.59 −0.14	2.45 0.01	0.00 0.00	0.00 0.00	−0.18 0.02	1988.0
ITRF 89	2.97 0.00	4.75 −0.06	−7.39 −0.14	5.85 0.01	0.00 0.00	0.00 0.00	−0.18 0.02	1988.0
ITRF 88	2.47 0.00	1.15 −0.06	−9.79 −0.14	8.95 0.01	0.10 0.00	0.00 0.00	−0.18 0.02	1988.0

表 3-4 ITRF 94以前相对于 ITRF 94的转换参数及其速率转换

转换框架	T_1(cm) $\hat{T}_1$(cm/a)	T_2(cm) $\hat{T}_2$(cm/a)	T_3(cm) $\hat{T}_3$(cm/a)	$D(10^{-8})$ $\hat{D}(10^{-8}/a)$	R_1 (0.001″) $\hat{R}_1$ (0.001″/a)	R_2 (0.001″) $\hat{R}_2$ (0.001″/a)	R_3 (0.001″) $\hat{R}_3$ (0.001″/a)	基准历元
ITRF 93	0.60 −0.29	−0.50 0.04	−1.50 0.08	0.04 0.00	−0.39 −0.11	0.80 −0.19	0.96 0.05	1988.0
ITRF 92	0.80	0.20	−0.80	0.08	0.00	0.00	0.00	1988.0
ITRF 91	2.00	1.60	−1.40	0.06	0.00	0.00	0.00	1988.0
ITRF 90	1.80	1.20	−3.00	0.09	0.00	0.00	0.00	1988.0
ITRF 89	2.30	3.60	−6.80	0.43	0.00	0.00	0.00	1988.0
ITRF 88	1.80	0.00	−9.20	0.74	0.10	0.00	0.00	1988.0

3.4 WGS84 与 ITRF 间的转换

WGS84 和 ITRF 都在不断改进与发展,两者的一致性也在不断趋于统一。可以用莫洛金斯基的七参数转换公式求出两个坐标系间的转换参数,这些参数对不同历元是不同的。

由表 3-5 可以看出,WGS84(G873)与 ITRF94 之差,主要表现在其比例因子约为 10^{-9},其旋转约为 2cm,其综合效应不会大于 5cm。从 WGS84(G873)和 WGS84(G1150)的比较可以看出两者相差为 5cm,据有关方面研究指出,WGS84(G873)的点误差约为 5cm,因此改进后的 WGS84(G1150)精度有了明显提高,和 ITRF2000 相比较,其一致性将保持在 ±1cm 之内。

表 3-5 WGS84 与 ITRF 的比较

WGS84 − ITRF	Δx(m)	Δy(m)	Δz(m)	εx	εy	εz	D
WGS84 − ITRF91	0.061	0.52	−0.239	0″.018 3	−0″.000 3	0″.007 0	−0.010 3×10^{-6}
WGS84(G873) − ITRF94	0.001	−0.002	0.001	0.0(ms)	0.4(ms)	0.6(ms)	−0.5×10^{-9}
WGS84(G873) − WGS84(1150)	−0.000 2	−0.000	0.008	−0.26 (mas)	−0.51 (mas)	−0.39 (mas)	−6.0×10^{-9}

注:0.1mas(毫角秒)=0.3cm(地球表面)

3.5 中国国家 2000 坐标系

国家测绘系统采用 2000 中国大地测量系统(China Geodetic System 2000,缩写为 CGCS2000)。CGCS2000 涵盖大地参考系统、天文测量系统、重力测量系统(2000 国家重力基本系统)、高程系统(1985 国家高程基准)及相关测绘基准,潮汐改正采用无潮汐(Tide-free)系统。

3.5.1 国家大地参考系统(CGCS2000)定义

参考系原点位于包括海洋和大气在内的整个地球的质量中心。Z 轴从原点指向 IERS 参考极(IRP)方向,X 轴从原点指向 IERS 参考子午面(IRM)与赤道的交点,Y 轴与 X 轴和 Z 轴构成右手坐标系,CGCS2000 的原点也用作参考椭球(称 CGCS2000 参考椭球)的几何中心,坐标轴指向的时间演化满足整个地球水平结构运动无净旋转条件。

3.5.2 国家大地参考系统(CGCS2000)基本构成

CGCS2000 由 GPS 连续运行参考站、空间大地网和天文大地网 3 个层次的站网坐标和速度体现。

GPS 连续运行参考站:目前计有 25 个 GPS 连续运行参考站参与 CGCS2000 的实现,其坐标中误差为厘米级,速度中误差为 1~2mm/a。GPS 连续运行参考站为静态、动态定位和导航提供坐标基准。GPS 连续运行参考站构成 CGCS2000 的基本骨架。

空间大地网:参与 CGCS2000 实现的空间大地网包括大约 2 300 个 GPS 大地点。其坐标中误差为厘米级,速度(若有)中误差约 4mm/a。空间大地网和 GPS 连续运行参考站共同构成 CGCS2000 的框架。

天文大地网:参与 CGCS2000 实现的天文大地网包括 48 519 个一、二、三等三角点或导线点,其大地纬度和经度的中误差不超过 0.3m,大地高中误差不超过 0.5m;相邻点之间边长中误差不超过 3×10^{-6},方位角中误差不超过 $0.7''$。

3.5.3 CGS2000 参考椭球的基本参数

地球椭球基本参数:长半轴 $a=6\ 378\ 137.0$m

地心引力常数:$GM=3\ 986\ 004.418\times10^8\text{m}^3/\text{s}^2$

扁率:$f=1/298.257\ 222\ 101$

地球自转角速度:$\omega=7\ 292\ 115.0\times10^{11}\text{rad/s}$

CGCS2000 实际上是 ITRF2000 在我国的扩展或加密。对于所有实用目的,可以认为两者是一致的。

大地基准网由甚长基线干涉观测站、人卫激光测距观测站及导航卫星系统连续跟踪站等空间大地测量站网组成,其坐标精度应为毫米级,速度精度应优于 2mm/a。

三维坐标控制网采用空间大地测量方法布设,按施测精度划分为一、二、三等。

1. 一等网

一等网为地壳运动监测网,一等点主要布设于一等水准网的结点。一等点相对大地基准网的水平位置中误差应不超过±10mm,大地高中误差应不超过±15mm。

2. 二等网

二等网为均匀覆盖全国大陆和主要岛屿的坐标基础控制网。除岛屿外,二等点点间距离为25～50km,平均为35km。二等点相对大地基准网的水平位置中误差应不超过±20mm,大地高中误差应不超过±30mm,并具有不低于三等水准联测精度的高程值。

3. 三等网

三等网是直接为城市建设、工程建设和测图目的服务的区域网。点间距应不超过25km。点间水平位置相对中误差一般应不超过±30mm,大地高中误差应不超过±60mm。

4 国家基础网布设

4.1 全国 GPS 一、二级网

全国 GPS 一、二级网是由总参测绘局建立(图 4-1)。一级网由 45 个点组成,较均匀地覆盖了我国大陆和南海岛屿。除南海岛屿外,其他点均为国家天文大地网点,同时是水准点或水准直接联测点,相邻点间距离最大 1 667km,最短 86km,平均点距约 680km。

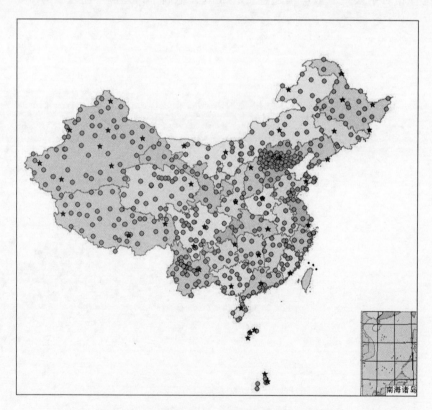

图 4-1 全国 GPS 一、二级网点位分布示意图

全国 GPS 一级网外业观测在 1991—1992 年进行,前后使用了 12 台 Minimac2816 接收机,全国分为 12 个同步观测区,每条基线同步观测时段不少于 10 个,每时段观测 3h,采样间隔 30s。

数据处理中基线解采用 GAMIT/GLOBK 软件,网平差采用 VECADJ 软件。第一次平差完成于 1994 年,采用 SIO、GFZ 精密星历和广播星历,在 ITRF91 参考框架下进行。1998 年对该网进行了再次平差,采用 DMA 和 SIO 两种星历,在 ITRF96 参考框架下进行。平差后基线分量相对误差平均在 10^{-8} 左右。

全国 GPS 二级网由 534 个点组成,均匀分布在我国大陆及南海重要岛屿,大陆上所有的点都进行了水准联测,相邻点间距平均为 164.8km。

外业观测从 1992—1997 年,前期(1992—1994 年)采用 Minimac2816 接收机,后期(1995 年和 1997 年)采用 Ashtech Z-12 接收机,前期观测方法与一级网相同,后期采用同步区滚动推进的方式,同时与国内的 7 个连续观测站进行联测,以保证网的结构、精度和效率。二级网平差后各点坐标相对于 ITRF 的中误差,水平分量优于 20mm,垂直分量优于 30mm。由于前后期观测环境和使用的接收机不同,其精度有所差异,在前期观测地区(东南沿海及新疆地区)基线相对精度达到 10^{-7};后期观测地区(东北、华北地区,云贵川藏等地区)基线相对精度达到 10^{-9}。

4.2 国家 A、B 级网

国家 A、B 级网由国家测绘局设计实施,A 级网由 30 个主点和 22 个副点组成。

A 级网进行了两次外业观测,第一次于 1992 年进行,在 27 个主点和 6 个副点上进行 9 昼夜连续观测,使用 Ashtech MD12、Trimble 4000SST 接收机。第二次复测在 1996 年进行,使用 14 台 Ashtech MD12,8 台 AshtechZ12,6 台 Rogue 8000,17 台 Trimble 4000SST 和 8 台 Leica 200 接收机,同时上点,在全部 52 个主、副点上进行了 10 昼夜的连续同步观测。

数据处理采用 GAMIT 软件做基线处理,采用 GPSADJ 进行网平差。为了针对 A 级网纳入 ITRF 参考框架,选择国内外 17 个 IGS 跟踪站数据与 A 级网数据联合处理,据国家测绘局报告,其基线分量重复性精度水平分量优于 $4mm+3\times10^{-9}D$,垂直分量优于 $8mm+4\times10^{-9}D$。

B 级网是在 A 级网的基础上布设的。B 级网许多点与原三角点、天文点和水准点重合,新埋点 89 个。相邻点间距,沿海发达地区平均为 50~70km,东部地区平均为 100km,西部地区平均为 150km。

B 级网外业观测从 1991 年开始,1996 年结束。与 A 级网不同的是 B 级网分为子网进行观测,由于其参测单位及参测接收机类型较多,其网形结构变换极为复杂,为后面的数据处理带来了一定困难。

数据处理采用 GAMIT 软件处理基线,Power ADJ Ver 2.0 平差软件做 25 个子网无约束平差,然后以 A 级网网点为起算数据,在 ITRF93 参考框架下进行整网约束平差。其平差结果报告称,平均点位中误差水平方向为 13mm,垂直方向为 26mm,基线相对精度达到 10^{-7}。

4.3 中国大陆环境构造监测网络

"九五"期间,国家建立了重大科学工程"中国地壳运动观测网络",使我国在该领域达到 20 世纪末国际先进水平,在减轻灾害、地学研究、国防建设、国民经济建设等方面已发挥了显著作用。"中国地壳运动观测网络"基准站仅 27 个,密度非常低,且只有 GPS 单卫星系统支持。美国在加利福尼亚州就建设了270个基准站,日本的连续基准站密度为我国的800倍,欧盟的密度为我国的20倍。陆态网络将建设成为多种卫星定位系统兼容的地面应用基础设施,是形成完整、安全、可靠、多用途的导航定位服务系统不可或缺的重要组成部分。

"中国大陆环境构造监测网络"是在"中国地壳运动观测网络"的基础上进行建设的,是对"中国地壳运动观测网络"的发展与完善。由中国地震局、总参测绘局、中国科学院、国家测绘局、中国气象局和教育部联合承建,于2008年开始建设,2011年完成。

陆态网络包括基准网、区域网、数据系统三大部分。

基准网是陆态网络的基本框架,由260个连续观测的基准站组成,在重要区域建立加密观测台阵。基准站主要进行GPS观测,也可扩充GLONASS、GALILEO和北斗导航系统观测,辅以环境气象参数和精密重力、精密水准观测,部分站点同时配置VLBI和SLR。基准站分布示意图见图4-2。

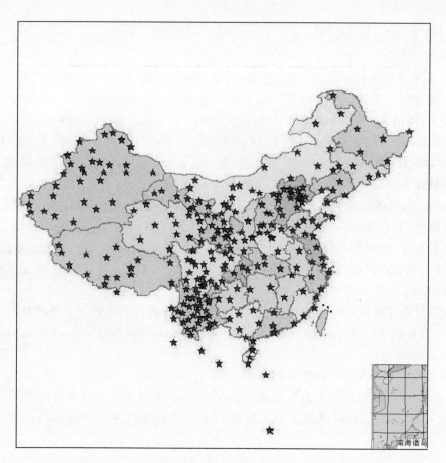

图4-2 中国大陆环境构造网络260个基准站分布示意图

区域网由2 000个观测站组成,按大陆构造和活动地块布设,辅以InSAR、精密重力和水准观测。

数据系统由数据中心和共享子系统组成,共享子系统分别服务于防震减灾、军事测绘、天文地球动力学、大地测量、气象预报、人才培养等。

陆态网络的关键技术分别为多种卫星系统兼容的接收和应用技术,高精度和高稳定性的全天候观测技术,海量信息的实时获取和管理技术,快速实时数据处理技术,无人值守、远程监控和在线修复的台网运行维护技术,共享和多方位服务模式。卫星定位技术日臻成熟,GPS、GLONASS、GALILEO和北斗导航系统,为多种卫星系统提供了支撑条件,为陆态网络提供了可靠性和安全性保障。陆态网络依托的主要空间定位技术、通信网络技术、数据处理技术等均为当前国内外成熟技术。

陆态网络技术指标为:基准站坐标年变率测定精度水平方向优于2mm;垂直方向优于3mm;卫星精密定轨精度,与IGS联网优于0.05m,独立定轨优于0.2m;区域站坐标变化的测定精度,水平方向优于5mm,垂直方向优于10mm;可降水水汽含量测定精度优于5mm。

陆态网络可以产出GPS、GLONASS、GALILEO、北斗、VLBI、SLR、InSAR、精密重力和精密水准的高精度观测数据;生成中国地壳运动图、中国重力场变化图、卫星精密星历、精密大地测量动态参考框架与控制点坐标、固体潮变化、中国大陆毫米级精度可降水水汽含量动态分布图;产出用于精密定位导航的基础数据;形成多方位服务国家级平台。

陆态网络的科学目标是建成覆盖中国大陆及近海的高精度、高时空分辨率和实时动态的四维观测体系,以监测中国大陆构造环境变化,认知现今地壳运动和动力学的总体态势,揭示其驱动机制,探求其对人类资源、环境和灾害的影响,推进固体地球物理学、大地测量学、地质学、大气科学、海洋学、空间物理学、天文学以及自然灾害预测和地球环境科学等的发展。实测数据是地球科学研究的基础,现代地球科学的发展离不开对地球表圈层的监测,陆态网络的大量高精度观测数据将极大地促进相关学科的发展。

4.4 国家基础网技术设计

基础网是指地域较大、精度要求高的国家控制网,它可以覆盖几个省、全国甚至全球。例如,全国GPS一、二级网,地壳运动监测网等,这类控制网一般点位较多、点距较长。

4.4.1 技术设计

GPS控制网的技术设计一般分为两部分。

4.4.1.1 技术设计准备

(1)根据任务需要,搜集与测区范围有关的国家三角网、导线网、天文重力水准网、水准网、人卫站、甚长基线干涉测量站、天文台、航天测控站和GPS网点等已知资料。

(2)搜集测区范围内有关的地形图、交通图、地质图,以及地质、地震资料等。

(3)搜集测区范围内的气候、气象资料、冻土层资料、社会治安情况、流行病情况等。

图上设计前,要对上述资料分析研究,必要时进行实地勘查,然后进行图上设计。

4.4.1.2 图上设计

图上设计一般结合收集的资料在地形图上进行。按照高级控制低级的原则,根据所布控制网的精度要求和点距要求,在图上标出新设计的GPS点的点位、点名、点号和级别,并在图上标出有关的三角网、导线网点以及有关的水准路线。为了便于实地选点,每点应设计2~3个选址方案。

一个全新的GPS控制网的建设,由于其全部工作都将由GPS来完成,因此首先需要选择一个与WGS84坐标系相匹配的地心参考基准。目前,ITRF框架与WGS84基本上是一致的,而且精度比WGS84要高,IGS站在全球已布设了200多个,而且还在逐年增多。因此,布设高等级控制网时,要以GPS连续观测站或IGS站为基准站,站间距离按相应等级的控制网要求进行布设。使用双频接收机,要有足够长的观测时间,以保证测站坐标必须达到相应等级的精度要求。选择的基准站应能包含整个控制网。

目前,我国已建立了260个(含境外10个站)高精度的GPS连续观测站,它们属于ITRF框架,以后布设控制网时,可利用这些站作为基准站。

4.4.2 高等级GPS网的布设要求

基础GPS控制网都是高等级控制网,按GPS测量规范要求,高等级控制网分为一、二级(等)。不同等级控制网其控制点间距不同,一级GPS控制网要求相邻点间最小距离不小于500km,相邻点间最大距离不大于2 000km;二级GPS控制网要求相邻点间最小距离不小于50km,相邻点间最大距离不大于500km。用于特殊需要的GPS控制网,其相邻间距离不限,而是根据其需要设计点位,例如地震监测网。国家GPS测量规范与军方GPS测量规范略有不同,其A级为连续观测站,B级点间平均距离50km,最大距离100km,但在设计时相邻点间距离不易太短,太短进行闭合差检查易超限。

现在按国标执行,布设的基本原则如下:

(1)各级GPS网一般逐级布设,在保证精度、密度等技术要求时可跨级布设。

(2)各级GPS网的布设应根据其布设目的、精度要求、卫星状况、接收机类型和数量、测区已有的资料、测区地形和交通状况以及作业效率等因素综合考虑,按照优化设计原则进行。

(3)各级GPS网最简单异步观测环或附合路线的边数应不大于B级网和C级网6条、D级网8条、E级网10条的规定。

(4)各级GPS网点应均匀布设,相邻点间距最大不宜超过该网平均点间距的2倍。

(5)新布设的GPS网应与附近已有的国家高等级GPS点进行联测,联测点数不应少于3点。

(6)为求定GPS控制点在某一参考坐标系中的坐标,应与该坐标系中的原有控制点联测,联测的总点数不应少于3点。在需要常规测量方法加密控制网的地区,D、E级网点应有1~2个方位点。

(7)A、B级网应逐点联测高程,C级网应根据区域似大地水准精化要求联测高程,D、E级网可依据具体情况联测高程。

(8)A、B级网点的高程联测精度应不低于二等水准测量精度,C级网点的高程联测精度应不低于三等水准测量精度,D、E级网点按四等水准测量或其精度相当的方法进行高程联测。各级网高程联测的测量方法和技术要求按国家水准测量规范执行。

(9)B、C、D、E级网布设时,测区内高于施测级别的GPS网点均应作为本级别GPS网的控制点,并在观测时纳入相应级别的GPS网中一并施测。

(10)在局部补充、加密低等级的GPS网点时,采用的高等级GPS网点点数应不少于4个。

(11)各级 GPS 网按观测方法可采用基于 A 级点、卫星连续运行基准站网、临时连续运行基准站网等的点观测模式,或以多个同步观测环为基本组成的网观测模式。网观测模式中的同步环之间,应以边连接或点连接的方式进行网的构建。

(12)采用 GPS 测量建立各等级大地控制网时,其分布还应遵循以下原则:①用于国家一等大地控制网时,其点位应均匀分布,覆盖我国国土。在满足条件的情况下,点位宜布设在国家一等水准路线附近或国家一等水准网的结点处。②用于国家二等大地控制网时,应综合考虑应用服务和对国家一、二等水准网的大尺度稳定性监测等因素,统一设计,布设成连续网。点位应在均匀分布的基础上,尽可能与国家一、二等水准网的结点,已有国家高等级 GPS 点,地壳形变监测网点,基本验潮站等重合。③用于三等大地控制网布测时,应满足国家基本比例尺测图的基本需求,并结合水准测量、重力测量技术,精化区域似大地水准面。

4.4.3 选点与埋石

图上设计完成后,需要人员到实地进行勘选,以确定所选定的位置是否满足 GPS 观测条件,GPS 选点要求如下:

(1)交通方便,便于利用和长期保存。
(2)地势开阔,点位周围地平仰角 10°以上无障碍物。
(3)距点位 100m 范围内无高压输电线、变电站,1km 范围内无大功率电台、微波站等电辐射源。
(4)避开在两相对发射的微波站间选点。
(5)点位应避开大型金属物体、大面积水域和其他易反射电磁波物体等,以避免产生多路径效应误差。
(6)点位应避开地壳断裂带、松软的土层。点位应尽量选在岩石或坚硬的土质上。
(7)点位应避开当地即将开发的地区,以免被破坏。
(8)应避开易受水淹、潮湿或地下水位较高的地点。
(9)点位应选在距铁路 200m、公路 50m 以外的地点。
(10)应避开易于发生滑坡、沉降、隆起等地面局部变形的地点。
(11)如利用原有点位,应检查标石或观测墩是否完好。
(12)与旧点重合的点位原则上采用原点名,如确需更改点名,则在新点名后的括号内附上旧点名称。

当所选位置满足 GPS 观测条件时,便可以建设 GPS 观测墩了,GPS 观测墩要有强制对中装置。施工时,按规范要求的规格、材料的配比进行。

B、C 级 GPS 网点标石埋设后,至少需经过一个雨季,冻土地区至少需经过一个冻解期,基岩或岩层标石至少需经一个月,待其标石稳定后,方可用于观测。

4.5 外业实施方法

首先根据技术设计方案,按选点、埋石要求在野外进行选点埋石,过去埋石是埋在地表以下,观测时利用三脚架,由于观测时间较长,三脚架会发生扭转现象,影响测量精度。目前国家高等基础网均采取建造观测墩,用强制对中装置安装天线。

基础控制网施测中采用了3种实施方式,下面逐一介绍。在每一种方式实施前,根据测区实际情况做出实测方案。一个方案的好坏不仅关系到整个控制网的精度,也决定了施测时间的长短、费用的多少和参测人员的辛苦程度,即整个工程的工作效率。

4.5.1 技术准备

做方案前,需要了解以下几方面情况:

(1)投入的力量。包括参测的仪器数量、人员、车辆、生活保障情况、油料供应情况。

(2)测区的点位分布情况。根据测区调查或埋石资料,将点位展在一张小比例尺素图或交通图上,为执行调度命令做好准备。

(3)测区内交通情况。根据参加观测的接收机数量、观测点的分布情况,进行分区。调度时,根据测区的交通情况,每个点位的难易程度安排每台仪器迁站时的行军路线和搬迁的时间,确保每台仪器搬迁时间大致相同,基本上能保证同时上点观测,提高工作效率。

(4)气候情况。根据整个测区的气候情况,安排观测的前后,避开测区内最不易行军的时间。

(5)社会情况。了解测区内的民族风俗、风土人情、社会治安、流行病及测区内对人有危险的虫兽。出发前准备好必要的药品及有关器材,防止施测过程中出现意外而影响工作进度。

一般大面积精度GPS控制网点位多于参加作业的仪器,这就需要进行分区观测,同一分区的观测同步进行,区与区之间要有一定数量的连接点。

4.5.2 作业分区

一般大面积高精度GPS控制网点会多于参加作业的仪器数,这就需要进行分区观测,同一分区的观测同步进行,区与区之间要有一定数量的连接点。分区时应考虑:

(1)控制网的整体性。即不能产生局部扭曲。

(2)误差传播。连接作为不同分区的公共点,也是区与区之间误差传播的枢纽,在网平差中,公共点的定位误差将影响分区的精度,并且都带有一定的系统性。

(3)网的多余观测。一定数量的多余观测可以通过平差提高网的精度和可靠性,能在解算过程中剔出不合格的数据后,还能满足规范要求的测段数量。

(4)方便检核。在基线解算完成后,平差前,要对观测质量进行检核,一般通过网点组成的图形来进行,因此分区时要考虑相邻点的连接。

(5)布网时的费用。在分区时不同的方法其工作效率不同,在保证构图的同时,还要考虑作业人员观测与迁站的时间、迁站的路程等。

4.5.3 实施方法

目前有两种观测方法,下面逐一进行介绍。

第一种方法是按参加作业的接收机数确定分区点数。区与区之间有2~4个连接点(图4-3),一个区观测完成后,连接点上的仪器不动,其他仪器迁至下一个区,全部上点后再同步观测。在全国GPS二级网的布设中,东北、华北测区和青藏云贵川测区就是采用了这种分区方法(图4-4)。

第二种方法是流动式观测法。当时我国境内有28个GPS连续观测站,充分利用这些站的功能。单台接收机可进行作业,数据处理时则和GPS连续观测站数据一起处理;也可以几台接收机在同一区域内同步流动,在2004年网络工程区域网观测中采用了该种方式。

以2004年网络工程区域网观测示意图(图4-5)为例,红五星为连续观测站,其他点为流动观测站,在观测中每3台接收机为一组,负责一个区域的观测。

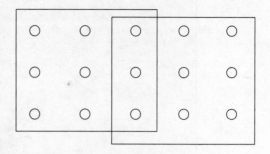

图4-3 分区示意图

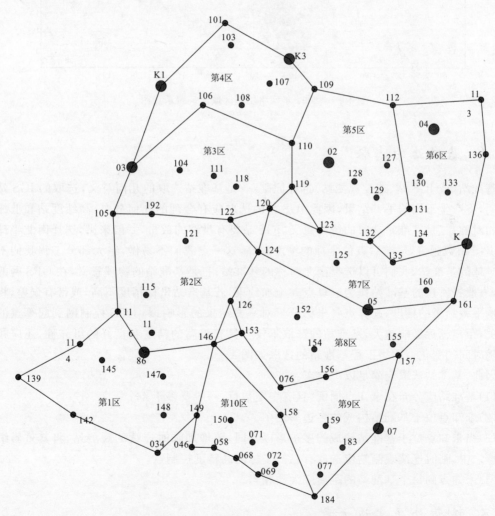

图4-4 东北、华北地区GPS二级网分区观测图

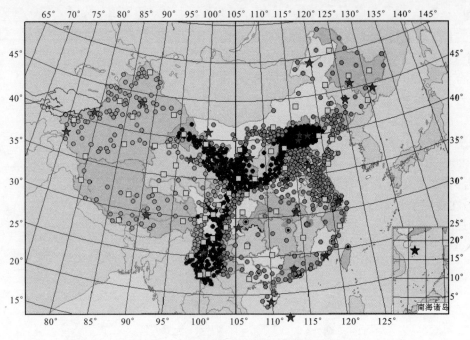

图 4-5　2004 年网络工程区域网观测示意图

4.5.4　基准站的选取

基准站(或 IGS 站、连续观测站)选择原则:一是基准站选取的几何意义,选取的 IGS 站分布不同,将产生不同的平差结果,因此 IGS 站的选取应有合理的几何分布,高纬度站和低纬度站要相对称;二是基准站选取的统计意义;IGS 站要有足够的数量,一般来讲,选择南北半球对称的 IGS 站数越多,平差后点位坐标的精度越高,这一点我们不易做,绝大部分工程我们不需要南半球的基准站,我们可以选择南北对称的基准站;三是基准站的物理意义,在 GPS 网的平差中,一般将所选的基准站作为起算点并施加约束,若基准站坐标精度不高,或带有误差,将直接影响平差结果的精度,起算点各坐标分量对平差结果的影响,与 GPS 控制网到起算点的距离有关,距离越远影响越大,基准站的选取不仅要具有较高的精度和良好的可靠性,还应顾及点位随时间的变化。网络工程基准站的选取如图 4-6。

因此,基准站选取应满足以下要求:

(1)基准站应分布在未知点周围,且有一定数量,一般要多于 4 个。

(2)未知点位于基准站构成的多边形之中。

(3)当未知点位于基准站构成的多边形以外时,要增加临时连续的观测站,将其重新纳入多边形之中,临时连续观测站应选取有已知坐标的高精度控制点。

(4)未知点到每个基准站的距离应大致相当。

4.5.5　制订外业实施方案

在实施观测前,要做出观测实施方案,一个方案的好坏不仅关系到整个控制网的精度,也决定了施测时间的长短、费用的多少和参测人员的辛苦程度。

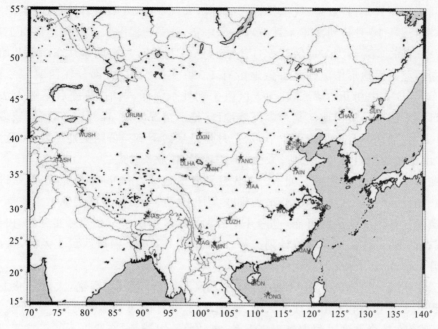

图 4-6 网络工程基准站分布示意图

做实施方案前，需要首先详细了解以下几点：

(1) 投入的力量。包括参测的仪器数量、人员、车辆、生活保障情况、油料供应情况。

(2) 测区周围高等级事业分布情况(如 IGS 站、基准站)。数据处理时需选取哪几个，观测期间运行的情况如何。

(3) 测区内待测点位分布情况。根据测区调查及埋石资料，将点位展在一张小比例尺地形图或交通图上，为做调度命令做好准备。

(4) 观测方式。分区同步观测还是流动观测。

(5) 测区内交通情况。当采用分区观测方式时，根据参加观测的接收机数量、观测点的分布情况进行分区；调度时，根据测区的交通情况、每个点位的难易程度，安排每台仪器迁站时的行军路线和搬迁的时间，确保每台仪器搬迁时间大致相同，基本上能保证同时上点观测，提高工作效率，尤其是在山区如云贵川地区，有些点距直线距离很近，但从一个点到另一个点沿路行驶需要绕很大一个圈。当采用流动观测方式时，有利于作业小组选择合理的迁移路线。

(6) 气候情况。根据整个测区的气候情况，安排观测的时间，避开测区内不易观测的时段，如暴雨期、山洪易发期及其他不易上点观测的时间。

(7) 社会情况。了解测区内的民族风俗、风土人情、社会治安、流行病及测区内对人有危险的虫兽。一是根据安全情况，确定参加作业人员的数量，对于非安全地区，每天除必要的作业人员外，还要有安全人员；二是出发前准备好必要的药品及有关器材，防止施测过程中出现意外事故而影响工作进度。

例如，在 GPS 二级网青藏云贵川等地区观测时，测区概况如下。整个测区地理位置是北纬 21°—40°，东经 75°—114°，总面积约 $420 \times 10^4 \mathrm{km}^2$。点位分布在新疆、西藏、青海、甘肃、陕西、河南、湖北、湖南、广西、云南、四川、贵州 12 个省市自治区。测区自然环境恶劣，有雪山、河流、冰川、湖泊，还有草原、灌木、荒漠、沼泽和空气稀薄的西藏无人区。测区内气候差别很大，青藏地区属于高原气候,特点是:气温低,空气稀薄,大气干洁,太阳辐射异常强烈,四季变化不明显,冬季漫长(从10月份到次年4月份),夏季短暂,且昼夜温差大。青藏地区由于其地形结构不同,雨季时间也不同,大多地区从5月开始,到10月结束,一般雨季从东南部开始,而后降雨中心不断西移。而地形情况则是青藏地区有1 500多个湖泊,大部分在西藏。冬季这些地方可以行车,到5月中旬开始解冻,在无人区由于到处是沼泽、湖泊,解冻后车辆无法行驶,人员也就不可能走出。云贵川地区是个多民族地区,地形情况复杂,森林密布,河流较多,雨季较长,降水量大,一般四五月份是梅雨季节,六七月份是暴雨季节。公路交通不发达,且大部分是山路,许多山路晴通雨阻。并且小咬、蚊虫、毒蛇较多,作业条件差。

根据测区情况,制订观测方案如下。首先观测青藏地区,在解冻之前完成,然后进行甘肃、陕西、湖南、湖北、河南等地区的观测,最后到八九月份完成云贵川地区的测量工作。这样既避免了在青藏地区被困无人区的可能,也避开了云贵川地区的雨季。在实际实施时,由于准备工作充分、调查详细,工作进度完全按计划进行,5月上旬4个中队撤离西藏无人区,撤离时无人区东部已开始解冻,再有10天时间将不能行车。

青藏云贵川等地区 GPS 二级网观测中,投入仪器27台,车辆99辆,人员300多人,平均每辆车行程 2.8×10^4 km,未出现任何人员、车辆事故,并且保证了成果质量。如外业实施方案考虑不细,那么在整个调度过程中将出现混乱,事故将不可避免,作业也不能正常完成。

在大面积 GPS 控制网作业中,往往点很多,分布又很广,不可能每台仪器上一个点,这时就不得不进行分区观测,同一区的观测同步进行。

当时青藏云贵川地区还没有布设 GPS 连续观测站,因此采用以上观测模式。随着 GPS 连续观测站数目的增加,以上这种大规模作业方式已不合适,它投入大、组织困难。现在可采用流动站观测方式,单台接收机作业或相邻点几台接收机同步作业,充分利用 GPS 连续观测站作为控制。此方式机动灵活,相互之间无影响,效率较高。

4.5.6 外业实施方法编写

编写外业实施方案时一般按下列格式进行,特殊任务则按其要求进行。

(1)任务来源:指任务下达命令,任务的目的及要求。
(2)测区概况:测区地理环境、交通情况、气候情况、治安情况等。
(3)作业依据:本次作业依据的技术规范、规定和各种技术要求。
(4)投入的力量:作业人员、仪器、车辆等。
(5)技术要求:观测时段数、时段长度、采样间隔、截止高度角、联系方式、手簿及数据记录要求等。
(6)数据质量检查:即对数据质量的要求。
(7)其他要求。

4.6 GPS 测量误差分析及模型改正

每一种测量都存在误差源,误差源产生的误差是影响测量精度的关键,分析测量误差应从误差源开始,找到消除或减弱误差的方法,从而提高测量的精度。

从教科书上我们知道,GPS测量误差由空间部分、传播路径和地面用户三大部分产生。空间部分由卫星的星历、钟差组成;传播路径由对流层延迟、电离延迟和多路径效应组成;地面用户部分由天线对中误差、天线相位中心偏差、接收机钟差组成。另外,在数据处理中还与测站有关,如已知坐标控制点误差、潮汐改正、极移等。其中有些误差可利用差分技术消除或减弱,有些误差可以利用模型进行改正,在生产作业中哪些误差是可以消除或减弱的,是本节研究的问题。

4.6.1 空间部分

空间部分产生的误差由卫星的星历、钟差组成,而星历误差是一个由多种因素引起的综合性误差,它由太阳光压、摄动、极移、固体潮、相对论效应等误差组成。

4.6.1.1 卫星钟差

GPS卫星钟采用高精度的原子钟(铷钟或铯钟),时频率稳定性均优于10^{-11},当不同卫星钟的同步精度较好时,可通过观测量求差方法很好地消除钟的影响,当不同卫星钟的同步误差较大或采用非差分方法定位时,就必须对卫星钟差进行模拟改正。

两个观测站或多个观测站同步观测相同卫星时,由于其观测量具有很强的相关性,利用测站间求差可以消除卫星钟差的影响。

在基线两端点安置GPS接收机,对相同卫星进行同步观测,可得到独立的载波相位观测量。其观测方程的一般形式为

$$\varphi_1^j(t) = \frac{f}{c}\rho_1^j(t) + f[\delta t_1(t) - \delta t^j(t)] - N_1^j(t_0) + \frac{f}{c}[r_{1,\text{ion}}^j(t) + r_{1,\text{trop}}^j(t)] \quad (4-1)$$

$$\varphi_2^j(t) = \frac{f}{c}\rho_2^j(t) + f[\delta t_2(t) - \delta t^j(t)] - N_2^j(t_0) + \frac{f}{c}[r_{2,\text{ion}}^j(t) + r_{2,\text{trop}}^j(t)] \quad (4-2)$$

式中,$\delta t^j(t)$为卫星钟差。

将两式相减即得基线向量的单差观测方程

$$\Delta\varphi_{12}^j(t) = \frac{f}{c}[\rho_2^j(t) - \rho_1^j(t)] + f[\delta t_2(t) - \delta t_1(t)] - \\ \Delta N_{21}^j(t_0) + \frac{f}{c}[\Delta r_{21,\text{ion}}^j(t) + \Delta r_{21,\text{trop}}^j(t)] \quad (4-3)$$

从上式中可以看出,已不包含卫星的钟差项$\delta t^j(t)$,即卫星钟差的影响已经消除。

4.6.1.2 星历误差

卫星星历误差即卫星轨道误差,主要是卫星在运行中受多种摄动力的复杂影响,如地球引力、太阳、月亮的引力摄动、太阳光压摄动、其他天体的引力摄动等,是一种综合性误差。对各种摄动力的大小及规律很难精确地确定,因此卫星轨道误差的估计一般比较困难。但随着各种摄动模型的不断完善,定轨技术的不断发展,卫星轨道参数的精度会不断提高。

星历误差是GPS定位主要误差之一。在GPS测量中,工程测量一般采用通过导航电文发布的广播星历,这是一种外推星历,是由卫星监控站对卫星进行观测,计算中心依据这些观测数据和极移、UT1与GPS时差的预报值拟合外推其轨道参数后注入卫星。GPS用户在得到相位观测量的同时得到广播星历。广播星历精度较低,但对于及时定位解算的用户非常有利。一般应用于基线较短、精度较低的工程测量。但在长距离、高精度测量中应采用精密星

历,精密星历是由众多卫星观测站的观测数据以及极移、UT1事后处理值而确定的卫星轨道,按此轨道给出卫星星历(SP3),用户在两周后通过IGS网站得到。

对于星历误差的影响,我们可以通过相位测量的基本数学模型进行分析。

$$\Phi_k^j(T_k) = N_k^j + \Phi^j(T_k) + f^j \delta t_k - \frac{1}{c} f^j \rho_k^j(T_k) - \frac{1}{c} f^j \dot{\rho}_k^j(T_k) \delta t_k$$

$$- \frac{1}{c^2} f^j \dot{\rho}_k^j(T_k) \rho_k^j(T_k) - \varphi_k(T_k) \tag{4-4}$$

式中,$\Phi_k^j(T_k)$为接收机在T_k时刻得到的相位观测量;f^j为载波频率;$\dot{\rho}_k^j = d\rho/dt$;$\rho_k^j$为卫星到接收机的距离。

$$\rho_k^j = \sqrt{(x^j - x_k)^2 + (y^j - y_k)^2 + (z^j - z_k)^2} \tag{4-5}$$

式中,(x^j, y^j, z^j)为卫星位置;(x_k, y_k, z_k)为接收机位置。

卫星位置是通过卫星星历得到的,星历误差是通过卫星位置体现的,因此星历误差直接影响GPS定位精度。

4.6.2 传播误差

4.6.2.1 电离层延迟

电离层是指距地球表面50～1 000km的这个空间,由于太阳辐射或其他天体的各种射线作用,使该空间的大气分子被电离成大量的离子和电子,构成电离层。当电磁波信号通过电离层时,信号的路径会发生弯曲,传播的速度也会发生变化,此现象称电离层延迟(或电离层折射)。电离层折射产生的路径延迟为

$$\Delta \rho = \int (n-1) ds \approx -40.28 \frac{E}{f^2} \tag{4-6}$$

式中,f为电磁波频率;E为传播路径上的电子总含量;E随太阳及其他天体的辐射强度、季节、时间以及地理位置的变化而变化,其中与太阳黑子活动强度的相关性更为密切,在太阳黑子活动期间是很难用模型来表示的。

从式(4-6)中可以看出电离层折射产生的路径延迟与频率的平方成反比,故可以用双频接收机(频率f_1, f_2)进行观测,确定其影响的大小,以便对观测量加以修正。电离层对电磁波传播路径的影响可分别写为

$$\left. \begin{array}{l} \Delta \rho_1 = -40.28 \dfrac{E}{f_1^2} \\ \Delta \rho_2 = -40.28 \dfrac{E}{f_2^2} \end{array} \right\} \tag{4-7}$$

由两式可得

$$\Delta \rho_2 = \Delta \rho_1 \left(\frac{f_1}{f_2}\right)^2 \tag{4-8}$$

设ρ_1, ρ_2分别为频率f_1, f_2的电磁波通过电离层的距离,而假设无电离层影响的电磁波通过电离层的距离为ρ_0,则得到

$$\rho_1 = \rho_0 + \Delta \rho_1 \tag{4-9}$$

$$\rho_2 = \rho_0 + \Delta \rho_2 \tag{4-10}$$

由两式得

$$\Delta\rho = \rho_1 - \rho_2 = \Delta\rho_1 - \Delta\rho_2 = \Delta\rho_1 \left(\frac{f_2^2 - f_1^2}{f_2^2}\right) \quad (4-11)$$

或

$$\Delta\rho_1 = \Delta\rho \left(\frac{f_2^2}{f_2^2 - f_1^2}\right) \quad (4-12)$$

由此可得消除电离折射影响的距离

$$\rho_0 = \rho_1 - \Delta\rho \left(\frac{f_2^2}{f_2^2 - f_2^1}\right) \quad (4-13)$$

在 GPS 双频相位测量中，考虑到相位与频率的一般关系式 $\Delta\varphi = \frac{f}{c}\Delta\rho$，不同频率的电磁波其相位延迟关系为

$$\Delta\varphi_2 = \Delta\varphi_1 \frac{f_2}{f_1} \quad (4-14)$$

于是，

$$\left.\begin{array}{l}\varphi_1 = \varphi_1^0 + \Delta\varphi_1 \\ \varphi_2 = \varphi_2^0 + \Delta\varphi_2 = \varphi_2^0 + \Delta\varphi_1 \frac{f_2}{f_1}\end{array}\right\} \quad (4-15)$$

式中，φ_1^0, φ_2^0 分别为消除电离层折射影响的相位值。考虑到一般关系式 $\varphi = ft$，则得

$$\varphi_1 - \varphi_2 \frac{f_1}{f_2} = \Delta\varphi_1 \left(\frac{f_2^2 - f_1^2}{f_2^2}\right) \quad (4-16)$$

进而得改正量

$$\Delta\varphi_1 = \left(\varphi_1 - \varphi_2 \frac{f_1}{f_2}\right)\left(\frac{f_2^2}{f_2^2 - f_1^2}\right) \quad (4-17)$$

经电离层折射改正后的相位值为

$$\varphi_1^0 = \varphi_1 - \Delta\varphi_1 = \varphi_1 - \left(\varphi_1 - \varphi_2 \frac{f_1}{f_2}\right)\left(\frac{f_2^2}{f_2^2 - f_1^2}\right) \quad (4-18)$$

通过式(4-18)可以看出，虽经双频观测改正，仍含有电离层折射影响的残差，但利用双频测量技术，可以有效地减弱电离层折射的影响。

在 GPS 双频测量中，已知 $f_1 = 1.57542\text{GHz}, f_2 = 1.22760\text{GHz}$，所以延迟改正量为

$$\left.\begin{array}{l}\Delta\rho_1 = -1.54573\Delta\rho \\ \Delta\varphi_1 = -1.54573(\varphi_1 - 1.28333\Delta\varphi_2)\end{array}\right\} \quad (4-19)$$

式(4-19)即为 GPS 双频改正模型，在实际应用中，利用双频进行修正，对电离层的影响能减弱 95% 以上，因此在高精度测量中双频接收机得到了广泛的应用。但在太阳黑子活动的异常期，利用双频观测或模型进行修正对精度贡献不大，因此应尽量避开这个时期的观测。受太阳光照影响，电离层的密度，白天比夜间大，夏季比冬季大；不同高度、不同时间电子密度亦不同。

另外，在数据处理软件中，许多软件都提供了电离层改正模型，对于双频接收机观测的数据建议不用模型进行电离层修正，而是利用双频观测量进行修正。

对于单频 GPS 接收机，原则上点位间距离不能超过 20km，对于 2×10^4 km 高空的卫星来讲，20km 距离相当于一个点，信号通过的电离层路径基本上是一致的，此时可不加电离层改正，当距离较大时，必须使用电离层模型进行修正。但由于影响电离层电子密度的因素复杂，很难确定观测时刻卫星信号传播路径上的电子总量，电离层模型也不可能完全表达影响的因

素,因此,即使利用模型进行修正后,仍有很大的残差。所以,利用单频 GPS 接收机进行观测时,一定注意基线长度不能过长。

4.6.2.2 对流层延迟

对流层是指从地球表面到距地面 20km 范围内的大气层。整个大气层 75% 的质量都集中在这个范围。对流层中虽有少量带电离子,但其对电磁波传播没有太大影响,也就是说电磁波在对流层中传播实际上与频率无关。但当电磁波信号通过对流层时,它会使传播路径发生弯曲,使距离产生偏差,这种现象就是对流层延迟或称对流层折射。

对流层延迟定义为

$$\Delta \rho_{\text{trop}} = \int (n-1) \mathrm{d}s = 10^{-6} \int N^{\text{trop}} \mathrm{d}s \tag{4-20}$$

式中,n 表示大气折射系数;N^{trop} 为大气折射率。通常将对流层大气折射分为干分量和湿分量两部分。即

$$N^{\text{trop}} = N_{\text{d}}^{\text{trop}} + N_{\text{w}}^{\text{trop}} \tag{4-21}$$

$N_{\text{d}}^{\text{trop}}$,$N_{\text{w}}^{\text{trop}}$ 与大气压力 p(mbar,1bar = 10^5 Pa)、温度 T(K)和水汽分压 e(mbar,1bar = 10^5 Pa)有如下近似关系

$$\begin{aligned} N_{\text{d}}^{\text{trop}} &= 77.64 \frac{p}{T} \\ N_{\text{w}}^{\text{trop}} &= -12.96 \frac{e}{T} + 3.718 \times 10^{-5} \frac{e}{T^2} \end{aligned} \tag{4-22}$$

式中,干分量与干气体总量有关,主要取决于大气的温度和压力;湿分量与大气中水蒸气有关,主要取决于信号传播路径上的大气湿度和密度。对流层折射主要由干分量决定。干分量的影响可以应用地面的大气资料进行计算,它会随着卫星信号入射角度的变化而变化,当卫星在天顶时,对流层干分量影响最小,卫星高度角越小,干分量影响就越大。当卫星在天顶方向时,干分量影响为 2~3m,如卫星高度角为 10°时,干分量影响能达到 20m。湿分量的影响虽然不太大,但由于不能可靠地确定信号传播路径上的大气物理参数,因此不能准确测定湿分量的影响。

数据处理时,对流层延迟改正采用对流层模型进行。在对流层模型中,要求得卫星信号传播路径上各点的折射指数,必须知道路径上各点的气象元素。但是,一般来讲这些数值是无法测量到的,只能量测的是测站上的气象元素,因此,必须首先建立一个如何根据测站上的气象元素来计算传播路径上各点气象元素的数学模型。目前世界上有多种对流层模型,武汉大学测绘学院也研制出自己的对流层模型。但在 GPS 数据处理时常用的模型有以下几种。

(1) 霍普菲尔德模型(Hopfield)改进(Goad Goadman,1974)。该模型直接模拟传播路径上的延迟。

$$\begin{cases} \Delta s = \dfrac{K_{\text{d}}}{\sqrt{\sin(E^2 + 6.25)}} + \dfrac{K_{\text{w}}}{\sqrt{\sin(E^2 + 2.25)}} \\ K_{\text{d}} = 155.2 \times 10^{-7} \times \dfrac{P_{\text{s}}}{T_{\text{s}}} (h_{\text{d}} - h_{\text{s}}) \\ K_{\text{w}} = 155.2 \times 10^{-7} \times \dfrac{4\,810}{T_{\text{s}}} e_{\text{s}} (h_{\text{d}} - h_{\text{s}}) \\ h_{\text{d}} = 40\,136 + 148.72(T_{\text{s}} - 273.16)(\text{m}) \\ h_{\text{w}} = 11\,000(\text{m}) \end{cases} \tag{4-23}$$

式中，K_d，K_w 分别为天顶方向对流层的干气改正和湿气改正；T_s，P_s，e_s 分别为测站上的气温、气压和水汽压，气温为绝对温度，以度（℃）为单位，气压和水汽压以毫巴（mbar）为单位；h_s，h_d 分别为测站高程、对流层外边缘的高度；E 为被观测卫星的高度角；Δs，h_s，h_d 以米（m）为单位。

(2) 萨斯塔莫宁（Saas tamoinen）模型（Saas tamoinen, 1973）。

$$\Delta s = \frac{0.002\,277}{\sin E}\left[P_s + \left(\frac{1255}{T_s} + 0.05\right)e_s\right] - \frac{B}{\tan^2 E} + \delta R \tag{4-24}$$

式中，E，P_s，T_s，e_s 含义与霍普菲尔德模型相同。B 是 h_s 的列表函数，δR 是 E 和 h_s 的列表函数。公式的有效区间为 $10° \leqslant E \leqslant 90°$。

经数值拟合后的表达式为

$$\Delta s = \frac{0.002\,277}{\sin E'}\left[P_s + \left(\frac{1\,255}{T_s} + 0.05\right)e_s - \frac{a}{\tan^2 E'}\right] \tag{4-25}$$

式中，

$$E' = E + \Delta E$$

$$\Delta E = \frac{16.00''}{T_s}\left(P_s + \frac{4\,810 e_s}{T_s}\right)\cot E \tag{4-26}$$

$$a = 1.16 - 0.15 \times 10^{-3} h_s + 0.716 \times 10^{-8} h_s^2 \tag{4-27}$$

该模型给出的是天顶延迟，还需要利用映射函数将天顶延迟归化为传播路径上的延迟。

(3) 勃兰克（Black）模型。

$$\Delta s = K_d\left[\sqrt{1 - \left[\frac{\cos E}{1 + (1-l_0)h_d/r_s}\right]^2} - b(E)\right] + $$

$$K_w\left[\sqrt{1 - \left[\frac{\cos E}{1 + (1-l_0)h_w/r_s}\right]^2} - b(E)\right] \tag{4-28}$$

式中，r_s 为测站地心半径，若地球半径为 R，测站高为 h_s，则 $r_s = R + h_s$；参数 l_0 和路径弯曲改正 $b(E)$ 用式(4-29)确定。另外，h_d，h_w，K_d，K_w 含义同前，但按式(4-30)计算。

$$\begin{cases} l_0 = 0.833 + [0.076 + 0.000\,15(T-273)]^{-0.3E} \\ b = 1.92(E^2 + 0.6)^{-1} \end{cases} \tag{4-29}$$

$$\left.\begin{array}{l} h_d = 148.98(T_s - 3.96)\,(\text{m}) \\ h_w = 13\,000\,(\text{m}) \\ K_d = 0.002\,312(T_s - 3.96)\dfrac{P_s}{T_s}\,(\text{m}) \\ K_w = 0.20\,(\text{m}) \end{array}\right\} \tag{4-30}$$

对流层模型改正采用的气象数据可以是地面直接测量值，也可以采用标准大气模型的推算值，推算公式为

$$\left.\begin{array}{l} p = p_r[1 - 0.000\,226(h - h_r)]^{5.225} \\ T = T_r - 0.006\,5(h - h_r) \\ H = H_r e^k \\ k = -0.000\,639\,6(h - h_r) \end{array}\right\} \tag{4-31}$$

式中，p，T，H 是测站高度 h 处的大气压力、大气温度和大气湿度；p_r，T_r，H_r 表示参考高度 h_r 处的相应值。建议将海平面作为参考点，此时则有

$$\left.\begin{array}{l}h_r=0\text{m}\\p_r=1\,013.25\text{mbar}\\T_r=18℃\\H_r=50\%\end{array}\right\} \tag{4-32}$$

4.6.2.3 多路径效应

多路径效应是指到达接收机天线的卫星信号为直接信号和反射信号的叠加信号,一般接收机直接接收卫星信号,若接收到叠加信号就会使测量产生误差,这种现象就是多路径效应。多路径效应严重时会导致卫星信号失锁。

设直接信号为 $S_d=V\cos\varphi$,反射信号为 $S_r=\alpha V\cos(\varphi+\theta)$,这里 V,φ 为直接信号的振幅和相位,α 为反射物体的反射系数,$\alpha=0$ 时表示信号完全被吸收,$\alpha=1$ 时表示信号完全被反射,因此反射物的反射系数在 0 和 1 之间变化。θ 为反射信号对直接信号的相移,对于叠加信号 S 则有

$$\left.\begin{array}{l}S=S_d+S_r=\beta V\cos(\varphi+\Psi)\\\beta=(1+2\alpha\cos\theta+\alpha^2)^{1/2}\\\Psi=\arctan[\alpha\sin\theta/(1+\alpha\cos\theta)]\end{array}\right\} \tag{4-33}$$

式中,Ψ 为载波相位中的多路径误差。

由于卫星在运动,θ 随时间缓慢变化,由卫星、反射物、天线构成的几何关系也在不断变化,导致多路径效应引起的载波相位误差 Ψ 也在不断变化,这个变化是周期性的。对于某一反射物,α 是一常数,当 $\theta=\pm\arccos(-\alpha)$ 时,多路径误差 $\Psi_{\max}=\pm\arcsin\alpha$,表明多路径效应引起的载波相位误差的大小取决于反射信号相对于直接信号的强度。当 $\alpha=1,\Psi_{\max}=90°$ 时,对 L_1 载波相位多路径误差为 4.8cm,对于 L_2 多路径误差为 6.1cm。

根据反射物相对于天线的位置,Ψ 的周期可能是几分钟或几十分钟甚至几个小时。如果周期短(如小于 20min),多路径效应可以利用时间平均技术消除,对一般静态测量的结果影响不太严重;如果周期较长,那么其长期分量将包含在估计参数中,使定位结果产生偏差,短期分量将包含在观测残差中,因而通过残差分析可以发现多路径效应的影响。虽然能发现多路径效应的影响,但却不能在数据处理时消除。

在实际测量中,各个测站周围环境不一样,其反射系数也不一样,其模型也不同;有的测站周围可能有多个反射物,有多个反射信号同时进入天线,此时的多路径效应就更为复杂了。

4.6.3 地面用户部分

地面用户部分由接收机钟差、天线相位中心偏差和对中误差等组成。

4.6.3.1 接收机钟差

接收机钟采用高精度的石英钟,其频率稳定性约为 10^{-10}(有的接收机为 10^{-8}),当不同接收机钟的同步精度较好时,可通过观测量求差方法很好地消除钟的影响,一般同型号同批次生产的接收机钟的同步精度较好,因此当进行高精度测量时尽量选用同型号接收机进行;当不同接收机钟的同步误差较大或采用非差分方法定位时,就必须对接收机钟差进行模拟改正,因此

有一部分品牌的接收机(频率稳定性低于 10^{-8})在进行单点定位时,其定位精度很差,也就不适合用于单点定位测量。

同一接收机观测两颗以上卫星,由于其观测量具有很强的相关性,利用卫星间求差方法可以消除接收机钟差的影响。

其观测方程的一般形式为

$$\varphi_i^1(t) = \frac{f}{c}\rho_i^1(t) + f[\delta t_i(t) - \delta t^1(t)] - N_i^1(t_0) + \frac{f}{c}[r_{i,\text{ion}}^1(t) + r_{i,\text{trop}}^1(t)] \quad (4-34)$$

$$\varphi_i^2(t) = \frac{f}{c}\rho_i^2(t) + f[\delta t_i(t) - \delta t^2(t)] - N_i^2(t_0) + \frac{f}{c}[r_{i,\text{ion}}^2(t) + r_{i,\text{trop}}^2(t)] \quad (4-35)$$

式中,$\delta t_i(t)$ 为接收机钟差。

将两式相减即得基线向量的单差观测方程

$$\Delta\varphi_i^{21}(t) = \frac{f}{c}[\rho_i^2(t) - \rho_i^1(t)] + f[\delta t^2(t) - \delta t^1(t)] -$$

$$\Delta N_i^{21}(t_0) + \frac{f}{c}[\Delta r_{i,\text{ion}}^{21}(t) + \Delta r_{i,\text{trop}}^{21}(t)] \quad (4-36)$$

从式(4-36)中可以看出,已不包含接收机的钟差项 $\delta t_i(t)$,即接收机钟差的影响已经消除。

4.6.3.2 天线相位中心偏差

在 GPS 测量中,观测值是以接收机天线的相位中心位置为准得到的,数据处理时利用的是天线的几何中心,在理论上天线相位中心与几何中心一致。天线制造时,这两个中心就有一定误差,一般厂家在天线出厂时会进行各种测试,然后给出的相位中心平均位置即几何中心。在实际测量中,天线对卫星信号的接收并不是一点,而是整体作用的结果,很难确切定义所得观测值对应于天线哪一点上,只能等效地对应一个点,即相位中心。在作业时,与测量标志对中的操作只能取天线的几何中心。

天线相位中心不是一个点,而是随着卫星信号入射方向、强度而变化。对 GPS 信号 L_1 和 L_2 来说,观测的相位中心也是不完全相同的。

在 GPS 基线解算中,采用的是载波相位观测量,它包含了整周模糊度和待定点的 3 个坐标等未知量。

对于卫星 i、接收机 k、观测频率 f,载波相位测量的简化观测方程为

$$u_{fk}^i = \rho_k^i + \Delta\rho_{fk}^{li} + \Delta\rho_k^{Ti} + c\delta_k - c\delta_i + \lambda_f \cdot n_{fk}^i + \delta\varphi(\alpha,z)$$

式中,δ_k 为接收机钟差;δ^i 为卫星钟差;$\Delta\rho_{fk}^{li}$ 为电离层折射影响;$\Delta\rho_k^{Ti}$ 为对流层折射影响;ρ_k^i 为卫星 i 到接收机 k 的几何距离;c 为光速;$\Delta\varphi(\alpha,z)$ 为接收机天线相位中心的位置随信号入射方向不同的变化,可用式(4-37)表示。

$$\Delta\varphi(\alpha,z) = \Delta\varphi'(\alpha,z) + \Delta r \cdot e \quad (4-37)$$

式中,$\Delta\varphi(\alpha,z)$ 是相位中心在 α 和 z 方向的总的改正值,α 和 z 为卫星方位角和天顶距;$\Delta\varphi'(\alpha,z)$ 是相位中心依赖于 α 和 z 变化的模型函数;e 为接收机天线至卫星方向的单位矢量;Δr 为相对于天线参考点的天线相位中心平均偏差。

我们知道,在计算时可以消除大部分接收机钟差、卫星钟差及电离层影响。而天线相位的影响与基线长度有关,当基线较短时,对于基线的两端接收机来讲,卫星方位角和天顶距基本

一致,互差就能消除大部分影响;当基线较长时,基线两端接收同一颗卫星的方位角和天顶距相差较大,互差就不能消除其影响。

根据前面观测方程可以知道,天线相位偏移量 $\Delta\varphi(\alpha,z)$ 作为一个常数投影到 3 个坐标分量中,采用不同类型的天线,在计算时采用的天线相位(L_1,L_2)常数是不同的,相位中心偏移的 3 个分量也不相同,若距离较短,基线两端接收机接收的卫星方向和天顶距一致,由于不同类型天线常数差异不大,在 3 个分量上的投影差别也不大,因此基线变化基本上是 2 种不同天线的相位中心之差;若距离较远,不同的天线常数在 3 个分量上的投影就会有较大变化,这种变化带到解算方程中,由于方程组首先对每个历元接收到的各颗卫星列方程解算,经过两次最小二乘解算,结果会出现较大差异。

相位中心随信号入射方向变化的标定误差是通过影响对流层天顶延迟的估计,而主要反映在定位结果的高程方向的。为了减少天线相位中心偏差变化的影响,可采取下列措施:一是接收机天线应定期进行标定,对高精度测量应采用天线相位偏移较小的天线;二是在同一作业区域尽可能采用同一类型天线;三是作业中尽量避免过长基线观测。

4.6.3.3 对中误差

在高精度测量中一般采用强制对中装置,其对中误差一般小于 1mm。而在工程测量中,大部分用户采用脚架架设天线,此时需要注意:一是底座气泡是否正确;二是对点器是否准确。当气泡不正确时,造成对点器光线倾斜,引起对中误差。对点器不准确,直接引起对中误差。当天线架设高度为 1.5m 时,由气泡和对中器引起的综合性误差最大能达 3cm。因此,外业前需要对天线底座进行检校。首先检校气泡,然后再检校对点器。在野外作业中,在迁站途中,由于颠簸也会造成底座气泡偏离,因此,每到一站安装天线前,应对天线底座进行气泡和对中器的检查。气泡检查为:将底座放在平面上,观看气泡的位置,然后旋转 180°,若气泡还不在原位置,说明气泡发生变化,需进行改正;改正时将气泡偏离的距离修正一半,再旋转 180°检查,不正确再修正一半,循环进行,直至完全正确。对点器检查由于外业中没有相关检查设备,可利用垂球对中检查对点器的对中精度。

4.6.4 与测站有关的误差

4.6.4.1 已知控制点误差

GPS 测量为相对测量,但它与一般常规相对测量不同。在常规测量中,控制点坐标误差是作为系统差出现的,误差的大小直接带入到未知点的坐标中,这项误差在计算过程中不会增大或减小;而 GPS 测量不同,它不是绝对的相对测量,已知控制点的坐标误差影响相对测量解算的误差,即已知控制点坐标的误差不是简单传递到未知点的坐标中。

单差观测量的数学模型可以简写为

$$\varphi_{12}^j = N_{12}^j + f\delta t_{12} - [\rho_2^j - \rho_1^j]\frac{f}{c} + \cdots \tag{4-38}$$

式中,ρ_1^j 是已知点到卫星的距离。

$$\rho_1^j = [(x^j - x_1)^2 + (y^j - y_1)^2 + (z^j - z_1)^2]^{1/2} \tag{4-39}$$

ρ_1^j 在误差方程中是作为已知值参加计算的。如果已知点坐标 (x_1,y_1,z_1) 含有误差,将使方程自由项计算含有误差。

在方程组解算中,自由项与解算结果是非线性关系,因此,已知控制点所含有的误差与未知点的坐标误差是非线性关系。

从《空间大地测量学》(许其风,2001)中我们知道,已知控制点的坐标误差对解的影响取决于已知点与未知点间的矢量和卫星的空间分布。在解算中,以某已知点起算时,对于同一时间的不同时段(不同日期观测),其卫星空间分布几乎是相同的,因此,这一误差是系统性的。而不同时间的时段,其卫星分布不同,可以削弱这一影响,但效果不理想。因此,在 GPS 测量中,一定要选择高精度控制点。

4.6.4.2 固体潮

地球并非一个钢体,在太阳和月亮万有引力的作用下,地球的固体表面会产生周期性涨落,称为固体潮。在日月引力的作用下,作用于地球上的负荷也将发生周期性变化(如海潮),从而使地球产生周期性的形变,这种影响引起的测站位移最大可达 80cm,从而使不同时间的测量结果不一致。固体潮是地球弹性形变的表现,在时间域内二阶引潮力位对测站位移的影响由式(4-40)计算。

$$\Delta R = \sum_{j=2}^{3} \frac{Gm_j \cdot R^4}{Gm \cdot R_j^3} \{[3l(\overline{R}_j \cdot \overline{R})]\overline{R}_j + [3(h/2-l)(\overline{R}_j \cdot \overline{R})^2 - h/2]\overline{R}\} \quad (4-40)$$

式中,Gm_j 和 Gm 为摄动天体(月亮 $j=2$,太阳 $j=3$)和地球的引力常数;R_j 和 $\overline{R}_j$ 为摄动天体在地固系中地心矢量的模和相应的单位矢量;R 和 $\overline{R}$ 为测站在地固系中地心矢量的模和相应的单位矢量;h 和 l 为二阶固体潮位移勒夫数。一般地,$h=0.6090, l=0.0852$。上式的模型最大误差为 1cm,所以高精度的定位计算还需要考虑频率域的改正,具体方法和公式参见《IETS 规范》(2000)。

4.6.4.3 极移(极潮)

极移是指地壳对自转轴指向漂移(极移)的弹性响应,极移使自转轴在北极描出直径为 20cm 的近似圆。极移位移取决于观测瞬间自转轴与地壳的交点位置,它随时间而变化。IETS 采用的极潮几何改正为

$$\left.\begin{array}{l}\Delta E = 9.0\cos B(x_p\sin L + y_p\cos L)\\ \Delta N = -9.0\cos 2B(x_p\cos L - y_p\sin L)\\ \Delta h = -32.0\sin 2B(x_p\cos L - y_p\sin L)\end{array}\right\} \quad (4-41)$$

式中,x_p, y_p 是地极的位置(以角秒为单位);B 和 L 是测站的大地经纬度。当 x_p, y_p 达到最大值 $0.8''$ 时,最大的水平改正约为 7mm,最大垂直改正约为 25mm。

4.6.4.4 海潮

由于日月引力作用,实际的海平面相对于平均海平面有周期性的潮汐变化,即海潮。地壳对海潮的这种海水质量重新分布所产生的弹性响应通常称为海潮负载,它引起的测站位移要比固体潮的影响小,约为几个厘米,但规律性差一些。

海潮负载引起的测站位移改正是分潮波进行的,由全球海潮模型计算得到测站对应的每

个潮波径向、东西向和南北向位移的幅度($A_i^r A_i^e A_i^n$)及相对于格林尼治子午线的相位滞后($\delta_i^r \delta_i^e \delta_i^n$),最后改正为各潮波的叠加。

$$\begin{bmatrix} \Delta U \\ \Delta E \\ \Delta N \end{bmatrix} = \sum_{i=1}^{n} \begin{bmatrix} A_i^r \cos(\omega_i t + \phi_i - \delta_i^r) \\ A_i^e \cos(\omega_i t + \phi_i - \delta_i^e) \\ A_i^n \cos(\omega_i t + \phi_i - \delta_i^n) \end{bmatrix} \quad (4-42)$$

式中,ω_i 和 ϕ_i 是分潮波的频率和历元时刻的天文幅角;t 是以秒计的世界时。目前海潮改正多采用 Schwiderski 的标准模型,仅考虑到 9 个分潮波(M2,S2,N2,K2,O1,P1,MF,MM,SSA)。

目前常用的全球海潮模型有 NA0.99b、FES94.1、CSR3.0、CSR4.0、GOT99.2b 及 GOT00.2、TPX0.5。这些模型大都吸收了 TOPEX/Poseidon 数据,总体精度相当。但有些模型丢失了一些浅水区域,如果测站正好靠近这些海域,将导致非常奇异的海潮负载。

4.6.4.5 大气负载

大气压分布随时间变化会导致地壳的季节性形变,量级在几个毫米。目前,对大气负载影响的认识还不完善,这里只能给出一个计算垂向位移(大气负载对于地球引起的地壳形变主要为垂向形变)的经验公式。

$$\Delta h = -0.000\ 35 P - 0.000\ 55 \overline{P} \quad (4-43)$$

式中,P 为测站表面负载;$\overline{P}$ 为半径 2 000km 圆形区域(以 Γ 表示)内的平均负载,均以毫巴(mbar)为单位(1bar=10^5Pa)。位移的参考点是标准大气压(1 013mbar)下的测站位置。$\overline{P}$ 计算方法如下,设在区域 Γ 内的大气负载可用二次多项式表示为

$$P(x,y) = a_0 + a_1 x + a_2 y + a_3 x^2 + a_4 xy + a_5 y^2 \quad (4-44)$$

式中,x,y 是测站至积分单元东向和北向的距离;系数 a_i 由区域内的气象资料拟合求得,则有

$$\overline{P} = \frac{\iint_\Gamma P(x,y) \mathrm{d}x \mathrm{d}y}{\iint_\Gamma \mathrm{d}x \mathrm{d}y} \quad (4-45)$$

4.6.5 结论

从上述内容我们可以知道,卫星钟差、接收机钟差从理论上讲,可以采用互差方法消除,但由于每颗卫星、每台接收机钟差不完全相同,因此互差能消除大部分钟差。卫星星历误差对于大部分用户来讲,直接采用提供的星历,若不实时提供成果,可采用精密星历进行数据处理,以减弱星历误差影响。电离层延迟采用双频接收机,利用双频改正,可以很好减弱电离层影响;对流层延迟目前利用模型进行改正,其误差主要是模型误差。天线相位中心误差利用同类型天线可有效减弱误差影响。采用高精度控制点是解决已知点误差的有效方法。对于对中误差、多路径效应、天线高量取等误差如何在野外工作减弱将在下一节详细论述。

4.7 野外工作对精度的影响

我们知道影响 GPS 测量精度的因素很多,有卫星方面的,如卫星星历误差;接收机方面

的,如天线相位中心误差;传播路径方面的,如电离层传播延迟、对流层传播延迟;还有多路径效应、已知点位置误差等。上述误差在教科书上已有详细论述,这里不重复。下面主要论述在野外工作(选点埋石与观测)时如何减弱或消除点位环境及观测时所带来的误差。

4.7.1 多路径效应及电磁波的影响

多路径效应是指接收机除直接收到卫星信号外,还同时接收到天线周围物体反射的卫星信号(图4-7)。这时接收机接收到的是反射信号与直接信号叠加信号,反射信号对观测值的影响是产生了一个附加的时间延迟。由于多路径效应随测站周围反射面的性质不同而变化,所以很难建立描述它的数学模型,也就是在数据处理时不能利用数学方法将其消除。这就需要在点位勘选时开始注意。

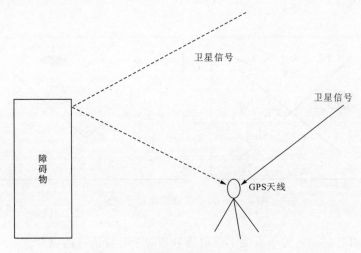

图4-7 障碍物形成的多路径效应

在本章第四节中我们已明确了点位选埋的要求,其中,点位应避开大型金属物体、大面积水域和其他易反射电磁波的物体等,目的是为了避免产生多路径效应误差。在一级网布设中,上海佘山天文台GPS一等点在第二次观测时,由于点位旁的房顶上增加了一个梯形铁皮房顶,结果在数据处理时发现第二次观测结果与第一次相比其位置发生了近1m的变化,后来在观测墩上架设脚架,使天线高度高于铁皮房顶,再次观测的结果与第一次结果相差很小。所以,在选点时就要考虑周围环境可能带来的影响,使其避免产生多路径影响,当无法避开时,在观测期间一定要将天线架高,使其反射的电波不能到达天线面。

而距点位100m范围内无高压输电线、变电站,1km范围内无大功率电台、微波站等电辐射源,避开在两相对发射的微波站间选点等要求,则是为了减弱电磁波对观测的影响。若在大功率电台附近或两相对发射的微波站间选点,观测时所接收的数据周跳很多,甚至接收不到数据,2008年在天津蓟县有一个点位选择在电视转播塔旁,其观测数据每隔2~3min就中断几分钟,其数据无法采用,最后只能重新选点。

当在建筑物附近观测时,建筑物不仅会遮挡该方向的卫星信号,还会将相对方向的卫星信号反射到GPS天线(图4-7),造成多路径效应。

当观测点在大面积水域旁边时,水面会反射低角度卫星信号(图4-8),此时应将GPS天线尽可能架高以减少多路径影响。

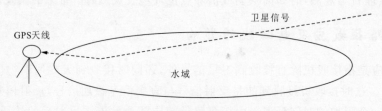

图4-8 大面积水域造成的多路径效应

在一些特殊场地,如附近的微波发射源,GPS点位应避开微波发射方向(图4-9),并将天线架设高于微波设备。

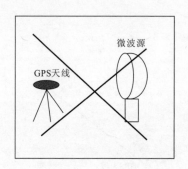 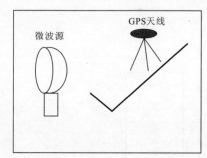

图4-9 天线在微波源附近架设

多路径效应引起的误差大小取决于反射信号相对于直接信号的强度。

减弱多路径效应影响的措施主要有:
(1)在点位勘选时要选择不易产生多路径效应的地方建站。
(2)观测时使天线高于周围建筑或障碍物。
(3)选择屏蔽良好的天线,如采用扼径圈天线。
(4)适当延长观测时间,减弱多路径效应的周期影响。

4.7.2 点位沉降所带来的误差

选点时,点位应避开地壳断裂带、松软的土层。点位应尽量选在岩石或坚硬的土质上。一般埋石后,要经一个雨季和一个冬季,等标石稳定后再进行观测,若在岩石上建点(观测墩),则3个月后就可以观测。若点位选在地壳断裂带或松软的土层上,那么不论过多久,其标石也不会稳定,其测量结果无法采用。

4.7.3 对中误差

在高精度GPS测量中,点位一般为具有强制对中装置的观测墩,对中误差很小,此时要注意校正天线的底座,使其整平装置处于良好状态。

在外业前的准备工作中,应对天线底的气泡和对中器进行检查校正。GPS 天线底座气泡的精度一般为 8′,我们可以利用全站仪上的长气泡检查 GPS 底座的圆气泡,全站仪长气泡精度在几十秒。第一种方法是将全站仪安置在 GPS 底座上,利用全站仪上的长气泡进行整平,然后对底座的圆气泡进行修正。第二种方法是前一节提到的旋转 180°的方法。对中器检校采用投影的方法进行检查,方法是:将脚架架好,安装底座(气泡已修正)并整平,底座安装照准杆,脚架下放一白纸,白纸在与照准杆垂直方位,在距脚架 4~5m 的地方,选择两个呈 90°的地方,利用经纬仪或全站仪将照准杆投影到白纸上,在白纸上形成一个十字,其十字交叉点就是对中器正确的对中地方,观看对中器中的十字丝是否与投影的十字交叉点重合,若不重合,说明对中器不准确需要修正,这时将对中器的十字修正到投影的十字即可(图 4 - 10)。

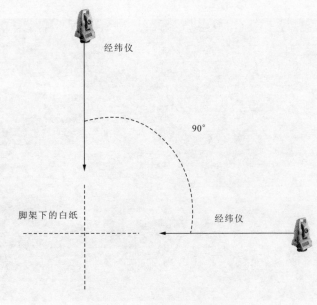

图 4 - 10 对中器校准示意图

4.7.4 天线高量取误差

天线高量取时,要说明(并画图)量取到天线的什么位置,最好是在量取天线高时进行拍照,照片上要显示标尺的刻度和天线底部的位置,照片随观测资料上交(图 4 - 11)。一般数据处理人员不参加野外观测,因此,一定要让数据处理人员清楚知道天线高量取的天线位置,是天线底部还是前置放大器中心(图 4 - 12),这一点在高精度测量中非常重要。

4.7.5 天线相位中心偏移误差

天线相位中心偏移是野外工作人员无法解决的,但对于同一个项目来说,若所有天线在观测时其标示指向同一方向(一般指北),可减少天线相位中心偏移对测量精度的影响;若是同一种接收机和天线,尤其是同批次出厂的,则效果更好,因同批次出厂的天线其相位中心偏移指向同一方向。

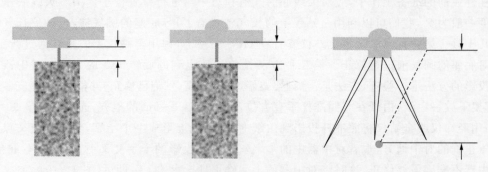

图4-11 天线高量取示意图

图4-12 天线高量取示意图

5 数据处理

由于国家基础控制网面积大、精度高,一般随机后处理软件满足不了,应采用专门软件来处理。近年来,GPS 定位理论和软件科学的发展促进了 GPS 定位软件的研究和开发,一批满足不同应用需求的 GPS 定位软件面世。尽管不同软件数据处理方法各有其特点,但它们的总体结构是基本一致的,即由数据准备、轨道计算、模型改正、数据编辑和参数估计 5 个部分组成。

数据准备:将 RINEX 格式的数据转换为软件所需的特有格式;剔除一些不正常的观测值(某个历元的数据);根据测站的先验坐标、星历和伪距数据确定站钟偏差的先验值或站钟偏差多项式拟合系数的先验值。

轨道计算:将广播星历或精密星历改写成标准轨道;如果需要改进轨道,则进行轨道积分。

模型改正:对观测值进行各种误差模型改正(对流层延迟、潮汐、自转等)。

数据编辑:修正相位观测值的周跳,删除粗差。

参数估计:采用最小二乘或卡尔曼滤波估计,由编辑干净的非差观测值或双差观测值求解测站坐标、相位模糊度、卫星轨道改正值(如果采用定轨或轨道松弛)、地球自转和对流层湿分量天顶延迟等参数。

5.1 常用专业软件介绍

目前,国际上广泛使用的 GPS 相对定位软件有:美国麻省理工学院(MIT)和加州大学圣地亚哥分校海洋研究所(SIO)研制的 GAMIT/GLOBK 软件,美国喷气推进实验室(JPL)研制的 GIPSY/OASIS 和瑞士 BERNE 大学研制的 Bernese 软件。这 3 个软件集定位和定轨为一体,涉及的数学模型和算法比较复杂,主要用于高精度大尺度的相对定位计算和地球动力学研究。下面对 3 个软件分别进行简单介绍。

5.1.1 GAMIT/GLOBK

GAMIT/GLOBK 软件是一个 GPS 综合分析软件包,可以估计卫星轨道和地面观测站的三维相对位置。软件设计基于支持 X - Windows 的 UNIX 系统,现在的版本适用于 LINUX 操作系统。作为科研软件,GAMIT/GLOBK 供研究和教育部门无偿使用,只需要通过正式途径得到许可证。软件完全开放,用户可以对软件的工作原理、数据处理流程全面了解,这也促进了软件的不断更新,用户可通过 Internet 进行软件升级。

GAMIT 主要功能如下:

(1)卫星轨道和地球自转参数估计。

(2)地面测站的相对位置计算。
(3)用模型改正各种物理效应(极移、岁差、章动、潮汐等)。
(4)对流层天顶延迟参数和大气水平梯度参数估计。
(5)支持接收机天线相位中心随卫星高度角变化的模型改正。
(6)提供载波相位整周模糊度分别为实数和整数的约束解及松弛解。
(7)数据编辑可人工干预,也可自动处理。

GLOBK 的主要功能如下:
(1)结合一个观测作业期内不同观测时段的初步处理结果,获得该作业期的坐标最佳估值。
(2)结合不同年份获得的测站坐标结果估计测站的速度。
(3)将测站坐标作为随机参数,生成每个时段或每个观测作业期的坐标结果以评估观测质量。

5.1.2 GIPSY/OASIS

GIPSY 软件是美国喷气推进实验室(JPL)研制的 GPS 数据处理软件。JPL 在空间技术的许多方面,包括 GPS 系统与软件技术方面均有不可比拟的条件和先进性。GIPSY 用 FORTRAN 与 C 语言等编写而成,目前主要有 UINX 和 LINUX 版本。GIPSY 主要通过脚本程序实现程序的自动化处理,很多情况下可通过简单窗口操作运行。GIPSY 软件是有限制的自由软件,但不包括源代码。

GIPSY 软件是基于 VLBI 数据分析软件而开发的,在数据分析中,不取载波相位数据的双差,而是直接处理载波非差观测量,这是 GIPSY 的一大特色。在非差处理模式中,卫星钟差和接收机钟差被视为具有白噪声性质的平稳随机过程直接估算。非差处理模式不仅使精密的单点定位成为可能,而且观测值的个数较双差多,这一点对一般点位较密的测区没有什么贡献,但对测区大、点位稀疏的控制网有意义。

5.1.3 Bernese

Bernese 是由瑞士 BEREN 大学研制的,由数十个独立的程序组成的软件包。主体源程序由 FORTRAN 编写。Bernese 软件的功能非常强大,具有定位、定规、估计地球自转参数的功能。另外,Bernese 软件还具有处理卫星的 SLR 观测数据功能,处理 GLONASS 数据功能,并能估计接收机天线的相位中心偏差及变化。

5.2 GAMIT/GLOBK 软件

GAMIT/GLOBK 是目前我国 GPS 处理的首选软件,在这里对其进行重点介绍,该软件和其他两种软件一样,入门易,但若熟练掌握,则需要经过大量的工作实践,从中汲取经验。

5.2.1 GAMIT软件简介

GAMIT软件最初是由美国麻省理工学院研制,后又与美国SCRIPPS海洋研究所共同开发改进。该软件是世界上最优秀的GPS定位和定轨软件之一,采用精密星历和高精度起算点时,其解算长基线的相对精度能达到10^{-9}量级,解算短基线的精度能优于1mm。

GAMIT软件是由许多功能不同的模块组成的,这些模块可以独立地运行。这些模块按其功能可以分成两个部分:数据准备部分和数据处理部分。此外,该软件还带有功能强大的SHELL程序。

数据准备部分包括原始观测数据的格式转换、计算卫星和接收机钟差、星历的格式转换等;数据处理部分包括观测方程的形成、轨道的积分、周跳的修复和参数的解算等。各个模块具有一定的独立性,但它们之间又紧密地联系在一起,共同完成数据处理和分析的全过程。

GAMIT软件的运行平台是UNIX操作系统,目前,它可在Sun、HP、IBM/RISC、DEC、LINUX等基于intel处理器的工作站上运行。软件可处理的最大测站和卫星数目可在编译时设定。它的基本输出文件是H-文件,可作为GLOBK软件的输入文件,进而估计测站坐标与速度、卫星轨道参数和地球定向参数。GAMIT软件的组成结构见图5-1,它由不同功能模块组成,主要包括数据准备、生成参考轨道、计算残差和偏导数、周跳检测与修复、最小二乘平差等模块,这些模块既可以单独运行,也可以用批处理命令联在一起运行,最大限度地减少人为操作,提高运算效率。软件的执行程序放在/com、/kf/bin和/gamit/bin 3个目录下。

GAMIT软件处理双差观测量时,采用最小二乘算法进行参数估计。采用双差观测量的优点是可以完全消除卫星钟差和接收机钟差的影响,同时也可以明显减弱诸如轨道误差、大气折射误差等系统性误差的影响。

用GAMIT估计对流层天顶延迟参数和大气水平梯度参数,通常采用线性分段模型,根据观测时间和区域自主确定参数个数。如果测站间隔较近,估计得到的参数间的相关性会非常大,由此降低了应用于气象学研究的可靠性。这是所有相对定位软件的共同局限。

关于观测值定权,软件推荐的是随高度角定权的方法,关系式表示为rms$=a*a+b*b/$(elev$*$elev)(mm),具体操作中a和b可采用缺省设置,也可以在等权解算结果的基础上,利用AUTCLN通过对观测值的残差分析拟合得到。很显然,通过残差拟合a和b是以增加计算时间为代价的。可以通过处理少数几天的观测数据,获取每个站a和b的平均值作为这个站的缺省值。

潮汐模型中最复杂的是海潮部分,其模型改正直接在GPS数据处理软件中完成非常困难。GAMIT采用的方法是直接从文件station.oct中读取或通过全球范围的栅格表grid.oct内插得到测站分潮波的振幅和相位,即海潮系数。随GAMIT软件包发布的station.oct文件包含了全球465个跟踪站(GPS/SLR/VLBI)的海潮系数,它们主要是采用CRS 4.0全球海潮模型得到的,个别站也辅以CRS 3.0或其他模型。在具体操作中,测站如果距station.oct中某个跟踪站的距离小于10km时,则测站的海潮系数就直接取用这个跟踪站的,否则就需要通过grid.oct内插。但一些实际的数据处理结果表明,直接利用随GAMIT软件包发布的sta-

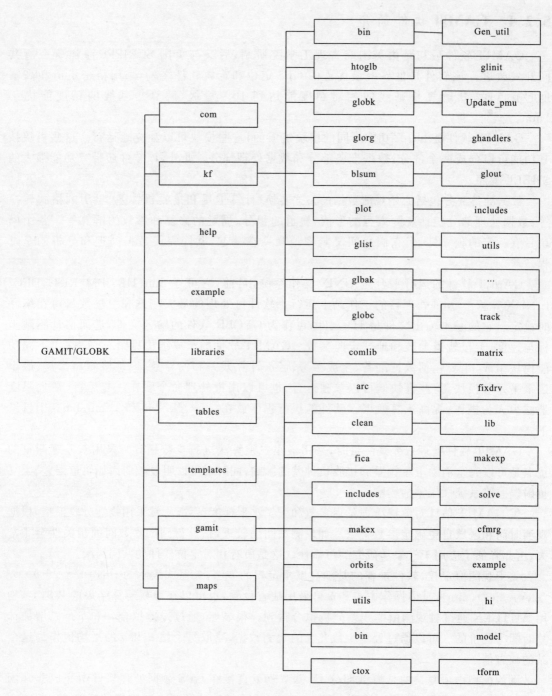

图 5-1 GAMIT/GLOBK 软件组成结构图

tion.oct 对中国大陆的测站进行海潮改正的效果并不理想,这可能是由海潮模型及 station.oct 文件中跟踪站分布的局限性造成的。

5.2.2 GAMIT/GLOBK 软件安装

5.2.2.1 安装环境要求

GAMIT/GLOBK 软件目前实际可运行于几乎所有 UNIX 系统,包括 Sun Solaris 及 SunOS、DEC OpenVMS 及 OSF1、IBM AJX、SGI IRIX、HP HP-UX 及 LINUX 系统(RedHat、Mandrake、RedFlag、Suse 等),但不能运行于 Windows 或 DOS 系统。

FORTRAN 或 C 编译器,Cshell 环境。

5.2.2.2 获取安装文件

网站:www.gpsgamit.edu/~simon/gtgk/
(1)install_software:可运行的 UNIX/LINUX 安装脚本文件。
(2)renote.××××:GAMIT 软件新版本说明。
(3)readme:GAMIT 软件安装说明。
(4)com.tar.Z:GAMIT 所有运行脚本(Shell Scripts)集合。
(5)gamit.tar.Z:GAMIT 软件源程序各模块及 Makefile 文件。
(6)kf.tar.Z:GLOBK 源程序各模块及 Makefile 文件。
(7)libraries.tar.Z:GAMIT/GLOBK 软件共用模块源程序。
(8)maps.tar.Z:用于数据分析的辅助数据及参数。
(9)tables.tar.Z:GAMIT/GLOBK 共用表格文件。
(10)templates.tar.Z:GAMIT/GLOBK 共用参数设置模板文件。

5.2.2.3 解压缩安装

解压缩安装文件设置编译参数(一)
在所要安装系统的用户目录中建立 GAMIT/GLOBK 安装目录,并将上述文件复制到该目录中。如:
mkdir gamit1007
对 UNIX 系统:uncompress *.Z | tar-xvf
对 LINUX 系统:gzip xvzf *.Z

解压缩安装文件设置编译参数(二)
修改编译参数,编译参数文件为 /libraries/Makefile.config
利用 VI 或其他编辑器打开该文件,找到 X11LIBPATH 及 X11INCPATH 字段,依据所在系统环境,去掉相应注释行字符,如对 Sun Solaris 系统,设置为
Specific for Sun with OpenWindows
X11LIBPATH /usr/openwin/lib
X11INCPATH /usr/openwin/share/include
其他加上注释。

解压缩安装文件设置编译参数(三)
同时找到 MAXSIT 字段,依据处理网大小及系统内存,修改参数,如:

MAXSIT 45   最大站数为 45
MAXSAT 30   最大卫星数为 30
MAXATM 13   最大对流层段数为 13
MAXEPC 2880   最大处理历元数为 2 880

5.2.2.4 编译

对 UNIX 系统：csh install_software

对 LINUX 系统：bash install_software

对 LINUX 系统：缺省的编译器支持的最大文件数为 100，需要重新编译生成 GCC 编译器，从 GNU 网站（http://www.gnu.org/）下载 GCC、G77 源码——gcc-3.4.0.tar.Z，gcc-g77-3.4.0.tar.Z。

按照其中包含 GCC 编译说明逐步编译，需要注意的是，在编译 GCC 前，需要更改 GCC/libf2c/libI77/fio.h 文件，方法是将 #define MXUNIT 100 更改为 #define MXUNIT 10000。

5.2.2.5 设置环境参数

对于 Unix System V 派生的 UNIX 系统，通常命令环境为 Cshell，设置文件为 .cshrc，设置方法增加下段：

Set
path = $PATH:/home/temp/gamit1007/com:/home/temp/gamit1007/gamit/bin:/home/temp/gamit1007/kf/bin

对于由 BSD 派生的 UNIX 系统，通常命令环境为 Bsh、Bash，设置文件为 .profile 或 .bashrc，设置方法增加下段：

path = $PATH:/home/temp/gamit1007/com:/home/temp/gamit1007/gamit/bin:/home/temp/gamit1007/kf/bin

5.3 GAMIT 数据处理

GAMIT 软件所需的观测数据是 RINEX 格式，软件可以处理各种不同型号的 GPS 接收机采集的数据。

采用 GAMIT/GLOBK 软件，以测区周围多个稳定的基准站（或 IGS 站）为已知点，利用基准站的连续观测数据，使测区内未知点与基准站组成远距离同步观测，计算未知点的坐标，将观测的未知点统一到基准站所属的参考框架内。

数据处理一般采用基于连续运行基准站的 GPS 测量作业模式，依据测区位置选取适量基准站（一般不少于 5 个）同步数据，对采用的基准站进行强约束（约束值为 0.005m、0.005m、0.005m）。下面根据 GAMIT 数据处理步骤进行介绍。

5.3.1 数据准备

GAMIT 软件数据准备过程比较复杂，涉及内容较多，需要从 GPS 观测文件、GPS 观测天线、测站坐标及约束、星历文件及共用表等方面准备。

5.3.1.1 观测文件及星历文件准备

以年积日建立目录并整理相关数据,每一年积日包含以下两类文件(以 2010 年 265 天为例):观测文件包含 RINEX 格式观测文件(O-文件,如 bjfs2650.10o)及导航文件(N-文件,如 cgs02650.10n),星历文件指 IGS 精密星历(*.SP3 文件,如 igs16023.sp3)。

5.3.1.2 共用表准备

共用表格文件是指在多天多网数据处理中共用的文件,包含日月星历、章动、极移、地球自转等及其他一些参数设置文件。其中,日月星历、章动、极移、地球自转需要依据处理日期随时更新。主要文件见表 5-1。

表 5-1 共用表内容

文件名	内容及含义	备注
antmod.dat	天线相位中心参数文件	
rcvant.dat	接收机及天线名称对照表	
hi.dat	天线高改正相关模块	
gdetic.dat	各种大地坐标系参数表	
ut1.	地球自转参数表	(ut1、pole.表每周更新一次)
pole.	极移参数表	
leap.sec	跳秒表	luntab.、soltab.、nutabl.、leap.sec 每年更新一次
soltab.	太阳星历表	
luntab.	月亮星历表	
nutabl.	章动参数表	
svs_exclude.dat	需要剔除卫星列表	可以根据观测文件中卫星状态自行设置
sestbl.	数据处理参数设置表	
sittbl.	测站约束表	
station.info	测站信息表	
vg_in	测站坐标及测站速度表	待定点测站坐标可由单点定位或导航解得到

公用文件目录通常命名为 tab## (## ——年份,如 2010 年则为 tab10),集中存放于与观测文件按日期存放目录的同一级目录下,以便于管理。

5.3.1.3 测站相关文件准备

测站相关文件通常存放于共用文件目录中，包含测站概略坐标文件(vg_in)、测站信息文件(station.info，注意 station.info 文件中的第一行为工程名)及测站约束文件(sittbl)。

(1) 测站概略坐标文件(vg_in)存放测站先验坐标及精度，通常先验坐标误差应小于 10m，可由单点定位或导航解得到。文件格式如下。

四字符测站名及四字符注释(SHAO_GPS)、测站坐标[米(m)为单位]、测站速度[米/年(m/a)为单位]、上述坐标历元、测站坐标的约束。vg_in 文件格式如下。

```
* ITRF97    2000.0
* xyz  from  0006.txt    031118
* v    from  xyz_2000.dat  040524


BJFS_GPS  -2166609.1045  4373777.5876  4098887.1608  -0.0283  -0.0091  -0.0129  2000.0
KMIN_GPS  -2987444.9844  3447222.1033  4442555.6790  -0.0232  -0.0095  -0.0127  2000.0
SHAO_GPS  -2666928.7289  4555550.3865  3777719.1882  -0.0306  -0.0076  -0.0124  2000.0
WUHN_GPS   1255582.5330  4886668.7078  3887888.4163  -0.0294  -0.0085   0.0146  2000.0
WUSH_GPS    193030.7831  4606851.3099  4393311.3970  -0.0308  -0.0026   0.0033  2000.0
URUM_GPS    899913.6518  4721881.9922  4180271.9139  -0.0314  -0.0068   0.0057  2000.0
XIAA_GPS  -5554879.5650  5665666.3432  2748885.5543  -0.0273  -0.0040  -0.0218  2000.0

123X_GPS    666279.4043  5444887.5403  3255526.8592   0.0000   0.0000   0.0000  2006.100
124X_GPS    666411.9131  5444417.0056  3266642.4582   0.0000   0.0000   0.0000  2006.100
125X_GPS    666638.1872  5433340.4463  3288870.4586   0.0000   0.0000   0.0000  2006.100
```

(2) 测站信息文件(station.info)存放测站天线高、接收机代码、天线代码、天线高量测方式及观测时间范围等。文件格式如下。

四字符测站名、四字符测站别名、测站全名、天线高(大地坐标系中的 HNE)、六字符接收机代码、六字符天线代码、六字符天线高量测方式代码、接收机软件版本号、观测年及年积日、观测时段起止时分秒及注释文字。station.info 文件格式如下。

```
rism rism
(A1,2(A4,1X),A16,F7.4,2(1X,F8.4),2(1X,A6),1x,a5,1X,F5.2,1X,I4,1X,I3,1x,I2,6(1X,I2))
  TRCK SITE Station Name    Ant Ht    Ant N    Ant E   Rcvr   AntCod HtCod  Vers Year Doy SN Start   Stop
* TRCK SITE Station Name    Ant Ht    Ant N    Ant E   Rcvr   AntCod HtCod  Vers Year Doy SN Start   Stop

CHUN CHUN CHUN         0.0780   0.0000   0.0000ASHZ12 ASHDMG DHPAB  8.20 2000 154  0 00 00 00 24 00 00
SHAO SHAO Shanghai Obs.    0.0814   0.0000   0.0000TR8100 TRBROG DHPAB  3.00 1995 009  0 00 00 00 24 00 00
XIAN Shaanxi Observat  0.3840   0.0000   0.0000TR8100 TRBROG DHPAB  3.20 1996 141  0 00 00 00 24 00 00

286I 286I   1.4610  .0000  .0000 ASHZ12 ATDMR2 SLBCR  8.10 2006 128  1  0  0  0 24  0  0
287I 287I   1.7930  .0000  .0000 ASHZ12 ATDMR2 SLBCR  8.10 2006 128  1  0  0  0 24  0  0
288I 288I   1.6530  .0000  .0000 ASHZ12 ATDMR2 SLBCR  8.10 2006 128  1  0  0  0 24  0  0
```

需要特别注意,测站信息文件(station.info)中的天线高代码(Ant Ht)应与外业观测记录一致,接收机代码(Rcvr)必须与 rcant.dat 表中相应内容完全一致,天线代码(AntCod)必须在 antmod.dat 和 hi.dat 文件中相应内容完全一致;天线高量测方式代码 HtCod 必须正确且与 hi.dat 文件中相应天线的该项内容一致。

(3)测站约束文件(sittbl.)包含测站先验约束、对流层模型、对流层解算时段、计算截至高度角及拟合钟差多项式阶数等 10 多项。测站约束文件 sittbl. 文件格式如下。

```
SITE            FIX  WFILE  --COORD. CONSTR.--  --EPOCH-- CUTOFF APHS CLK  KLOCK CLKFT
DZEN WZEN DMAP WMAP  ---MET. VALUE----  NZEN ZCNSTR ZENVAR ZENTAU
ALL             NNN  NONE  100.0 100.0 100.0   001- *    10.0  ELEV NNN   3            SAAS SAAS
NMFH NMFW 1013.25 20.0 50.0  13   0.500  0.0200 100.0
BJFS  BJFS      NNN  NONE  0.005 0.005 0.010   001- *    10.0  ELEV NNN   3            SAAS SAAS
NMFH NMFW 1013.25 20.0 50.0  13   0.500  0.0200 100.0
BJSH  BJSH      NNN  NONE  0.005 0.005 0.010   001- *    10.0  ELEV NNN   3            SAAS SAAS
NMFH NMFW 1013.25 20.0 50.0  13   0.500  0.0200 100.0
QDAO QingDao    NNN  NONE  1.000 1.000 1.000   001- *    10.0  ELEV NNN   3            SAAS SAAS
NMFH NMFW 1013.25 20.0 50.0  13   0.500  0.0200 100.0
```

(4)数据处理过程控制文件准备。数据处理过程控制文件即 TABLE 目录下的 sestbl. 文件,文件内容如下。

```
Session Table for regional + global analysis
Processing Agency = MIT
Station Number = *
Station Constraint = Y
Satellite Number = *
Satellite Constraint = Y              ; Y/N

all     a    e    i    node arg per  M    rad1 rad2 rad3 rad4 rad5 rad6 rad7 rad8 rad9
        0.01 0.01 0.01 0.01 0.01 0.01 0.01 0.01 0.01 0.01 0.01 0.01 0.01 0.01 0.01 0.01

Type of Analysis = 0-ITER             ; 0-ITER/1-ITER/2-ITER/1-CLEAN/2-CLEAN/3-CLEAN
Data Status = RAW                     ; CLN/RAW
Choice of Observable = LC_HELP        ; L1_SINGLE/L1&L2/L1_ONLY/L2_ONLY/LC_ONLY/
                                      ; L1,L2_INDEPEND./LC_HELP
Choice of Experiment = RELAX.         ; BASELINE/RELAX./ORBIT
Ionospheric Constraints = 0.0 mm + 8.00×10⁻⁶ ; Set for mid-solar max
Zenith Delay Estimation = YES         ; YES/NO
Number Zen = 13                       ; number of zenith-delay parameters
Zenith Constraints = 0.50             ; zenith-delay a priori constraint in meters (default 0.5)
Zenith Model = PWL                    ; PWL (piecewise linear)/CON (step)
Zenith Variation = 0.021 0            ; zenith-delay variation, tau in meters/sqrt(hr), hrs
Elevation cutoff = 15.                ; Elevation angle cutoff for postfit solution
Station Constraint = Y                ; Y/N
Ambiguity resolution WL = 0.15 0.15 1000. 99. 1000.   ; Increased chi-square ratio to stop searched
```

```
Ambiguity resolution NL = 0.15 0.15 1000. 99. 1000.    ; values from being used.
Geodetic Datum = GEOCENTRIC           ; GEOCENTRIC/WGS84/NAD82/WGS72
Reference System for ARC = IGS92   ; WGS84/WGS72/MERIT/IGS92(default)
Initial ARC = YES            ; YES/NO  default = NO for BASELINE/KIINEMATIC, YES for RELAX/ORBIT
Update T/L files = L_ONLY        ; T_AND_L (default), T_ONLY, L_ONLY, NONE
Final ARC = NO
Yaw Model = YES              ; YES/NO  default = YES
Delete eclipse data = NO       ; ALL/NO/POST (Default = NO); 30 mins post shadow removal is
                              ; hardwired for ALL/POST
AUTCLN Command File = autcln.cmd   ; Filename; default none (use default options)
Delete AUTCLN input C-files = YES ; YES/NO  default = NO ; I -- Intermediate keep (stops) second model
Tide Model = 15              ; Binary coded;1 earth  2 freq-dep  4 pole  8 ocean  default=15
Antenna Model = ELEV         ; NONE/ELEV/AZEL  default = NONE
Radiation Model for ARC = BERNE     ; SPHRC/BERNE/SRDYB/SVBDY  default = BERNE
Inertial frame = J2000        ; J2000/B1950
SCANDD control = NONE        ; When to run SCANDD:NONE/IFBAD(default)/FIRST/FULL/BOTH
Decimation Factor = 4        ; Decimation factor in solve
Quick-pre observable = LC_ONLY     ; For 1st iter or autcln pre, default same as Choice of observable
Quick-pre decimation factor = 10    ; 1st iter or autcln pre, default same as Decimation Factor
Station Error = ELEVATION 10. 0.0001 ; 1-way L1 , a**2 + b**2/sin(elev)**2 in mm, default = 4.3 7.0
```

其他参数设置可参考如下：

① 测站及卫星约束控制。利用这些设置可约束指定卫星或测站，其中，

Station Number=*,代表所有测站需要先验约束；

Station Constraint=Y,表示测站约束可用；

Satellite Number=*,表示全部卫星；

Satellite Constraint=Y,表示卫星约束可用。

卫星可逐个约束,也可利用下面形式对所有卫星使用相同约束。

```
all  a    e    i    node  arg per  M    rad1  rad2  rad3  rad4  rad5  rad6  rad7  rad8
rad9
     0.01 0.01 0.01 0.01  0.01     0.01 0.01  0.01  0.01  0.01  0.01  0.01  0.01  0.01
0.01 0.01
```

上述约束值对 6 个轨道根数单位为 1×10^{-6},而对 9 个光压参数单位为初值的百分比。

② 数据解算模式控制。对 GAMIT 软件,利用设置"Type of Analysis"及"Choice of Experiment"参数值,可指定解算模式。其中,"Type of Analysis"参数共有 6 种备选值分别表示参数解算迭代次数及自动剔除周跳迭代次数。而"Choice of Experiment"共有 3 种备选值分别表示求解形式,即 Baseline(仅求基线解)、Relax(同时解算轨道及基线)和 Orbit(仅解算轨道)。

③ 涉及数据量选用的参数。本类参数确定数据处理时可选的数据量,其中,参数"Choice of Observable"共有 6 种备选值,分别表示数据处理时采用的观测值为单频、双频、无电离层观测量及是否使用伪距观测量；参数"Elevation Cutoff"指定数据处理时选用卫星的截止高度角；参数"Decimation Factor"及"Quick-predecimation Factor"分别指定解算时数据的筛选因子。

④潮汐模型控制。参数"Tide Model"确定数据处理时使用的潮汐改正,包含固体潮、极潮和海潮。实际计算中视测区所在位置依据实际需要选择所需考虑的改正。

5.3.2 DOS下的文件格式转入UNIX文件使用

任何在 Windows 下编辑的文件,都必须转为 UNIX 下的文件格式。可使用编译好的 dos2unix 程序,通过执行命令 csh dos2unix *.*（*.* 为需进行格式转换的文件）进行文件格式转换。

5.3.3 数据处理

5.3.3.1 模块结构及各模块功能

GAMIT 软件由多个功能模块构成,这些模块分别存放于/gamit 目录下的 14 个程序子目录、1 个库文件目录及 1 个头文件目录,各目录基本都有特定功能,依目录简要介绍如下:

/arc:轨道数值积分模块,依据初始根数产生标准轨道;
/cfmrg:数据融合模块,确定最终解算数据及参数组织方式;
/clean:人工周跳剔除模块;
/ctox:将二进制 C 文件转化为文本形式的 X 文件;
/fixfrv:数据处理部分的驱动程序,生成批处理文件;
/hi:天线高改正相关模块;
/makex:生成 X 文件,将原始观测数据的格式（RINEX）转换成 GAMIT 所需的文件;
/makexp:预处理程序,生成后续处理输入文件;
/makej:生成卫星钟差文件;
bctot(ngstot):将星历格式（rinex、sp3、sp1）转换成 GAMIT 所需的文件;
sincln、dblcln、autcln、cview:周跳修复模块;
/model:求偏导数,生成观测方程;
/orbits:一些特殊用途轨道分析模块集,如轨道比较、轨道转化等;
/solve:最小二乘解算模块;
/tform:一些坐标转化程序集;
/utils:一些常用数据分析工具集;
/lib:库文件;
/include:头文件。

5.3.3.2 GAMIT软件数据处理步骤

(1)将共用表文件复制或链接到数据目录中。
(2)利用测站坐标生成 L 文件（BLH）,生成方法以 2010 年 265 天为例,原始 X、Y、Z 坐标文件为 vg_in,命令如 gapr_to_l vg_in lxism0.001 ″ 10 265。
(3)运行 makexp 程序,生成输入文件。
(4)运行 sh_sp3fit 脚本,生成轨道初始根数,命令如 sh_sp3fit – f igs16023.sp3。

(5)运行 sh_check_sess - figs＊＊＊＃＃.sp3s,检查星历文件中的卫星数与导航文件中是否一致并自动更改;不一致时可在 session.info 中删除,命令如 sh_check_sess - sess 265 - type gfile - file grism10.265。

(6)运行 makej 程序,生成卫星钟差文件,命令如 makej erism10.265 jrism10.265。

(7)运行 makex 程序,生成 X 文件,命令如 makex rism.makex.batch。

(8)运行 fixdrv 程序,生成批处理文件,命令如 fixdrv drism10.265。

(9)运行 fixdrv 生成的批处理文件,命令如 csh brism3.bat。

以上即为 GAMIT 软件运行过程。

5.3.3.3　GAMIT 数据处理结果及其分析

(1)结果文件类型:H-file 为基线的松弛解;O-file 为约束解;Q-file 为过程记录文件。

(2)GAMIT 软件数据处理质量的评价指标:①GAMIT 软件计算得到的单天解标准化方差 postfit_nrms 是衡量单天解质量的重要指标之一。根据国内外 GPS 数据处理经验,其值一般应小于 0.3,若 nrms 太大,则说明数据处理过程中周跳可能未得到完全修复。②参数的改正量不能大于其约束量的 2 倍。③当 Choice of observable 为 L1_ONLY 时,B1L1 计算的整周模糊度必须是整数。④一般来说,基线解算结果的精度是没有代表性的,其精度主要是依据观测的时间长短和基线的长度。GAMIT 结算结果一般为 2~10mm。⑤坐标结果的评价指标一般以坐标的重复性作为衡量坐标解算结果的指标,GPS 常用评价站坐标精度的指标是多时段基线重复性和多时段坐标重复性。

坐标分量重复性计算模型为

$$\sigma_s = \left(\frac{N}{N-1} \sum_{i=1}^{N} \frac{(R_i - \overline{R})^2}{\sigma_i^2} \bigg/ \sum_{i=1}^{N} \frac{1}{\sigma_i^2} \right)^{\frac{1}{2}} \tag{5-1}$$

式中,i 为观测时段;σ_s 为坐标分量 s 的重复性统计值;σ_i 为第 i 时段坐标分量 s 的中误差。其中,

$$\overline{R} = \frac{\sum_{i=1}^{N} \frac{R_i}{\sigma_i^2}}{\sum_{i=1}^{N} \frac{1}{\sigma_i^2}} \tag{5-2}$$

$$\left. \begin{array}{l} \sigma_s^2 = a^2 + b^2 L \\ \sigma_s = c + dL \end{array} \right\} \tag{5-3}$$

5.3.3.4　GLOBK 数据处理步骤

GLOBK 实际上是一个基线解的网平差软件,它将 GAMIT 的 H-文件(基线的松弛解)作为输入文件,采用卡尔曼滤波算法估计测站坐标、速度,卫星轨道参数以及 EOP 参数。GLOBK 主要有以下功能:

(1)将单天解合并为多天解。对 GPS 解而言,可将轨道参数设为随机参数,用于轨道参数的短弧或长弧解。

(2)将多天解合并为多年解,并估计测站速度。

(3)估计测站坐标重复性,进而评价多天观测解的精度。

尽管 GLOBK 的功能很强大,但由于它采用的是线性模型,因此,如果对测站或卫星轨道的改进值过大(测站大于 10m,卫星大于 100m)时,GLOBK 不能工作;除此之外,GLOBK 还不能修正由于周跳、坏的数据以及对流层延迟误差模型造成的相位数据异常;GLOBK 也不能估计相位整周模糊度。GLOBK 软件的主要功能模块包括 htoglb、glred、globk、glorg,各自的功能如下:

htoglb:将 GAMIT 的 H-文件转为 GLOBK 认可的二进制的 H-文件;

glred:计算单天解的重复性。

globk:估计测站坐标和速度。

glorg:加约束的联合解。

为了方便地使用 GLOBK 软件的帮助文件,在安装软件时,登陆文件.login 或.cshrc 需设置两个环境变量:% setenv HELP_DIR /mydir/help;% setenv INSTITUTE snpl。/mydir 指存放 GAMIT 软件的目录。

GLOBK 处理步骤如下:

(1)在用户目录下建立 GLOBK 数据目录:①/globk/glbf;②/globk/hfiles;③/globk/soln;④/globk/tables。

(2)数据文件准备。

将需要计算的 H-文件复制到/globk/hfiles 目录下。

将先验坐标文件 vg_in(或 ITRF00.apr)和稳定点文件 stab_site_global 复制到/globk/tables 目录下。

在/globk/soln 目录下建立 globk.cmd 和 glorg_rep.cmd 开关控制文件。

(3)运行 htoglb,将 GAMIT 的 H-文件转换为 GLOBK 认可的二进制的 H-文件。

% htoglb [dir] [ephemeris] <input files>

[dir]:二进制 H-文件存放的目录,为/globk/glbf;

[ephemeris]:输出的卫星星历的名称,该星历输出后一般放在/globk/tables 目录下;

<input files>:输入的 H-文件,可用文件的通配符表示,如:% htoglb …/glbf …/tables/svs_myexp.svs h*。

H-文件的命名规则为:hyymmddhhmm_xxxx.[ext]。

GAMIT 常包括 4 种解,GLOBK 通过改变扩展名来区分它们,即用户指定约束下的模糊度实数解 gcr、用户指定约束下的模糊度整数解 gcx、松散约束下的模糊度实数解 glr 以及松散约束下的模糊度整数解 glx。目前,GAMIT 的 SOLVE 模块缺省选项只输出 glr 和 glx 解,对短边基线而言,建议采用模糊度整数解 glx,对于数千千米边长的解,可采用 glr 解。

执行 glred 或 globk 之前,需将二进制的 H-文件列入一个扩展名为.gdl 的文件中,如:% ls …/glbf/h*.glx > myexp.gdl。

5.3.3.5 运行 glred 进行重复性精度评价

glred [std out] [print file] [log file] [list file] [command file]

例:glred 6 jz03.prt jz03.log myexp.gdl glred.cmd。

如果安装有 GMT 绘图软件,则可以对输出结果进行图形显示,按照上面的输出文件,绘图过程为：sh_globk_scatter - f jz03.prt。

将产生一些统计结果文件，其中，val.jz03.prt（基线重复性数据）、VAL.jz03.prt（坐标重复性数据）两个文件用于绘图。绘图命令如下：

对基线绘图：multibase val.jz03.prt - d
sh_baseline - f mb*；

对坐标绘图：multibase VAL.jz03.prt - d
sh_baseline - 3 - f mb*。

5.3.3.6 运行 globk、glorg 进行网平差

globk [std out] [print file] [log file] [list file] [command file]

例：globk 6 jz03.prt jz03.log myexp.gdl globk.cmd。

[std out]：屏幕输出文件编号。

[print file]：输出结果文件。

[log file]：程序运行日志文件。

[list file]：列表文件。

[command file]：命令文件。

5.3.4 GAMIT 软件数据处理中常见问题的原因

在利用 GAMIT 软件进行基线解算过程中，由于观测数据、共用表、测站相关文件及过程控制文件准备中可能存在一些不完整或者数据及格式错误，将会导致软件运行非正常中断，数据处理失败时，首先查看 Gamit.fatal 文件，出错的原因可以通过分析 Gamit.fatal 文件中的错误提示来判断，并做出相应的改正。下面将常见的引起非正常中断的错误及其判断方法总结归纳如表 5-2（以 168p 点为例）。

表 5-2 常见错误及处理方法

序号	Gamit.fatal 中的错误提示	可能的原因	处理方法
1	Cannot find site code 168p on L - file vg_in	①vg_in 文件中无该点概略坐标 ②vg_in 文件格式不正确（文件中最后一行无空格）	①在 vg_in 文件中加入该点概略坐标 ②检查改正 vg_in 文件格式
2	Neither T - nor G - file available（Name trism9.105)	①缺少 igs*****.sp3 文件 ②ut1.、pole.、leap.sec、soltab.、luntab.、nutabl.等表未依据处理日期随时更新	①加入 igs*****.sp3 文件 ②ut1.、pole.、leap.sec、soltab.、luntab.、nutabl.应从相应网站下载最新的文件

续表 5-2

序号	Gamit.fatal 中的错误提示	可能的原因	处理方法
3	Error opening navigation file:erism9.105 ERROR 2	缺少 cgs＊＊＊＊.＊＊n 文件	加入 cgs＊＊＊＊.＊＊n 文件
4	Error opening file: rism.makex.batch ERROR 2	O-文件时段与 station.info 中的时段号不对应	
5	Receiver code TPP-LEG not found in rcvant.dat	station.info 文件中接收机的代码（Rcvr）与 rcvant.dat 文件中不对应或者 rcvant.dat 文件中无相应代码	确认 station.info 文件中接收机的代码（Rcvr）在 rcvant.dat 文件中存在且完全一致
6	Input antenna type TP-PC3D with alias TP-PC3D not in rcvant.dat	station.info 文件中天线代码（AntCod）与 rcvant.dat 文件中不对应或者 rcvant.dat 文件中无相应代码	①确认 station.info 文件中天线代码（AntCod）在 rcvant.dat 文件中存在且完全一致；手动制作 station.info 文件 ②如果 rcvant.dat 中根本没有这个接收机或天线型号，则需要手工修改添加这个型号，修改 rcvant.dat 和 hi.dat 文件，特别注意水平偏差和垂直偏差的设置
7	Antenna code（TP-SC3D DHPAA）for: 168P 2009 105 1 not in hi.dat	station.info 文件中天线量高方式（DHPAA）与 hi.dat 文件中不对应	确认 station.info 文件中天线量高方式（DHPAB）在 hi.dat 文件中存在且与 rcvant.dat 文件中完全一致
8	Error reading OCLEAN-LOD values ERROR 501	原因在于对 otl.grid 进行了 dos2unix	对于从 sopac 上下载的文件不需要进行 dos2unix，其服务器是 Linux 系统，所以默认应该符合 Linux 的文件格式。而对于在 Windows 下创建或编辑过的文件应该 dos2unix，比如：station.info、sittbl.、接收机观测文件等
9	GLOBK 平差后无结果或中误差超限	①vg_in 文件中点位概略坐标误差太大 ②igs 星历文件中个别卫星星历较差 ③点位观测环境不好，观测数据质量太差	①通过单点定位等方法对点位概略坐标进行优化 ②检查 igs 文件中卫星状况，在 svs_exclude.dat 中剔除信号不好的卫星 ③重新观测或重新选择点位

5.3.5 GAMIT软件中文件的命名规则

A-文件:ASCII码的T文件。
B-文件:控制批处理的数据文件。
C-文件:残差(O-C)和偏导数文件。
D-文件:时段和接收机开关文件。
E-文件:广播星历文件或RINEX的导航文件。
G-文件:初始轨道状态向量和光压参数值文件。
H-文件:GAMIT解输出的方差协方差文件,是GLOBK的输入文件。
I-文件:接收机多项式钟差文件。
J-文件:卫星多项式钟差系数文件。
K-文件:从伪距得到的接收机钟差文件。
L-文件:测站坐标文件。
M-文件:控制C-文件、SOLVE模块和编辑模块的文件。
N-文件:autcln.sum.posfit生成的数据加权文件。
O-文件:用于事后分析的解文件(强约束)。
P-文件:MODEL运行过程记录文件。
Q-文件:分析结果文件。
S-文件:测站坐标和天线文件(已不使用)。
T-文件:表格化的星历文件。
U-文件:测站海潮文件。
V-文件:SINCLN、DBLCLN和SCANRMS的编辑输出文件。
W-文件:气象数据文件。
X-文件:预处理后的观测数据文件。
Y-文件:卫星YAW偏航文件。
Z-文件:水汽辐射计数据文件。

5.4 某GPS大地控制网GPS测量数据处理方案

5.4.1 外业准备

5.4.1.1 测区概况(略)

5.4.1.2 仪器检验

野外作业使用的GPS接收机及所配天线、所有仪器必须于出测前经过检验合格。
GPS大地控制网观测实施方案中需说明GPS观测所采用的接收机及天线,观测时段的时段数、时段长度等。

5.4.2 数据处理步骤及技术要点

5.4.2.1 作业依据

依实际作业所采用的规范、要求等。

5.4.2.2 使用软件

实际应用的数据处理软件。

5.4.2.3 步骤及技术要点

数据处理分为数据准备、基线解算和质量分析、网平差3个步骤。

1)数据准备

(1)采用基准站强约束的计算方法,在测区四周选取适量基准站数据,使每天同步联测基准站不少于4个,经比较选用 KMIN(昆明)、LUZH(泸州)、QION(琼州)、GUAN(广州)、XIAG(下关)、WUHN(武汉)6个基准站。

(2)基准站点的空间坐标和速度采用2000国家GPS大地控制网成果,坐标系统为2000中国大地坐标系(CGCS2000)。

(3)星历采用观测期间的IGS精密星历。

(4)天线的高度及天线高的量取方式以手簿为准,根据GAMIT软件要求,整理成基线解所需的信息文件形式。

(5)气象数据采用标准气象。

2)基线解算及质量分析

(1)三级网基线解算以单天为基础。

(2)GAMIT基线解的参数设置如下:

卫星轨道约束:10^{-8};

基准站坐标约束:0.005m 0.005m 0.005m;

待定站点坐标约束:100.0m 100.0m 100.0m;

历元间隔:30s;

最大历元数:2 880;

卫星截止高度角:10°;

基线处理模式:松弛解;

对流层误差模型:Niell模型;

天顶延迟参数个数:每两小时设置1个;

电离层延迟:LC - AUTCLN;

周跳剔除方案:AUTCLN;

光压模型:BERNE。

(3)顾及测站速度、海潮和极潮等的影响。

(4)根据基线解的结果并参考 nrms(应小于0.3)和基线向量精度情况对相关天线的基线解进行精化处理(可采用变换卫星截止高度角、调整基线解设置参数、增舍观测时间段、剔除含粗差的观测数据等方法)。

3)网平差

(1)平差计算时强约束已知的基准站点坐标(约束值为 0.000 1m、0.000 1m、0.000 1m)以及 2000 国家 GPS 大地控制网点(约束值为 1σ),最后采用全部合格基线解 H-文件,经 GLOBK 整体平差得到全部点位成果。

(2)平差计算时基准点坐标为 CGCS 2000 成果,速度为实测速度。经平差处理后,待定点成果的坐标框架与已知点坐标框架一致,历元为观测时期的历元。

(3)对待定点成果的精度进行统计,应满足《C 级 GPS 大地控制网测量技术规定》的要求,即水平方向中误差小于 3cm,高程方向中误差小于 5cm,超过该值时,应对相应点的基线解做精化处理,重复以上计算步骤。

(4)待定点归算到 2 000.0 历元,速度值采用测区内 2000 国家 GPS 大地控制网点的平均速度。

5.4.3　C 级和 D 级 GPS 网(点)数据处理

在实际应用中,有时控制网会布设成 C 级点和 D 级点(方位点)组成同步环的形式。由于其基线较短,采用 GAMIT 软件的处理结果并不理想。可以分两步进行数据处理。

(1)C 级点数据处理采用 GAMIT 软件,平差计算时强约束已知的基准站点坐标,采用全部合格基线解 H-文件,经 GLOBK 整体平差得到 C 级点成果。

(2)D 级点(方位点)数据处理,可利用商用软件,以同步环为基础,对同步环中的 C 级点平差结果做约束,进行基线解算及平差。

这样既可发挥 GAMIT 软件对长基线的精度优势,得到高精度 C 级点成果,也可利用商用软件解算短边基线的优势,使 D 级点成果满足要求。

5.5　2000 中国大地坐标系下点位坐标的历元归算

5.5.1　概述

2008 年开始启用的 2000 中国大地坐标系是一个高精度地心坐标系,由 GPS 连续运行基准站、空间大地网和天文大地网 3 个层次的站网坐标(和速度)体现,提供 GPS 点在全球参考框架下 2000.0 历元的绝对位置(其历元为 2000.0)。

由于 CGCS 2000 的实现精度和稳定性要求都在厘米(量级)水平,对于精密大地测量用户,使用历元为 2000.0 的大地坐标系时,必须顾及地壳运动的影响。

通常利用如下公式对点位坐标进行归算。

$$\begin{Bmatrix} X \\ Y \\ Z \end{Bmatrix}_{T_1} = \begin{Bmatrix} X \\ Y \\ Z \end{Bmatrix}_{T_0} + (T_1 - T_0) \begin{Bmatrix} V_X \\ V_Y \\ V_Z \end{Bmatrix} \tag{5-4}$$

式中,T_0,T_1 分别为观测历元和归算历元;V_X,V_Y,V_Z 为速度的 X,Y,Z 的分量。

5.5.2 NNR-NUVEL1A 模型

实践中,顾及板块运动影响的通常做法是利用一定的模型计算板块运动,对站坐标加以改正。目前国际上推荐使用的是 NNR-NUVEL1A 板块运动模型。

根据 NNR-NUVEL1A 模型,全球岩石圈划分为 16 个板块,板块和板块边界见图 5-2,各板块的旋转矢量见表 5-3。

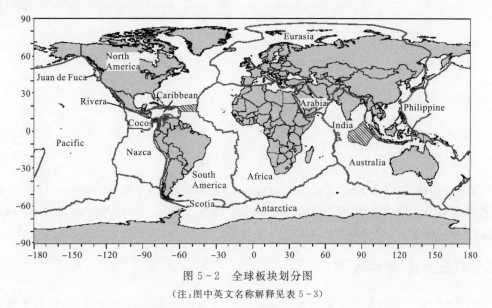

图 5-2 全球板块划分图

(注:图中英文名称解释见表 5-3)

表 5-3 NNR-NUVEL1A 板块运动模型的直角旋转矢量 (单位:rad/Ma)

板块	Ω_x	Ω_y	Ω_z
太平洋 Pacific	-0.001 510	0.004 840	-0.009 97
科科斯 Cocos	-0.010 425	-0.021 605	0.010 925
纳兹卡 Nazca	-0.001 532	-0.008 577	0.009 609
加勒比 Caribbean	-0.000 178	-0.003 385	0.001 581
南美 South America	-0.001 038	-0.001 515	-0.000 870
南极洲 Antarctica	-0.000 821	-0.001 701	0.003 706
印度 India	0.006 670	0.000 040	0.006 790
澳大利亚 Australia	0.007 839	0.005 124	0.006 282
非洲 Africa	0.000 891	-0.003 099	0.003 922
阿拉伯 Arabia	0.006 685	-0.000 521	0.006 760
欧亚 Eurasia	-0.000 981	-0.002 394	0.003 153

续表 5-3

板块	Ω_x	Ω_y	Ω_z
北美 North America	0.000 258	-0.003 599	-0.000 153
朱德富卡 Juan de Fuca	0.005 200	0.008 610	-0.005 820
菲律宾 Philippine	0.010 090	-0.007 160	-0.009 670
瑞佛亚 Rivera	-0.009 390	-0.030 960	0.012 050
斯科提亚 Scotia	-0.000 410	-0.002 660	-0.001 27

利用旋转矢量 $\overline{\Omega}$,按式(5-5)计算站速度。

$$v_x = (\Omega_y z - \Omega_z y)/1\times 10^6$$
$$v_y = (\Omega_z x - \Omega_x z)/1\times 10^6 \quad\quad (5-5)$$
$$v_z = (\Omega_x y - \Omega_y x)/1\times 10^6$$

式中,(x,y,z)为地固直角坐标,单位 m;(v_x,v_y,v_z)为地固速度,单位 m/a。

利用 NNR-NUVEL1A 模型计算速度的误差因地区而异。一般地区约为 5mm/a,在青藏地区约为 10mm/a。实际计算证明该方法精度不高。

5.5.3 实测速度场模型

与 NNR-NUVEL1A 板块运动模型相对应的还有一种实测速度场模型,所谓实测速度场模型,就是利用长期的 GPS 或其他的常规观测手段建立的所测点位的实测速度场,由于观测的延续,实测速度场模型将不断得到精化。一般而言,相对于 NNR-NUVEL1A 板块运动模型,实测速度场模型更能反映点位运动的现时状况。

5.5.4 基于点位实测速度的速度场拟合

5.5.4.1 基于连续应变率场的速度拟合

计算欧拉矢量法具有地学意义,但前提是块体的划分和块体为刚性体,如果块体内部具有弹性特征其形变就不能通过欧拉矢量表示出来。中国大陆的块体划分目前还是一个有争议的问题,至少说目前的划分精度还无法满足大地测量中的点位历元归算的精度。

虽然块体边界之间的非连续是绝对的,但为满足一定的需要,可以当作连续面来考虑。而拟合的方法对块体的刚弹性没有要求,因此无需细分块体。所以,我们选择了一种基于连续应变率场的速度拟合方法,既兼顾了一定的地学意义,又避免了对块体划分的要求。

5.5.4.2 地心直角坐标速度与站心水平速度的转换

由于板块运动主要沿水平方向,而 ITRF2000 速度场是地心直角坐标速度,通过下式实现地心直角坐标速度与地面站心坐标速度的转换,并将水平速度分离出来。

$$\begin{bmatrix} V_E \\ V_N \\ V_U \end{bmatrix} = \begin{bmatrix} -\sin\lambda & \cos\lambda & 0 \\ -\sin\varphi\cos\lambda & -\sin\varphi\sin\lambda & \cos\varphi \\ \cos\varphi\cos\lambda & \cos\varphi\sin\lambda & \sin\varphi \end{bmatrix} \begin{bmatrix} V_X \\ V_Y \\ V_Z \end{bmatrix} \quad (5-6)$$

$$\begin{bmatrix} V_X \\ V_Y \\ V_Z \end{bmatrix} = \begin{bmatrix} -\sin\lambda & -\cos\lambda\sin\varphi & \cos\lambda\cos\varphi \\ \cos\lambda & -\sin\lambda\sin\varphi & \sin\lambda\cos\varphi \\ 0 & \cos\varphi & \sin\varphi \end{bmatrix} \begin{bmatrix} V_E \\ V_N \\ V_U \end{bmatrix} \quad (5-7)$$

式中,V_X,V_Y,V_Z为地心直角坐标速度;V_N,V_E,V_U为站心坐标速度;φ,λ分别为测站的纬度、经度。

5.5.5 最小曲率格网内插

格网内插法的基本思想是利用离散点的速度,采用一定的算法计算具有一定间隔的格网结点的速度,然后利用格网结点上的速度内插其他任意点上的速度,如何由离散点的速度生成格网结点的速度,是格网法的技术关键,常用的有最小曲率法、克里金法等。

最小曲率法生成的插值面类似于一个通过各个数据值,具有最小弯曲量的长条形弹性薄片,最小曲率法在尽可能严格尊重原始数据的同时,生成尽可能平滑的曲面。考虑到地壳运动速度变化大体上呈现缓慢、平滑的特性,利用具有最小曲率特性的格网曲面来近似代表地壳运动速度变化。

5.5.5.1 最小曲率基本原理

设有一曲面 $u(x,y)$,其总的曲率定义为

$$C(u) = \iint \left(\frac{\partial^2 u_{i,j}}{\partial x^2} + \frac{\partial^2 u_{i,j}}{\partial y^2} \right) \mathrm{d}x\mathrm{d}y = \min \quad (5-8)$$

该曲面必须满足

$$\frac{\partial^4 u}{\partial x^4} + 2\frac{\partial^4 u}{\partial x^2 \partial y^2} + \frac{\partial^4 u}{\partial y^4} = f \quad (5-9)$$

式中,f为限制条件;$u(x_i,y_i)$为曲面$u(x,y)$在(x_i,y_j)的值;L_i为在(x_i,y_j)上的观测值。

5.5.5.2 最小曲率格网化差分方程

把具有速度值的区域进行网格化,网格点(x_i,y_j)处的速度估值为$u_{i,j}$,则网格节点(x_i,y_j)处的曲率$C_{i,j}$为

$$C_{i,j} = \frac{\partial^2 u_{i,j}}{\partial x^2} + \frac{\partial^2 u_{i,j}}{\partial y^2} = u_{i+1,j} + u_{i-1,y} + u_{i,j+1} + u_{i,j-1} - 4u_{i,j} \quad (5-10)$$

离散点的总平方曲率定义为

$$C = \sum_{i=1}^{I} \sum_{j=1}^{J} (C_{i,j})^2 \quad (5-11)$$

欲使总曲率极小,式(5-11)对每个节点微分,并令其等于0,即得以下方程

$$4C_{i,j} = C_{i+1,j} + C_{i-1,j} + C_{i,j+1} + C_{i,j-1} \quad (5-12)$$

将式(5-10)代入式(5-12)得到正常或一般差分方程

$$u_{i+2,j} + u_{i,j+2} + u_{i-2,j} + u_{i,j-2} + 2(u_{i+1,j+1} + u_{i-1,j+1} + u_{i+1,j-1} + u_{i-1,j-1}) -$$

$$8(u_{i+1,j}+u_{i-1,j}+u_{i,j+1}+u_{i,j-1})+20u_{i,j}=0 \quad (5-13)$$

该方程适用于离开边界和观测点的情况(图5-3)。对于其他情况,差分方程如下。

(1)对于边界 $j=1$ 且离开角点:

$$u_{i-2,j}+u_{i+2,j}+u_{i,j+2}+u_{i-1,j+1}+u_{i+1,j+1}-$$
$$4(u_{i-1,j}+u_{i,j+1}+u_{i+1,j})+7u_{i,j}=0 \quad (5-14)$$

(2)对于挨边界一排,$j=2$,且离开角点:

$$u_{i-2,j}+u_{i+2,j}+u_{i,j+2}+2(u_{i-1,j+1}+u_{i+1,j+1})+$$
$$u_{i-1,j-1}+u_{i+1,j-1}+8(u_{i-1,j}+u_{i,j+1}+u_{i+1,j})-$$
$$4u_{i,j-1}+19u_{i,j}=0 \quad (5-15)$$

(3)对于角点 $i=1, j=1$:

$$2u_{i,j}+u_{i,j+2}+u_{i+2,j}-2(u_{i,j+1}+u_{i+1,j})=0$$
$$(5-16)$$

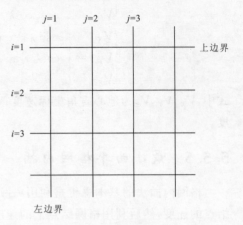

图 5-3 格网示意图

(4)对于紧挨角点的节点,且在对角线上 $i=2, j=2$:

$$u_{i,j+2}+u_{i+2,j}+u_{i-1,j+1}+u_{i+1,j-1}+2u_{i+1,j+1}=0 \quad (5-17)$$

(5)对于紧挨角点的边界节点,$i=2, j=1$:

$$u_{i,j+2}+u_{i+1,j+1}+u_{i-1,j+1}+u_{i+2,j}-2u_{i-1,j}-4(u_{i+1,j}+u_{i,j+1})+6u_{i,j}=0$$
$$(5-18)$$

式(5-12)~式(5-18)适用于计算格网点附近无观测数据的情况。如果在格网点附近有一观测数据,则该格网点上的曲率定义为

$$C_{i,j}=\sum_{k=1}^{4}b_k u_k - u_{i,j}\sum_{k=1}^{5}b_k + b_5 W_n \quad (5-19)$$

式中,u_k 代表位移值 $u_{i+1,j-1}, u_{i,j-1}, u_{i-1,j}, u_{i-1,j+1}$;$W_n$ 为其附近的观测值;$b_k, k=1,\cdots,5$,为实数,它们满足方程

$$\begin{bmatrix} \xi_1 & \xi_2 & \xi_3 & \xi_4 & \xi_5 \\ \eta_1 & \eta_2 & \eta_3 & \eta_4 & \eta_5 \\ \xi_1^2 & \xi_2^2 & \xi_3^2 & \xi_4^2 & \xi_5^2 \\ \xi_1\eta_1 & \xi_2\eta_2 & \xi_3\eta_3 & \xi_4\eta_4 & \xi_5\eta_5 \\ \eta_1^2 & \eta_2^2 & \eta_3^2 & \eta_4^2 & \eta_5^2 \end{bmatrix}\begin{bmatrix} b_1 \\ b_2 \\ b_3 \\ b_4 \\ b_5 \end{bmatrix}=\begin{bmatrix} 0 \\ 0 \\ 0 \\ 0 \\ 0 \end{bmatrix} \quad (5-20)$$

式中,$(\xi_i, \eta_i)(i=1,\cdots,4)$ 为格网点 u_k 相对格网点 $u_{i,j}$ 的局部坐标;(ξ_5, η_5) 为观测 W_n 相对格网点 $u_{i,j}$ 的局部坐标。将式(5-19)代入式(5-12)可得一格网点与邻近格网点和一个观测值发生关系的线性方程

$$u_{i+2,j}+u_{i,j+2}+u_{i-2,j}+u_{i,j-2}+2u_{i+1,j+1}+(2+b_4)u_{i-1,j+1}+$$
$$(2+b_1)u_{i+1,j-1}+2u_{i-1,j-1}-4u_{j+1,j}-(4-b_3)u_{j-1,j}-4u_{j,j+1}-$$
$$(4-b_2)u_{j,j-1}+\left[4-\sum_{1}^{5}b_k\right]4u_{i,j}+b_5 W_n=0 \quad (5-21)$$

用此方程替代一般方程式(5-18)。如果在一格网单元中不止一个观测点,则可用距离权函数将它们组合为一点,单个伪观测用在式(5-19)中。

差分方程的数目应等于格网的节点数。差分方程式(5-13)~式(5-17)或式(5-21)最好用迭代法解算。给出未知数 $u_{i,j}$ 的近似值,将其代入上述方程,即得它们的新近似值。例如,由式(5-14)得出

$$u_{i,j}^{p+1} = [4(u_{i-1,j}^p + u_{i,j+1}^p + u_{i+1,j}^p) - (u_{i-2,j}^p + u_{i+2,j}^p + u_{i,j+2}^p + u_{i-1,j+1}^p + u_{i+1,j+1}^p)]/7 \qquad (5-22)$$

式中,指标 p 指示第 p 次迭代,初值可以用最近的观测值,或者由周围观测值的加权和得到,迭代计算从粗格网开始渐进细化,粗格代表长波趋势,然后将区域大小除以 2,直至达到所希望的大小和格网间距为止。

5.5.5.3 格网的内插

任意点的位移值,可以利用其周围的 4 个格网点,采用以下多项式曲面内插得到。

$$z = a + bx + cy + dxy \qquad (5-23)$$

式中,z 为未知点的速度估值;x,y 为位置指标;a,b,c,d 为多项式系数。假定格网按照从最小纬度到最大纬度(行)、最小经度到最大经度(列)的方式安排,在式(5-23)中,x 和 y 被定义为

$$\left. \begin{aligned} x &= [(x_{pt} - x_{\min})/dx + 1] - j_{SW} \\ y &= [(y_{pt} - y_{\min})/dy + 1] - i_{SW} \end{aligned} \right\} \qquad (5-24)$$

式中,x_{pt} 和 y_{pt} 代表未知点的坐标;$x_{\min}$ 和 $y_{\min}$ 代表整个格网的最小坐标;dx,dy 为每一方向的格网间隔;j_{SW}, i_{SW} 为未知点所在格网单元的左下角(西南)的指标。

系数 a,b,c,d 均为周围节点速度值的函数。如果网络单元的 4 个节点速度值从西南角起顺时针依次记为 t_1, t_2, t_3, t_4,则在这一方案中,系数变为

$$\left. \begin{aligned} a &= t_1 \\ b &= t_3 - t_1 \\ c &= t_2 - t_1 \\ d &= t_4 - t_3 - t_2 + t_1 \end{aligned} \right\} \qquad (5-25)$$

5.5.5.4 内插点的速度估值计算

采用最小曲率格网内插法,分两步完成:①对于一个地区,利用已知点的速度数据 V_N、V_E、V_U,分别产生规则格网节点的速度估值;②任意点的速度估值,可以利用其周围的 4 个格网点的速度值采用式(5-24)多项式曲面内插得到。

最小曲率法的优点是:既保证了格网基准位移曲面的平滑性,又考虑了速度的局部变形,从而保证了高精度拟合。

5.5.5.5 计算与分析

由 1 068 个实测速度的 GPS 点,用最小曲率法,分别生成 $1°×1°$、$30'×30'$ 网格,在全国范围均匀选取了 101 个点不参加计算,用于外部检核(图 5-4)。

根据最小曲率网格内插出的速度数值,采用下式进行偏差统计。

$$V = \sum \frac{|实测值 - 模型值|_i}{n}, 中误差 \ m = \sqrt{\frac{[\Delta\Delta]}{n}}$$

全国范围内均匀分布的 101 个有实测速度的点用于进行外部检核,其结果如图 5-5、图 5-6 所示。

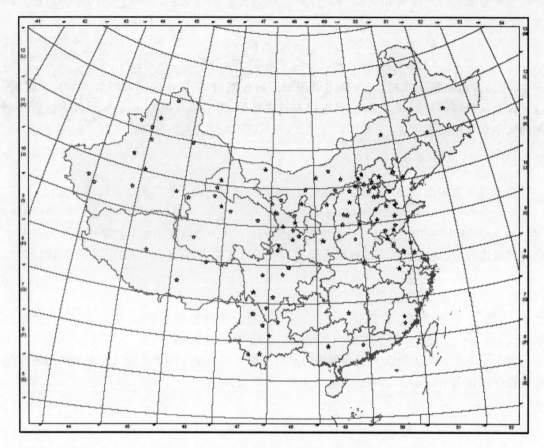

图 5-4 101个外部检核点的分布示意图

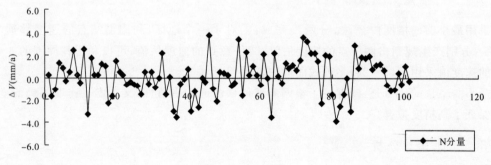

图 5-5 N分量

根据101个均匀分布的外部检查点统计(表5-4),拟合的速度与已知速度的偏差最大值 N方向不超过3.9mm/a,E方向不超过3.3mm/a,平均值分别为0.1mm/a、0.2mm/a。若对101个外部检查点逐一进行循环检查,其偏差会更小,精度更高,能满足大地控制网点坐标的历元归算的要求。

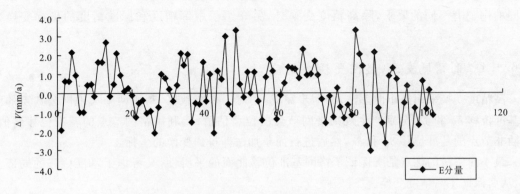

图 5-6 E 分量

表 5-4 偏差及中误差统计　　　　　　　　　　（单位：mm/a）

格网间隔	方向	最大值	最小值	平均值	中误差
1°×1°	N	3.7	-3.9	0.1	1.7
	E	3.3	-3.1	0.2	1.4
30′×30′	N	4.8	-5.0	-0.01	1.8
	E	3.8	-3.8	0.11	1.4

5.5.5.6　结论

(1) 利用中国地壳运动观测网络工程基准站、基本站和区域站等的 GPS 实测结果，构造的 ITRF 参考框架下的、充分反映现今板块运动特征的现代中国大陆地区板块运动模型，可以满足 GPS 大地控制网点位历元归算的要求。

(2) 随着"陆态网"基准站、区域站的建设和运行，实测速度点的分布密度和精度的提高，使用该方法拟合速度场的精度将会不断提高。

5.6　CGCS2000 与其他大地坐标系之间的坐标变换

5.6.1　CGCS2000 与我国原有大地坐标系之间的变换

新中国成立以来，我国使用过 1954 北京坐标系和 1980 西安坐标系，在一些部门，还使用过新 1954 北京坐标系和 1988 地心坐标系（DX-2），这些坐标系的定义和有关常数见附录四。

原有大地坐标系和 CGCS2000 之间的坐标变换可以在二维进行，也可以在三维进行。坐标变换精度随变换方法不同而不同。格网变换是最精确的方法,用户宜采用这一方法。由于不同的用户有不同的要求,除高精度变换外,另介绍了中等精度和标准精度的坐标变换方法。

5.6.1.1 高精度变换(格网变换)

高精度变换采用最小曲率法,分两步完成:①对于一个地区,利用两个大地网公共点的已知基准位移 $\delta\varphi$ 和 $\delta\lambda$,分别产生规则格网节点的位移估值;②利用格网节点的基准位移估值,内插非节点的基准位移 $\delta\varphi$ 和 $\delta\lambda$,然后进行简单加法即得到变换的坐标。

最小曲率法的优点是既保证了格网基准位移曲面的平滑性,又考虑了基准位移的局部变形,从而保证了高精度变换。

5.6.1.2 中精度变换(三维七参数相似变换)

大地坐标从坐标系 1 变换到坐标系 2,采用七参数的布尔莎模型。

$$\begin{bmatrix} X \\ Y \\ Z \end{bmatrix}_2 = \begin{bmatrix} X \\ Y \\ Z \end{bmatrix}_1 + \begin{bmatrix} \Delta X \\ \Delta Y \\ \Delta Z \end{bmatrix} + \begin{bmatrix} m & \varepsilon_Z & -\varepsilon_Y \\ -\varepsilon_Z & m & \varepsilon_X \\ \varepsilon_Y & -\varepsilon_X & m \end{bmatrix} \begin{bmatrix} X \\ Y \\ Z \end{bmatrix}_1 \qquad (5-26)$$

式中,$\Delta X, \Delta Y, \Delta Z$ 为平移参数;$\varepsilon_X, \varepsilon_Y, \varepsilon_Z$ 为旋转参数;m 为尺度变化参数。

注意,在 IERS 的变换模型中,旋转角前的符号与这里恰恰相反。在两种情况下,符号约定规则是相同的,即沿正轴向原点看,逆时针旋转为正旋转。但是,IERS 假定是位置绕坐标轴的旋转,而这里假设是坐标轴的旋转。如果旋转参数的符号与所用的公式是一致的,两种方式的结果是相同的。

因为变换模型是用直角坐标表示的,输入的直角坐标通常由椭球坐标和大地高变换而来,输出的直角坐标通常又要变换为椭球坐标和大地高。下面给出大地纬度 B、经度 L 和大地高 h 与直角坐标之间的变换关系。

(1)从大地坐标到直角坐标:

$$\left. \begin{array}{l} X = (N+h)\cos B \cos L \\ Y = (N+h)\cos B \sin L \\ Z = [N(1-e^2)+h]\sin B \end{array} \right\} \qquad (5-27)$$

式中,N 为卯酉圈曲率半径,$N = \dfrac{a}{\sqrt{1-e^2\sin^2 B}}$;$e$ 为子午椭圆第一偏心率。

(2)从直角坐标到大地坐标:

$$\left. \begin{array}{l} B = \tan^{-1}[(Z+e'^2 b\sin^3\theta)/(p-ae^2\cos^3\theta)] \\ L = \tan^{-1} Y/X \\ h = P/\cos B - N \end{array} \right\} \qquad (5-28)$$

式中,$p = (X^2+Y^2)^{1/2}$;$\theta = \tan^{-1}(Za/pb)$;$a$ 为椭球长半轴;b 为椭球短半轴;e' 为子午椭圆第二偏心率。

需要指出,在这一方法中,大地高参与了变换过程。大地高的误差对变换的水平位置的影响是很小的。还需要指出,尽管这一方法变换了大地高,但大地高通过高程异常变换更容易,一般也更精确。

这一方法的适用范围取决于坐标的一致性,或者网的均匀性。如果变换的两个坐标系中每个坐标系的坐标均有很好的一致性,则全国范围可以用一组变换参数。否则,全国可以分地区变换,不同地区用不同的变换参数。1954 北京坐标系与 CGCS2000 坐标系之间的坐标变换,属于后一种情况。

5.6.1.3 低精度变换(莫洛金斯基模型)

莫洛金斯基变换法仅涉及平均原点位移和两个椭球参数(a 和 f)的变化。变换精度一般好于 5m。从坐标系 1 到坐标系 2 的变换公式如下。

$$e^2 = 2f - f^2$$
$$N = a/(1 - e^2 \sin^2 B)^{1/2}$$
$$M = a(1 - e^2)/(1 - e^2 \sin^2 N)^{3/2}$$
$$\Delta B(\text{rad}) = [(-\Delta X \sin B \cos L - \Delta Y \sin B \sin L + \Delta Z \cos B$$
$$+ (a\Delta f + f\Delta a)\sin(2B))/M]$$
$$\Delta B'' = 206\ 264.806\ 2\Delta B$$
$$B_2 = B_1 + \Delta B$$
$$\Delta L(\text{rad}) = [(-\Delta X \sin L + \Delta Y \cos L)/(N \cos B)]$$
$$\Delta L'' = 206\ 264.806\ 2\Delta L$$
$$L_2 = L_1 + \Delta L$$
$$\Delta h = \Delta X \cos B \cos L + \Delta Y \cos B \sin L + \Delta Z \sin B + (a\Delta f + f\Delta a)\sin^2 B - \Delta a$$
$$L_2 = h_1 + \Delta h$$

式中,ΔX,ΔY,ΔZ 为坐标系平移参数;Δa,Δf 为参考椭球的长半轴和扁率变化,$\Delta a = a_2 - a_1$,$\Delta f = f_2 - f_1$。

注意:这一方法输入大地高,输出大地高。如果不要求输出,高度分量可以省略。

5.6.2 CGCS2000 与世界大地坐标系(WGS84)之间的变换

CGCS2000 与 WGS84 相差几个厘米。对于一般工程测量,可以认为二者是一致的。

WGS84 为全球定位系统(GPS)采用的坐标系。其定义是:①它是地心参考系,即原点为包括海洋和大气的整个地球的质量中心;②它的尺度是在引力相对论意义下的局部地球框架的尺度;③它的定向初始由国际时间局 1984.0 的定向给定;④它的定向时间演化将不产生相对地壳的残余全球旋转。

WGS84 坐标系是一右手直角坐标系。参考椭球的 4 个定义常数是:

长半轴:$a = 6\ 378\ 137.0\text{m}$;

扁率:$f = 1 : 298.257\ 223\ 563$;

地球角速度:$w = 7\ 292\ 115.0 \times 10^{-11} \text{rad/s}$;

地球引力常数(包括地球大气质量):$GM = 3\ 986\ 004.418 \times 10^8 \text{m}^8/\text{s}^2$

根据以上 4 个定义常数,得到的导出几何常数和物理常数见表 5-5 和表 5-6。

表 5-5 WGS84 椭球导出的几何常数

常数	符号	数值
二阶带谐	$C_{2,0}$	$-0.484\ 166\ 774\ 985\times10^{-3}$
短半轴	b	$6\ 356\ 752.314\ 2$ m
第一偏心率	e	$8.181\ 919\ 084\ 262\ 2\times10^{-2}$
第一偏心率平方	e^2	$6.694\ 379\ 990\ 14\times10^{-3}$
第二偏心率	e'	$8.209\ 443\ 794\ 969\ 6\times10^{-2}$
第二偏心率平方	e'^2	$6.739\ 496\ 742\ 28\times10^{-3}$
线偏心率	E	$5.218\ 540\ 084\ 233\ 9\times10^5$
曲率的极半径	c	$6\ 399\ 593.625\ 8$ m
轴比	b/a	$0.996\ 647\ 189\ 335$
半轴的平均半径	R_1	$6\ 371\ 008.771\ 4$ m
等面积球之半径	R_2	$6\ 371\ 007.180\ 9$ m
等体积球之半径	R_3	$6\ 371\ 000.790\ 0$ m

表 5-6 WGS84 椭球导出的物理常数

常数	符号	数值
理论(正常)的椭球重力位	U_0	$62\ 636\ 851.714\ 6\ \text{m}^2/\text{s}^2$
理论(正常)赤道重力	e	$9.780\ 325\ 335\ 9\ \text{m}/\text{s}^2$
理论(正常)极重力	p	$9.832\ 184\ 937\ 8\ \text{m}/\text{s}^2$
理论(正常)重力平均值	$\bar{\gamma}$	$9.797\ 643\ 222\ 2\ \text{m}/\text{s}^2$
理论(正常)重力公式常数	k	$0.001\ 931\ 852\ 652\ 41$
地球质量(包括大气)	M	$5.973\ 332\ 8\times10^{24}\ \text{kg}$
$m=a^2b^2/GM$	m	$0.003\ 449\ 786\ 506\ 84$

5.6.3　CGCS2000 与 2000 国际地球参考架(ITRF2000)之间的变换

CGCS2000 实际上是 ITRF2000 在我国的扩展或加密。对于所有实用目的,可以认为二者是一致的。

ITRS 是国际地球旋转和参考系服务(IERS)负责定义与实现的协议地球参考系,其定义满足条件:①它是地心参考系,原点在包括海洋和大气的整个地球的质量中心;②长度单位为米(SI),这一尺度与地心局部框架的地心坐标时(TCG)时间坐标一致,这由适当的相对论模型得到;③它的初始定向由 1984.0 时国际时间局(BIH)的定向给定;④定向的时间演化由在整个地球的水平构造运动无纯旋转(No‐net‐rotation)的条件保证。

ITRS 由精确测定其 ITRS 坐标和速度的物理点集实现。具体实现的 ITRS 称为国际地球参考架(ITRF)。当前的实现方法是基于坐标变换公式组合各 IERS 分析中心,用 VLBI、LLR、SLR、GPS 和 DORIS 等空间技术观测计算各个 TRF 解。这些 TRF 解包含站位置和速度及其全方差矩阵。

ITRF 的历史追溯至 1984 年,第一个 ITRF 是 BTS84,至今已发表 10 个 ITRF 版本,最新版本为 ITRF2000。ITRF2000 的尺度由 VLBI 和 SLR 定义,原点由 SLR 定义,定向与 ITRF97 一致,其速率校准至 NNR-NUVEL-1A。ITRF2000 网大约有 500 个地点和 101 个并址站。站坐标的形式误差大多在毫米级,速度误差大多在 5mm/a 以内。

ITRF 解表示为直角赤道坐标 X,Y 和 Z。如需要,可以变换为参考于某一椭球的地理坐标(λ,φ,h)。在此情形下,推荐 GRS80 椭球(长半轴 $a=6\ 378\ 137.0$m,偏心率 $e^2=0.006\ 694\ 380\ 022\ 90$)。

5.6.4 CGCS2000 与 PZ90 之间的变换

PZ90 系 GLONASS 采用的坐标系。PZ90 与 CGCS2000 之间采用布尔莎七参数模型变换,变换参数列于表 5-7。

表 5-7 由 PZ90 至 CGCS2000 的变换参数

平移 ΔX(m)	+0.07
平移 ΔY(m)	0.00
平移 ΔZ(m)	-0.77
尺度 $m(\times 10^{-6})$	-0.03
旋转 $\varepsilon_X('')$	-0.019
旋转 $\varepsilon_Y('')$	+0.004
旋转 $\varepsilon_Z('')$	+0.353

PZ90 坐标系(Parameters of the Earth 1990)为全球导航卫星系统(GLONASS)采用的坐标系,其定义如下:

原点:地球质量中心;

Z 轴:指向 1900—1905 历元的平均北极;

X 轴:在 1900—1905 历元的赤道面内,X 和 Z 轴定义的平面平行于平均格林尼治子午面;

Y 轴:满足右手直角坐标系。

PZ90 的参考椭球常数是:

长半轴:$a=6\ 378\ 136$m;

扁率:$f=1:298.257\ 839\ 303$。

其他常数是:

地球旋转速度：$\omega = 7\ 292\ 115 \times 10^{-11}\text{rad/s}$；
地心引力常数：$\text{GM} = 398\ 600.44 \times 10^9\text{m}^3/\text{s}^2$；
地球大气的引力常数：$\text{GM}' = 0.35 \times 10^9\text{m}^3/\text{s}^2$；
光速：$c = 299\ 792\ 458\text{m/s}$；
在赤道的引力加速度：$g_e = 978\ 032.8\text{mGal}$；
大气引起的海平面引力加速度的改正：$\Delta g = -0.9\text{mGal}$。

6 GPS工程控制网布设

GPS工程控制网布设一般分为5个步骤:一是技术设计;二是选点埋石;三是出测前准备,包括GPS接收机检验、GPS规范和各种技术规定的学习、外业实施方案的制订;四是野外观测,包括外业成果检查、外业技术总结;五是内业数据的处理,需结合外业方案制订内业数据处理方案,编写数据处理技术总结。

6.1 技术设计

6.1.1 图上设计

GPS工程网按逐级控制原则布设,即由高级网控制低级网。当接收一个任务时,根据其要求的精度、各点位之间的间距确定控制网的等级,如点位精度为5mm,点间平均间距为50km左右,按二级网布设;若点位精度为10mm,点位平均间距为10~15km,则按C级网布设。许多时候用户并不直接对GPS控制网精度提出要求,而是提出最终要求,如用户要作1:10 000地形图,而GPS控制网作为图控制点的控制,这时我们要根据1:10 000地形图的精度要求和用户布设图控制点的设备精度来确定GPS控制网的精度等级和点位距离。当确定控制网等级后,则根据该等级技术要求按以下步骤进行设计:

(1)收集测区内与设计有关的资料。如地形图、交通图、地质图、测区内及周围高等级GPS点位。

(2)搜集测区范围内的气候、气象资料、冻土层资料、社会治安情况、流行病情况等。

(3)根据收集的地形、交通、地质等资料在图上进行布点。

6.1.2 选点埋石

图上设计完成后,选定的点位是否满足GPS观测条件,需要勘选人员进行实地查看。在实地选点的条件为:①交通方便,便于利用和长期保存;②地势开阔,点位周围地平仰角10°以上无障碍物;③距点位100m范围内无高压输电线、变电站,1km范围内无大功率电台、微波站等电辐射源;④避开在两相对发射的微波站间选点;⑤点位应避开大型金属物体、大面积水域和其他易反射电磁波的物体等,以避免产生多路径效应误差;⑥点位应避开地壳断裂带、松软的土层,点位应尽量选在岩石或坚硬的土质上;⑦点位应避开当地即将开发的地区,以免被破坏;⑧应避开易受水淹、潮湿或地下水位较高的地点;⑨点位应选在距铁路200m、公路50m以外的地点;⑩应避开易于发生滑坡、沉降、隆起等地面局部变形的地点;⑪如利用原有点位,应检查标石或观测墩是否完好;⑫与旧点重合的点位原则上采用原点名,如确需更改点名,则在新点名后的括号内附上旧点名称。

选定的位置满足 GPS 观测条件后,就可在该位置进行埋石。一般 GPS 标石有两种:一种是地下标石;另一种是露出地面的观测墩。根据任务要求,按 GPS 测量规范要求,标石按规定的相应等级的规格进行埋设。当精度要求较高时,则必须建具有强制对中装置的观测墩。

6.1.3 资料上交

选点埋石完成后,勘选人员需上交的资料为:①点之记;②委托保管书;③技术总结;④选埋时其他相关资料(如照片等);⑤测区内交通、气候等资料。

6.2 实施方案

选点埋石完成后,一般经历一个雨季和一个冬天,等标石稳定后方可进行观测。在观测前首先制订实施方案。

6.2.1 实施方案编写格式

(1)任务来源。
(2)测区概况:测区内地形、交通、气候等能影响作业的各种因素。
(3)作业依据:测量规范及各种技术要求。
(4)投入的力量:GPS 接收机数量、人员、车辆,分组情况。
(5)观测要求:各 GPS 点观测的时段数、采样间隔、高度截止角,同步观测区的划分。
(6)联系方式:各作业组与指挥人员的联系方式。
(7)观测记录的要求:手簿记录样本、观测数据存储方式。
(8)各种外业资料的整饰要求。
(9)其他要求或说明。

6.2.2 准备工作

编写方案前,需要了解以下几方面情况:
(1)点位精度。根据点位精度的要求,确定观测时段数、时段的长度。
(2)高精度控制点在测区周围(内)分布情况。
(3)投入的力量。包括参测的仪器数量、人员、车辆、生活保障情况、油料供应情况。
(4)测区内待测点位分布情况。根据测区调查或埋石资料,将点位展在一张小比例尺索图或交通图上,为调度命令做好准备。
(5)测区内交通情况。根据参加观测的接收机数量、观测点的分布情况,进行分区;调度时,根据测区的交通情况、每个点位的难易程度安排每台仪器迁站时的行军路线和搬迁的时间,确保每台仪器搬迁时间大致相同,基本上能保证同时上点观测,提高工作效率。
(6)气候情况。根据整个测区的气候情况,安排观测的前后,避开测区内最不易行军的时间。
(7)社会情况。了解测区内的民族风俗、风土人情、社会治安、流行病及测区内对人有危险的虫兽。出发前准备好必要的药品及有关器材,防止施测区过程中出现意外而影响工作进度。

6.2.3 制订方案时须考虑的问题

在制订外业实施方案时,必须考虑的问题:一是高等控制点与待测点的关系;二是作业的方式。

6.2.3.1 高等控制点与待测点的关系

我们知道控制网测量是采用逐级控制原则,即高等控制点控制低等级控制点。选择高等级控制点时,控制点一般不少于3个,最好4个以上,能均匀分布在测区的周围。当高等级控制点距测区较远时,应在测区内均匀选择4个以上点位作为二级控制,利用二级控制点联测测区内待测点位。

6.2.3.2 作业方式

目前作业方式有两种:一是分区观测(图6-1);二是基于GPS连续观测站单台或多台仪器流动观测。在前面国家基础网布设时已介绍了这两种观测方法,对于分区同步观测方法,GPS工程网布设的要求与方法与布设国家基础网一致,只是作业区域小,但在分区作业时所需考虑问题是一样的。同样在分区时需考虑以下几点:

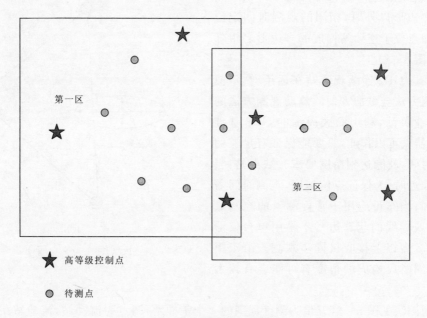

图6-1 测区分区观测图

(1)控制网的整体性。即不能产生局部扭曲。
(2)误差传播。作为连接不同分区的公共点,也是区与区之间误差传播的枢纽,在网平差中,公共点的定位误差将影响分区的精度,并且都有一定的系统性。
(3)网的多余观测。一定数量的多余观测可以通过平差提高网的精度和可靠性,能在解算过程中剔出不合格的数据后还能满足规范要求的测段数量。

(4)方便检核。在基线解算完成后平差前,要对观测质量进行检核,一般通过网点组成的图形来进行,因此分区时要考虑相邻点的连接。

(5)布网时的费用。在分区时不同的方法其工作效率不同,在保证构图的同时,还要考虑作业人员观测与迁站的时间、迁站的路程等。

流动观测是指在测区内或周围有 GPS 连续观测站,各流动点与 GPS 连续站联测。此时流动站的观测时间与未知点到 GPS 连续观测站的距离有关,距离越长则观测时间越长。特别注意在 GPS 测量规范中,只强调各等级相邻点的距离要求和观测时间,并没有说明作业方式,从规范的内容来看,其还是以分区观测方法来规定的,所以当我们用流动观测方法时,应根据具体情况确定时段长度。如 B 级网,相邻间平均距离 50km,最大距离不能超过 100km,在有些特殊测量中,点位间距超过 100km 时,以规范要求的观测时间则不易达到其精度要求。另外,基于基准站的流动测量方法,相邻点不同步观测,只与基准站同步,未知点与基准站的距离应该多远合理,规范并没有规定。因此,不能以相邻点中误差的精度对其进行要求,应以测量点与连续观测站的相对精度来考虑。笔者认为当未知点到周围基准站的平均距离超过 100km 时,为达到精度要求,应延长观测时间,根据经验,每增加 100km,应延长 1h,以确保未知点与周围基准站有足够多的共同观测卫星。

用流动观测方法时,未知点应在 GPS 连续观测站的控制范围内。当未知点位于连续观测站构成的多边形以外时,相同的观测时间定位精度比未知点位于连续站构成的多边形之中降低约 1 倍(图 6-2)。

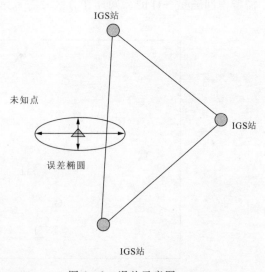

图 6-2 误差示意图

由于我国 GPS 连续观测站在逐年增多,使用流动观测方法会更加方便。流动观测方法的优点是:作业灵活,利用测区周围的 GPS 基准站,单台仪器就可以作业,只要能保证有足够的有效观测时间,就能达到精度要求。缺点是:当距基准站较远时,为保证点位精度,观测时间需要大大增加;当布设应用于常规测量的控制点时(如三角或导线的起算边),不易用单台仪器作业,需要 2 台以上接收机同步观测。由于距离较近,不同时段构成的角度有可能会有较大误差。

流动观测法见图 6-3,五星为测区周围的 4 个基准站,圆点为流动站,流动站在基准站构成的多边形中流动观测。一般来讲,测区周围的基准站分布不会像图中那么均匀,只要相对均匀,并能把流动站包含在多边形中就可以了。若选择的 4 个基准站不能完全包含流动站,则可在某一方向再增选基准站,基准站选取一般不能少于 3 个,可以多选,但选择的基准站距测区的距离要大约相等,若相差太大,则距离测区较远的基准站对待测点的精度贡献不大。

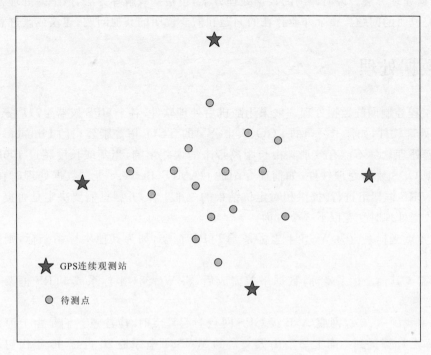

图 6-3 流动观测法示意图

6.3 外业技术总结编写

在完成了 GPS 网的布设后,应该认真完成技术总结。每项 GPS 工程的技术总结不仅是工程系列必要文档的主要组成部分,而且它还能够使各方面对工程的各个细节有完整而充分的了解,从而便于今后对成果的充分、全面地加以利用。另一方面,通过对整个工程的总结,测量作业单位还能够总结经验,发现不足,为今后进行新的工程提供参考。

外业技术总结包含以下内容:

(1)任务来源。介绍项目的来源、性质。

(2)测区概况。介绍测区的地理位置、气候、人文、经济发展状况、交通条件、通信条件等。

(3)任务概况。介绍工程目的、作用、要求、等级(精度)、完成时间等。

(4)技术依据。介绍作业所依据的测量规范、工程规范、行业标准等各种技术要求。

(5)投入的力量。施测单位、时间、投入的仪器及人力数量、技术状况和分工。

(6)作业施测情况。介绍测量所采用的仪器、采取的布网方法、作业中出现的问题及处理方法,重测、补测等情况。

(7)作业要求。介绍外业观测时的具体操作规程、技术要求等,包括仪器参数的设置(如采样率、截止高度角等)、对中精度、整平精度、天线高的量测方法及精度要求等。

(8)观测数据质量检查。介绍外业观测的质量要求,包括质量检查方法及各项限差要求等。

(9)数据处理方法。说明详细的数据处理方案,包括基线解算方法、网平差处理方法等。
(10)需说明的问题。整个外业存在的问题和需要说明的其他问题、建议或改进意见。

6.4 数据处理

GPS工程控制网的数据处理一般采用随机后处理软件,各个GPS仪器生产厂家均有自己的GPS后处理软件,如徕卡公司的LGO、天宝公司的TGO、拓普康公司的Pinnacle等。由于许多随机后处理软件不能有效消除由长距离带来的误差影响,当基线长度超过100km时,一般采用大型GPS数据处理软件,如前面介绍的GAMIT、Bernese等。数据处理时在WGS84坐标系或ITRF框架下进行,提供相对定位结果的三维坐标,并根据需要决定是否提供协方差矩阵。在数据处理时注意以下3个方面。

(1)起算点坐标系应为WGS84坐标系或ITRF框架,如为其他坐标系坐标,则必须进行转换。

(2)如需要其他坐标系坐标,数据平差完成后,将WGS84坐标系或ITRF框架下坐标转换到其他坐标系。

(3)利用我国一、二级网或A、B级GPS网点为起算点时,应注意它们是由上海佘山天文台作为起算点计算得到。而上海佘山天文台的WGS84坐标是20世纪90年代初计算得到的。

下面是GPS工程控制网数据处理时需进行的几步工作。

6.4.1 准备工作

(1)基线解算前,应按规范、技术设计要求对外业全部资料进行全面检查和验收。
(2)起算点坐标系应为WGS84坐标系或ITRF框架。
(3)外业观测的气象数据换算成适合处理软件所需要的单位。
(4)当采用不同类型接收机时,应将观测数据转换成同一格式。

6.4.2 基线向量解算的基本要求

(1)基线处理时,可采用广播星历;当精度要求较高时应采用精密星历。
(2)基线处理时应加入电离层和对流层延迟改正,如LGO、TGO软件中均有几个电离层和对流层延迟改正模型,在处理时可采用其默认的模型,气象元素可以采用标准气象元素。
(3)基线解算时,按同步观测时段为单位进行。按多基线解时,每时段需提供一组独立基线向量及其完全的协方差阵;按单基线解算时,需提供每条基线分量及其协方差阵。
(4)基线长度在15km以内时,需采用双差固定解;当基线长度大于15km时,可在双差固定解和双差浮点解中选择最优结果。
(5)对于所有同步观测时间短于35min的快速定位基线,必须采用合格的双差固定解作为基线解算的最终结果。

6.4.3 外业数据质量检核

(1)同一时段观测值的数据剔除率应小于15%。

(2)基线的重复性检验按规范规定的相应等级进行。

(3)各等级 GPS 网同步环闭合差不能超过规定限差。对于 4 个以上的 GPS 网点,应检查一切可能的三边环闭合差。

(4)各级 GPS 控制网基线处理结果,其独立闭合环或附合路线坐标闭合差应满足规范规定的相应等级要求。

6.4.4 数据处理

工程控制网测量时,由于其范围不大,一般采用随机后处理软件进行处理。各种 GPS 随机后处理软件其操作方法不尽相同,但其数据处理步骤是相似的。数据处理的一般过程是数据整理、观测数据导入、基线解算、网平差 4 个步骤。

6.4.4.1 数据整理

将外业采集的原始数据进行检查整理,尤其是天线高及天线高量取的位置要正确(与手簿记录一致),对不同类型的原始数据要转换为标准格式;当用的数据处理软件不是作业仪器的随机软件时,观测数据要转换为标准格式;当精度要求较高时,需下载与观测时间同步的精密星历。

精密星历可从相应机构或网站获得:美国大地测量局(NGS);欧洲定轨中心(CODE);欧空局(ESA);Scripps Institute Observatory (SIO);加拿大能源部(EMR);美国宇航局的喷气动力实验室(JPL);美国海洋气象局(USNO);IGS(国际 GPS 大地协会);FTP:ftp://igscb.jpl.nasa.gov/igscb/product/;Internet:http://igscb.jpl.nasa.gov/igscb/product/。

6.4.4.2 观测数据导入

运行后处理软件,将原始观测数据(或 RINEX 格式数据)导入软件后,对导入的数据进行检查,核对点号、天线高是否正确及量取天线高的位置。

6.4.4.3 基线解算

在基线解算中,分为两种情况:一种是单基线解算;另一种是多基线解算。单基线解算一般用在多基线解算中某一条或几条基线解算效果不好,需人工干预后重新解算时。多基线解算是对多台仪器同步观测得到的多条基线进行解算。

在基线解算前,首先导入观测数据(原始观测数据或标准格式 RINEX 数据),然后对观测数据进行检查,检查的项目包括测站名、点号、测站坐标、天线高及天线高量取的位置等。一般随机后处理软件既可以使用广播星历又可以使用精密星历。如果想使用精密星历,可以到相应网站下载,一般随机后处理软件都只支持 NOAA/NGS SP3 格式。

设定基线解算的控制参数。基线解算的控制参数用以确定数据处理软件采用何种处理方法来进行基线解算,设定基线解算的控制参数是基线解算时的一个非常重要的环节,通过控制参数的设定，可以实现基线的精化处理。基线解算一般自动进行。

一般基线解算参数包括以下几个部分。

(1)截止高度角。低高度卫星的观测值有时候证明是有问题的，并且时常发生数据丢失的现象。在这种情况下，建议增加卫星截止角，一般软件默认的卫星截止高度角为15°。

如果对于模糊度的解算有问题时，增加截止角也是有效的。因为可以通过消除低高度卫星的噪声而减小整个噪声，注意必须保留足够的具有好的几何强度的 GDOP 数据。

(2)星历。一般情况下，软件的缺省选择是广播星历，广播星历由每颗卫星周期性发送，一般每 2h 发送一次，星历包含了卫星的轨道参数。精密星历可以改善基线的精度，可以帮助用户获得长基线的固定模糊度解。使用精密星历进行基线解算时，导入到项目中的精密星历时间长度必须包含处理数据的观测时间。因为大多数的精密星历每 15min 提供 SV 位置，这就意味着用户必须拥有比测量时间的开始和结束分别多出 2h 的精密星历。如果测量开始的时间在 0:00UTC 左右，用户必须将两天的精密星历数据结合以保证适当的覆盖。

精密星历文件包括了所有卫星整周的信息。然而，当前最普通可用的文件仅包括一天的数据。精密星历文件可以 SP3 和 EF18 格式获得。Trimble Geomatics Office 可以使用任何格式。而 LGO 和 Pinnacle 只支持 NOAA/NGS SP3 格式。

(3)解的类型。这个参数你可以定义使用什么数据用于解算，是否要解算相位模糊度。一般软件提供了选择：①自动；②相位：所有固定解；③相位：GPS 固定解，GLONASS 浮点解；④码；⑤浮点解。

默认的选项设置是自动，它尽量使用码和相位观测值用于计算并解算模糊度。一般情况下不需要改变此参数。在某些情况下，如果只有码或相位观测值可行，软件会自动选择单独的观测量计算。例如，选择自动可以保证选择最好的观测量，无需你做出选择。

不管是选择自动还是只选择相位，所有固定解几乎相同。选择相位，GPS 固定解、GLONASS 浮点解只是企图确定 GPS 卫星的模糊度，保留 GLONASS 卫星浮点解的模糊度。当混合从各个不同制造商处得到的 GLONASS 数据时推荐使用这个选项来避免附加的偏差。

选择码，表示只提供码解，它在不需要提供高精度的解时可加快处理进程。

选择浮点解，将不解算模糊度。在一般软件中，你可以选择 L_1 浮点、L_2 浮点、L_1+L_2 浮点或 L_3 浮点解。当你处理长边基线和长观测值数据时选择 L_3 浮点解是很有用的。

注意，当处理的基线超过软件中默认的最大固定模糊度基线长度时，将自动采用浮点解。

(4)GNSS 类型。这个参数决定了仅使用 GPS 数据或使用 GPS/GLONASS 组合数据。一般软件默认设置为自动，自动是根据参考站和流动站的数据存储来确定该参数。

还有一些软件提供高级参数设置，如徕卡的 LGO 提供了选择：①自动（默认）；②L_1；③L_2；④L_1+L_2；⑤消除电离层(L_3)。

自动是默认的设置。当选择自动时，LGO 将自动为最终的解算选择最好的频率或频率组合。如果双频数据可用，两个频率将被首选应用。

当选择自动时，要更好地了解 LGO 的处理过程，由于 L_1 和 L_2 频率不同，在电离层中产生的信号延迟也不同，利用这两种频率的线形组合可以计算消除电离层影响。然而，L_3 的解算也同样破坏了整周模糊度。当模糊度还未固定时，采用浮点解计算。对于长基线来说（例如，长度大于 80m），使用浮点解是不可靠的（除非模糊度值固定）。如果观测时间足够长，则根据系统说明，L_3 浮点解是足够准确的。

如果可以事先解算 L_1 和 L_2 的模糊度,在无电离层影响的线形组合中采用 L_1 和 L_2 的整周模糊度进行第二次处理。在使用固定模糊度时可以消除电离层扰动。在可以解算模糊度但无法消除电离层影响时(如大于 15m 的基线)通常更优先采用这种方法。

对于短边基线来说,使用无电离层影响的线形组合会增加噪声,反而不好。最好采用标准的 L_1+L_2 解算。

选择自动解算时,如果双频数据可用并且基线超过 15km,LGO 将使用 L_3 解算。如果整周模糊度在先前已经被计算出来,它将被引入消除电离层解中。如果模糊度没有计算出来,则使用 L_3 浮点解。

如果基线长度小于 15km,将处理 L_1+L_2。

选择 L_1 或 L_2 将强制系统使用这个特定的频率计算一个解。

选择 L_1+L_2 将强制使用 L_1 和 L_2 进行计算,不再限制于基线的长度而进行第二步消除电离层处理。

选择消除电离层(L_3)使系统计算 L_3 解而不限制于基线的长度。

另外,还有模糊度固定和浮点解最小时段(静态)。

模糊度固定:在 LGO 中这个值定义了系统试图解算模糊度的最长的基线距离。系统缺省的设置是 80km,也可以设置一个更高的值,但需要慎重使用该设置。软件中没有指明多高是不现实的。大于限制长度的基线将计算浮点解。计算中使用的频率取决于所选择的频率参数。如果选择自动,超过 15km 的基线将计算 L_3 解。对于长边基线(特别是长时间观测的)用 L_3 浮点解(而非整数解)是没有问题的。L_3 浮点解是可以满足系统的标称精度的。

浮点解最小时段(静态):这个参数定义了 LGO 允许计算静态时段浮点解的最小持续时间。对于很短时间的观测,浮点解的精度也许是不够的,一个简单的码解也许更加合适。300s 的缺省设置使 LGO 切换到单码解算,以防对于小于 300s 的观测时间无法解算模糊度。

对于静态观测,用户可以指定在 GPS 数据处理中使用多少记录的数据。例如,在外业观测中设置频率可能是 1s。在使用 LGO 的内业数据后处理中,用户可以只使用第二个或第三个观测数据,可用的采样频率有 1s、2s、3s、4s、5s、6s、10s、12s、15s、20s、30s 和 60s,全部使用选项将使用所有记录的数据。

在 TGO 软件中,基线解算参数还有基线宽巷固定解,宽巷是 L_1 和 L_2 载波相位观测的组合方法。载波相位观测之差($L_1 \sim L_2$)产生宽巷载波相位。宽巷的有效波长为 86.2cm。利用观测值的组合很容易找到整周模糊度。因此,在多数情况下,解算长基线时使用宽巷。而 L_1+L_2 的组合方法,在 TGO 中称为窄巷固定解。

一般后处理软件都考虑了对流层和电离层延迟,提供了可供选择的模型参数,不同软件提供的模型数量不同。

对流层模型:对流层是高度约为 30km 的大气部分,它可导致如 GPS 中所使用的电磁波的传播延迟。为了计算该延迟必须知道对流层的折射因子影响及存在各种计算该延迟的模型(都基于地面站的压力,温度和相对湿度)。

常用的对流层模型有:①霍普菲尔德(Hopfield)模型;②简化的霍普菲尔德(Simplified Hopfield)模型;③Saastamoinen 模型;④Essen 和 Froome 模型;⑤Goad－Goodman 模型;⑥Black-Black 模型对于低的卫星信号是不稳定的,它不适用于小于 10°的高度角;⑦Niell－Niell 模型依赖纬度和季节,并且受卫星高度影响;⑧无对流层模型;⑨计算模型。

不同的软件,可供选择的模型不同,一般软件都有霍普菲尔德(Hopfield)模型、Saastamoinen模型两种模型,最常用的是霍普菲尔德(Hopfield)模型。

使用不同的模型所得到的结果相差很小(几毫米)。建议在特定的区域采用本地所使用的模型,如果你对任何模型都不熟悉,可使用系统的标准缺省设置霍普菲尔德(Hopfield)模型。

无对流层模型不应用任何改正,在实际应用中一般不使用,然而对于导航而言还是有用的。

如果要计算参考站和流动站之间从一个历元到另一个历元的最大对流层延迟,可以采用计算模型。这种模型适用于长基线或基线高差大的情况。在这种情况下,对流层环境随着时间而变化,或根据参考站和流动站而不同。选择这种计算模型可以改进基线处理后的高程部分。

如果测站距离较近,在相对观测方法中对流层残余误差几乎完全可以通过差分方法抵消。在小范围 GPS 网中,不要利用各站实测观测气象资料进行数据处理,因为实地气象资料通常不可能充分地反映区域性大气层的实际情况,反而会把误差带入到计算结果中。因此,在目前 GPS 工程网测量中,不采集气象数据,在基线处理时,全部测站采用的是标准大气参数。

电离层模型:电离层是围绕地球周围海拔高度为 100~1000km 之间的一层稀薄的带电荷气体(等离子体)。电离层能导致信号延迟,有时该延迟的影响可达几十米。电离层模型参数定义了使用哪一种模型来减少电离层的干扰。

常用的电离层模型有:①自动(默认);②计算的模型;③Klobuchar 模型;④标准模型;⑤无模型;⑥全球/区域模型。

一般软件默认值是自动,使用这种设置时将根据时段观测的时间自动指定模型而无须用户选择。如果参考站观测时间超过了 45min,电离层模型就可以计算出来,因而自动选择计算的模型,对于观测时间较短时段首选是 Klobuchar 模型。如果没有星历文件,观测时段少于 45min 时将采用无模型。

如果在参考站收集了至少 45min 的静态或快速静态双频数据,并且选择计算的模型,软件将会计算电离层模型。当计算的模型与观测的时间和位置的条件相一致时,这是很有用的。如果人工选择了这种模型,但只采集了少于 45min 的数据,处理参数会自动切换为无模型。

Klobuchar 模型反映了太阳活动 11 年的周期,在太阳活动活跃时,是比较有用的。Klobuchar 模型只有当来自徕卡接收机的观测数据被用来进行处理时才能选择,因为这种数据包含了必要的星历文件。

注意:若使用 LGO 进行处理,如果观测数据是通过 RINEX 文件输入并选择了 Klobuchar 模型时,处理参数将自动切换到无模型,因为丢失了星历文件。

标准模型是单层模型,它是基于电磁总量及其分布均在该层的假定基础之上的。在该基础上计算每一历元每颗卫星的电离层延迟。

在基线处理时无论选择自动还是手工,无模型选择意味着低的电离层活动。随着电离层活动的增强最好选择一个不同的模型。

基线解算完毕后,基线结果并不能马上进行平差,还必须对基线的质量进行检验,只有质量合格的基线才能用于后续的处理,如果不合格,则需要对基线进行重新解算或重新测量。基线的质量检验主要有同步环闭、差、异步环闭及差和基线重复互差等项目。

6.4.4.4 网平差

GPS 基线解算完成后,可以获得具有同步观测数据的测站间的基线向量和站点的三维坐标,此时测站的三维坐标精度与相关起算点精度有关,不同的同步观测区其起算点不一样,其精度也不同,为了 GPS 控制网的整体精度一致,需要对所有点位统一进行平差。网中各点的 GPS 基线向量是在 WGS84 下的方位基准和尺度基准,因此,平差时需在 WGS84 系统下进行,此时得到的坐标是 WGS84 坐标。若需要在某一坐标系统下的坐标,则在平差完成后进行坐标转换。

在进行平差前,根据基线质量检查情况,剔除出现粗差的基线并确保网的图形是闭合的,如三角形。平差时坐标基准要选择 WGS84 坐标系统,如果在平差 GPS 基线时不用 WGS84 基准,平差会生成不同的加权结果。这是因为在基线模拟处理时,基准差别会嵌入到观测值中。

每一种后处理软件,在进行平差前都有两个选项:自由平差(或称为最小约束平差)和约束平差(完全约束平差)。

自由平差也称为自由网平差,自由网可定义为其几何位置仅由观测值决定的网。控制点、网的位置、比例和方向由最小数量的限制条件即可固定下来。因此,控制点对平差结果没有附加约束。在自由网平差中重点在于观测值的质量控制,而不在于坐标的计算。选择不同的测站来固定网的位置,比例和方向会改变计算出的坐标值,而不会改变软件中所用的统计检验。

约束平差有两种类型:绝对约束和带权约束。两种类型的约束平差之间的区别在于坐标的计算上。在绝对约束平差中,已知测站的坐标始终保持原始值,也就是说,它们不附加最小二乘改正;在带权约束平差中,已知控制点也接受改正。绝对或带权约束平差的选择都保持检验结果不变。

在绝对约束平差中要导入 2 个以上的已知点(高等级控制点),输入其三维坐标,其坐标为 WGS84 坐标,必须保证高等级控制点数据的正确性。在大地测量中,其控制网平差一般均采用约束平差来计算未知点的坐标值。

平差结果必须是精确可靠的,一般软件给出了平差的精度和可靠性。精度和可靠性是两个不同的概念。测量过程可能非常精确但不一定可靠,另一方面,可靠的测量过程所得的测量值却不一定准确。这是系统误差导致了频率分布有了一个移位,偏离了真值。

精度。平差结束后一般软件都给出了所有观测值和测站的后验标准中误差。为表示测站的精度,经常使用标准椭圆。标准椭圆可认为是标准差的二维等价物,这些椭圆也称为置信椭圆。有一个确定的置位水平,可以从置信椭圆所包括的区域内找到测站。绝对标准椭圆表示随机误差通过数学模型传播到坐标当中;相对标准椭圆表示测站对之间的精度。椭圆的形状由长半轴 a 和短半轴 b 确定,绝对标准椭圆的方向由长半轴和坐标系统的 Y 轴(北方)之间的夹角确定。相对标准椭圆的方向由长半轴和测站与目标之间的连线的夹角确定。

可靠性。网的可靠性可用探测粗差的灵敏度来描述。可靠性可被分为内部可靠性和外部可靠性。

(1)内部可靠性。内部可靠性可用最小可探测偏差(MDB)描述,MDB 代表了最小可能的观测误差,仍然可以通过统计经验(数据探测)检测到其概率等于 b 检验。大的 MDB 表明观测值或坐标的检核无效,因此 MDB 越大,可靠性越低。如果不对观测值进行检验就不能计算

MDB 值,观测值标记为"自由观测值"。

(2)外部可靠性。外部可靠性可描述为噪声比偏差(BNR)。外部可靠性可用来确定在观测中可能存在的粗差对平差坐标的影响。观测的 BNR 值反映了这种影响,然而观测粗差的大小被定义为等于特定观测的 MDB 值。BNR 值是一个非空间参数,它包含了单个观测对所有坐标的影响。

BNR 可以说是可靠性和精度之间的比率。对于整个网 BNR 希望是均匀的。

平差完成后一般后处理软件都给出了统计检验,统计检验的目的是检核数学模型和统计模型是否正确反映了"客观事实"。此外,对探测观测中存在的超限误差(粗差)也是很重要的,因这些粗差会破坏可达到的正确性。这使得统计检验对于质量控制这一过程来说必不可少。处理软件中统计检验是和乘平差同时进行的。它是建立在对最小二乘残差进行分析的基础上的。粗差的探测也可在平差之前通过诸如对环线闭合差或错误的站号进行检核而完成。

统计检验一般有 3 种:F-检验、W-检验和 T-检验。

F-检验。广泛用于多维零假设检验 H_0。F-检验通常称为整体模型检验,因为它从总体上对模型进行了检验。F-值是检验 F-分布的临界值,F-分布是多余观测和显著性水平 a 的函数。F-检验所提供的接受或拒绝零假设的信息不是很具体。因此,如果零假设被拒绝了,有必要通过跟踪观测或假设中的误差来找出拒绝的原因。如果怀疑是由于某个观测值中存在粗差 H_0 才被拒绝的,则需要进行 W-检验。

W-检验。F-检验的拒绝并不是直接导致拒绝的原因,如果零假设被拒绝之后,应采用其他假设。这些假设可能揭示出粗差或联合粗差。有无数的假设可表达为零假设和备择假设,这些假设越复杂,它们就越难解释。一个简单又有效的假设是常规备择假设。它是基于如下假设的:即只有一个观测值中有超限误差而其他观测值均正确,和这种假设相关联的一维检验为 W-检验。

假定只有一个超限误差通常是很现实的。F-检验的拒绝可归根于观测值中唯一的粗差或超限误差。对于每一个观测量来说有一个常规的备择假设,意味着对每个独立观测量进行检验。在网中用 W-检验对每个观测值进行检验的过程称之为数据探测。

在检查观测值的超限误差时,最小二乘改正本身的大小并不一定总能精确地表达。更好的检验量是最小二乘改正除以它的标准差,但只适合于不相关观测量。对相关观测量来说,例如基线的 3 个分量,必须考虑观测值的完全权矩阵。这种情况可通过 W-检验的统计量来实现,它服从标准正态分布,而且对一个观测量中的粗差是最灵敏的。

T-检验是一个三维或二维的检验。T-检验和两种其他检验有相同功效,但它有自己的显著性水平和自己的临界值。

检验结果说明:

(1)F-检验被拒绝的同时,有一定数量的 W-检验被拒绝(T-检验),说明存在一个或多个粗差。

(2)如果 F-检验被拒绝而且某种特定类型的所有观测量(如所有天顶距)也被拒绝,原因可能是由于数学模型引起的,需进行改正或优化。例如,如果天顶角的所有 W-检验被拒绝,考虑折光因子可能有效。

(3)如果 F-检验被拒绝,同时大部分 W-检验值也被拒绝(没有极限),原因可能是随机模型错误引起的。输入的标准差过于偏大。另一方面,如果 F-检验值远低于临界值,W-检验

(T-检验)值都接近于零,说明输入的标准差过于偏小。

6.5 坐标系统转换

在许多工程测量中,其测量结果往往需要提供地方坐标系的坐标,这时就需要我们把GPS测量的处理结果从WGS84坐标系转换到地方坐标系中。坐标转换从方法上讲有格网法、多参数法、多元回归法等。参数法转换模型一般有布尔莎模型、莫洛金斯基模型、维斯模型、范氏模型等,但最常用的是布尔莎模型。从精度上讲,格网法精度最高,但这种方法受已知条件限制,它需要测区内有足够多的重合点并且分布均匀。在许多工程测量中,如道路、桥梁、建筑、大坝、隧道测量等,它们需要的是当地坐标系,一般没有足够的重复点。所以在工程测量的坐标转换中,一般很少采用格网法,采用比较多的还是参数法。

在许多GPS数据处理软件中,如LGO、TGO、Pinncle等后处理软件,都有坐标系转换功能,有些功能比较齐全,如在TGO软件中包含了七参数法、格网法、多元回归法;LGO软件中有格网法、七参数法、三参数法、格网与参法结合法,有三维转换也有二维转换。在实际应用中,可以结合测区内重合点的数量与分布情况决定采用哪一种方法。

6.5.1 布尔莎模型

在GPS数据处理软件中,大多数七参数法采用的是布尔莎模型,其模型如下。

$$\begin{bmatrix} X \\ Y \\ Z \end{bmatrix}_2 = \begin{bmatrix} X \\ Y \\ Z \end{bmatrix}_1 + \begin{bmatrix} \Delta X \\ \Delta Y \\ \Delta Z \end{bmatrix} + \begin{bmatrix} m & \varepsilon_Z & -\varepsilon_Y \\ -\varepsilon_Z & m & \varepsilon_X \\ \varepsilon_Y & -\varepsilon_X & m \end{bmatrix} \begin{bmatrix} X \\ Y \\ Z \end{bmatrix}_1 \qquad (6-1)$$

式中,$\Delta X, \Delta Y, \Delta Z$为平移参数;$\varepsilon_X, \varepsilon_Y, \varepsilon_Z$为旋转参数;$m$为尺度变化参数。

注意,在IERS的变换模型中,旋转前的符号与这里恰恰相反。在两个情况下,符号约定规则是相同的,即沿正轴向原点看,逆时针旋转为正旋转。但是,IERS假定是位置绕坐标轴的旋转,而这里假设是坐标轴的旋转。如果旋转参数的符号与所用的公式是一致的,两种方式的结果是相同的。

因为变换模型是用直角坐标表示的,输入的直角坐标通常由椭球坐标和大地高变换而来,输出的直角坐标通常又要变换为椭球坐标和大地高。大地纬度B、经度L和大地高h与直角坐标(X,Y,Z)之间的变换关系见公式(5-27)及公式(5-28)。

6.5.2 常用转换方法

6.5.2.1 二维转换

二维转换方法是将平面坐标(东坐标和北坐标)从一个坐标系统转换到另一个坐标系统。在转换时不计算高程参数。

该转换方法需要确定4个参数(2个向东和向北的平移参数,1个旋转参数和1个比例因子)。

如果要保持GPS测量结果独立并且有地方地图投影的信息,那么采用三维转换方法最合适。

6.5.2.2 三维转换

该方法基本操作步骤是利用公共点,也就是同时具有 WGS84 直角坐标和地方坐标的直角坐标的点位,一般需要 3 个以上重合点,通过布尔莎模型(或其他模型)进行计算,得到从一个系统转换到另一个系统中的平移参数、旋转参数和比例因子。

三维转换方法可使你确定最多 7 个转换参数(3 个平移参数,3 个旋转参数和 1 个比例因子)。用户也可以选择确定几个参数。

对于三维转换方法,可以仅用 3 个公共点来计算转换参数,但使用 4 个以上点可得到更多的观测值并且可以计算残差。

用这种方法计算转换参数的优点在于能够保持 GPS 测量的精度,只要地方坐标精度足够(包括高程),这种方法能适用任何区域。

其缺点是地方格网坐标、地方椭球和地图投影必须已知。另外,如果地方坐标不精确,使用 GPS 测量的新点一旦经过转换,将与现有的地方坐标系统不符合。

在转换过程中若不知点位地方坐标系的大地高程信息,可以将点位平面坐标和高程的转换分开独立进行处理。

由于这种方法将转换分成两个部分,平面坐标和高程分别独立,这就意味着用于平面坐标转换的点和高程转换的点可以不必是同一个点。

由于平面坐标转换使用三维转换方法、高程采用插值法(拟合法),坐标转换区域比高程拟合区域大。适用区域的大小很大程度上受制于高程转换的精度。

其基本操作步骤如下:
(1)计算公共点的重心。
(2)推算 WGS84 与地方椭球之间的平移参数。
(3)地图投影应用于 WGS84 坐标点。
(4)确定二维转换参数。
(5)建立高程插值模型。

在平坦地区及相对平坦的地区,地方坐标系统中得到的高程精度较好。那么,构造一个精度比较良好的大面积高程转换模型并没有什么困难。包含的高程点越多,高程转换就越好。

在高程异常变化较大的地区,如果要求良好的转换高程,实施转换的区域必须大大地缩小。

注意:大地水准面的不规则起伏对平面坐标的转换没有影响。

这种方法的优点是:地方高程的误差不影响平面坐标转换;用来确定平面坐标和高程转换的点不一定是同一个点;只要高程异常保持线性变化没有突变,在不知道高程异常的情况下,高程转换方法也可以提供较高精度的高程转换模型。包含的高程点越多,模型就越好。其缺点是:需要地方投影和地方椭球的信息。

如果没有地方椭球或投影的信息,并且想用已有的地方控制点使 GPS 测量结果纳入地方坐标系,那么可以将高程与点位分开进行转换。在平面点位转换中,首先将 WGS84 地心坐标投影到临时的横轴墨卡托投影,然后通过平移、旋转和比例变换使之与计算的真正的投影相符合。高程转换则采用多项式高程拟合。

由于用这种方法进行平面坐标转换,因而不需要知道地方坐标系统的地方椭球与地图投影类型就可以定义转换。由于高程和平面坐标的转换是分开进行的,因此高程误差不会传递给平面坐标，如果地方高程的资料不是很好或根本没有，仍然可以对平面坐标进行转换。

6.6 内业技术总结编写

内业技术总结包括以下内容：
(1)任务来源。介绍项目的来源、性质。
(2)任务概况。介绍工程目的、作用、要求、等级(精度)、完成时间等。
(3)技术依据。介绍作业所依据的测量规范、工程规范、行业标准等各种技术要求。
(4)数据处理方案。数据处理方法、所采用的软件、数据处理过程中所采用的星历、起算数据、坐标系统以及无约束平差、约束平差情况。
(5)精度估计。误差检验及相关参数和平差结果的精度估计等。
(6)需说明的问题。上交成果中尚存问题和需要说明的问题、建议或改进意见。
(7)结论。对整个工程的质量及成果做出结论。
(8)各种附表与附图。

6.7 技术方案的制订

在前面已讲到，对于单纯的 GPS 控制网的布设，一般都是按图上设计、控制点选埋、野外数据采集及内业数据处理等步骤进行。如布设二、三、四等 GPS 控制网，在接收任务时就已明确知道布设几等 GPS 控制网，根据规范要求按几等 GPS 控制网进行布测就可以了。但对于许多工程来讲，对大地测量的要求并不明确，如提供某地区的 1∶5 万地形图，公路、桥梁、铁路等施工，远程武器试验保障等，用户只是提出最终要求，对 GPS 控制测量不提出精度要求。这就需要我们根据任务的最终要求确定如何进行 GPS 大地网的首级控制。

许多工程测量其实是一个综合测量，它可能包含 GPS 大地控制网测量、水准测量、三角测量、重力测量，也可能包含航空测量、航外控制测量等。如在某一地区进行 1∶5 万地形图测量，由于测区范围大，自然条件恶劣，为减少野外工作强度，首先进行航拍。要求利用 GPS 进行首级控制，此时作 GPS 首级控制设计，设计之前，我们要知道布设几等 GPS 控制网、点位如何分布、点间距是多少、达到多少精度，这些就是技术方案的主要内容。下面根据实例进行说明。

以中蒙边界 GPS 控制网的布设为例，根据其要求我们讲述技术方案的制订过程及内容。
要求：中蒙边界联测要求在边界 5km 范围内制作 1∶5 万地形图。
在制订 GPS 控制网技术方案时，要考虑 GPS 控制网测量、航外控制测量、制图等工序的精度，还要考虑 GPS 控制网布设完成后，航外控制测量如何利用这些控制点，采用什么仪器、什么方式。

6.7.1 精度的确定

GPS 控制网是为获得 1∶5 万地形图服务的，从制图工序来讲分为航片的拍摄、相片控制、野外调绘、室内判绘、制图等工序，考虑到每道工序的精度损失，最后的平面精度应优于

5m,高程精度优于2.5m。因此,要求GPS控制网平差后点位精度不大于0.2m;要求航外控制高程精度不大于1.0m。

6.7.2　GPS控制网点间距

　　航外控制由专业测绘队负责,其所用仪器大部分是单频GPS接收机。本次任务中,由于时间和经费的问题,大地控制网点不可能布设较密,如何保证航外控制的精度,是大地控制网设计中主要考虑的问题。通过实验,在46km以内,使用单频接收机进行测量时,在3个分量上的误差均小于0.2m,完全满足1∶5万地形图0.5m的要求。因此,决定网的布设时,相邻点间距在80km左右,困难地区不超过90km。

6.7.3　高等级控制点的选取

　　作为一个高精度的GPS控制网,在网的平差处理中,首先必须选取几个高精度的点位作为平差的基准点,考虑本控制网的特殊性和双方统一性,这种基准点必须具有连续观测、不断进化特点,其坐标基准必须是全球统一的地心坐标参考系统,因此选取国际IGS站作为本次任务的高等级控制点,按第四章第五节基准站选取原则进行。

　　根据以上综合分析,就可以编写技术方案了。

　　由于本例与国界有关,在考虑技术方案时从严要求,从下面技术方案中可以看出,按其要求最后GPS控制网精度远高于技术要求0.2m,实际点位精度在0.01m以内。在国内进行同类项目时,可根据误差理论,确定控制网的等级。

　　在布设用于地形图测量的GPS控制网时,可根据地形图的测量方法,所使用的仪器决定了GPS控制网的等级。如用GPS RTK进行地形图测量,GPS控制点作为测量时的基站,RTK测量所能达到的距离就是控制网点的间距,其精度能满足其需要就可以了,一般控制网的等级较低。

　　从表6-1中可以看出,进行地形图测量时,随着比例尺的增大,其控制点的精度增高。若用GPS直接布设测图控制点,四等精度足以满足要求;若测区范围较大,GPS控制网布设完成后,在此基础上再布设航外控制点,则GPS控制点精度需要再提高一个等级,也就是每增加一个中间环节,首级控制网需要上升一个等级。

表6-1　大比例地形图控制点中误差

测图比例尺	1∶50 000	1∶25 000	1∶10 000	1∶5 000	1∶2 000
图根点相对控制点的点位中误差(m)	±5.0	±2.5	±1.0	±0.5	±0.2
相邻控制点点位中误差(m)	±1.7	±0.83	±0.33	±0.17	±0.07

6.7.4　中蒙边界联测技术方案

6.7.4.1　总则

　　(1)大地联测工作是为中蒙边界第二次联合检查测制1∶5万地形图提供统一的坐标系统

和高程系统。

(2)坐标系统采用 ITRF97 坐标框架,GRS80 椭球参数,长半径为 6 378 137m,扁率为 1：298.257 221 01。

(3)高程系统采用中国 1985 国家高程基准。

(4)为统一坐标系,双方应分别将己方的大地控制网与 IGS 网进行联测。

(5)为统一高程系,双方将在边境均匀选择 3 条水准路线进行高程联测。

6.7.4.2　大地控制网测量

(1)双方的大地控制网各由 60 个点组成,分别分布于中蒙边界己方境内,距边界线 10～15km 范围内,要求均匀分布、相互对称,相邻点间距 80km 左右。①中方选取的点位详见设计图。从东到西,点位编号依次为：GJ01、GJ02、…、GJ60；②蒙方选取的点位详见设计图。从东到西,点位编号依次为……(蒙方提供)；③上述点位的选择应满足 GPS 观测技术要求,且便于水准联测及应用。点位的测量标石应按各自的技术规定埋设,或利用原有标石,均应满足长期保存条件。

(2)双方的大地控制网可与 IGS 网直接联测,也可间接联测。双方也可使用符合上述要求的原有大地控制点。利用的 IGS 站为昆明(KUNM)、阿拉木图(SELE)、伊尔库茨克(IRKT)、大田(SUWN)。

(3)双方联测时应使用高精度双频 GPS 接收机,观测规程如下：①至少连续观测 3 个时段,时段长度为 6h,采样间隔为 30s,卫星高度截止角为 10°；②采取分区同步观测方法时,按以上要求进行；③采取单台仪器流动观测方法,其时段长度根据流动仪器距 IGS 站的距离而定,一般每时段长度不少于 12h。

(4)双方大地控制网的数据处理工作自行完成,应遵循如下技术原则：①采用高精度专用计算软件；②采用高精度 IGS 精密星历；③利用 IGS 站高精度坐标值作为起算数据；④计算结果归算至 ITRF97 坐标框架,历元为 2002.0；⑤平差后点位中误差不大于 0.2m；⑥双方采用中方的似大地水准面求取大地控制网点的正常高,精度要求优于 0.5m。

6.7.4.3　高程系联测

(1)双方在边境线选择的 3 条水准路线上,在己方境内距国界线约 1km 处各埋设 1 个高程系联测点的水准标石。

(2)高程系联测应遵循如下技术要求：①水准路线的测段长度为 4～6km；②测段往返测量高差不符值小于 $10\sqrt{L}$mm,式中 L 为水准路线长度或测段长度,以千米(km)为单位；③用测段往返测量高差不符值计算每千米水准测量高差中数的偶然中误差小于 5mm。

(3)高程系联测开始前,双方应自行完成己方境内有关水准点的标石埋设(也可利用符合技术要求的原有标石),检查己方境内所选水准点标石是否出现垂直位移,并完成己方境内的高程系联测点与国家水准网的水准联测。

(4)双方高程系联测时,应遵循以下原则：①双方均对所选定的 3 条水准路线进行水准联测；②各方水准联测所需设备、人力、工具等自行解决；③在对方境内进行水准联测时,双方均有责任向对方提供必要的方便条件；④过境测量时间和有关程序另行商定。

(5)采用双方所测 3 条水准路线的高差平均值作为双方高程系统的改正值。

(6)蒙方应在双方测图前,将己方测图范围内有关高程控制点的成果转换至中国1985年国家高程基准。双方测图时所需其他高程测量工作自行完成。

6.7.4.4 大地联测成果交换与精度检查

(1)大地联测工作结束时,双方应交换以下大地联测成果:①大地控制网的设计图、点之记、平差计算结果;②高程系联测点的点之记、高程值以及高程系联测点之间的高差值。

(2)为检查大地控制网平面位置精度,双方分别从对方的大地控制网中选取总点数的10%进行精度检测。使用GPS方法同步观测2个时段,时段长度为3h,采样间隔为30s,卫星高度截止角为10°,在己方境内选取2个相邻点位与对方相对应的一个点位联测,利用己方点位坐标推算对方被查点坐标,检测结果与对方的大地控制网计算出的平面位置之差应小于0.75m。

(3)上述检查采用交叉检查方法进行,过境测量时间和有关程序另行商定。

(4)使用比较双方跨境测段高差的方法检查高程系联测精度。

7 工程控制网布设示例

GPS工程控制网由于用途不同其布设方法和作业方法也不相同,每一个GPS控制网的布设,首先要明白它的目的和用途,才能确定其布设的精度、等级和作业方法。

首先,在室内根据收集到的资料进行技术设计,然后派遣人员进行实地勘选和埋石。埋石的规格一般由任务的精度来决定,当精度较低时一般埋地下标石,当精度要求较高时,考虑架设脚架对中精度的影响,一般建设具有强制对中装置的观测墩,观测墩的高度要适中,根据当地的地形情况建立,太高工作不方便,低了高度角有遮挡,一般在1m左右。

当野外标石稳定后,方可进行GPS观测。不同的GPS控制网有不同的布设方法,在布网时要根据测区的点位分布情况、测区的地理环境、投入的力量(接收机数量)、交通情况、社会治安情况,从而确定布网的方法。一般来讲,当点距较大时(如100km以上),可以考虑用基于GPS连续观测站的流动观测方法;当点位比较密集而且距GPS连续观测站较远时,用分区观测法效率较高,这主要从工作效率考虑。由于点位距GPS连续观测站较远,需要增加观测时间,点位密集时由于搬迁方便,用分区观测法可节约时间。另外,不同的任务其要求不同,布网方法也不同,如有的点位需要联测方位角(方位点一般在1km以内),此时就需要同步观测,有的任务需要两种方法同时进行。所以,在布设时根据任务要求选择观测方法。

下面讲述几个不同方法的GPS控制网布设实例,以供大家参考。

7.1 带状测区示例

中蒙边境测量GPS控制网时,有时由于任务的特殊性,GPS控制网不能按常规布设,但选埋点的要求是相同的,所不同的是测区的形状不同,布网方法和解算的方式也不同。2002年在中蒙边界联合测量中,GPS大地控制网的布设比较特殊。下面结合实际情况对特殊情况下GPS大地控制网的布设进行说明。

中蒙边界联合测量任务涉及到两个国家的坐标系统,我国目前测图通用的是1954北京坐标系(军方),而蒙古国目前用的是1942普尔科夫坐标系。两个坐标系不统一,要获得同样的地形图,首先必须统一坐标系统和高程基准。

GPS大地控制网的任务主要是为中蒙边界联合测制1:5万地形图提供统一的坐标系统和高程系统。

中蒙边界长达4 700km,要求在边界5km范围内制作1:5万地形图,这是一个宽5km的带状区域,在如此狭窄地带,中蒙双方两个系统的统一是大地测量的首要问题。考虑到我国1954年坐标系统东西差别较大,不易统一,决定采用GPS布测大地控制网,双方坐标系统一到ITRF97框架;高程系则采用中方的1985年国家高程基准。

7.1.1 GPS 控制网设计要求

GPS 控制网是为获得 1∶5 万地形图服务的,从制图工序来讲分为航片的拍摄、相片控制、野外调绘、室内判绘、制图等工序,考虑到每道工序的精度损失,最后的平面精度应优于 5m,高程精度优于 2.5m。因此,要求 GPS 控制网平差后点位精度不大于 0.2m,航外控制高程精度不大于 1.0m。

作为一个高精度的 GPS 控制网,在网的平差处理中,首先必须选取几个高精度的点位作为平差的基准点,考虑到本控制网的特殊性和双方的统一性,这种基准点必须具有连续观测、不断进化的特点,其坐标基准必须是全球统一的地心坐标参考系统,因此选取国际 IGS 站作为本次任务的高等级控制点。

7.1.2 GPS 控制网设计

7.1.2.1 高等级控制点的选择

根据前面高等级控制点(基准站)的选取原则,在本次任务中基准站从以下两个方面进行了选取。

(1)精度方面。由于本网的特殊性,需要双方选取共同的基准站,以确保双方控制网有相同的精度,而 IGS 站具有高精度、实时、公开等特点,能保证双方控制网的精度,因此决定采用 IGS 作为双方控制网的起算点和约束点。

(2)图形结构。选择的 IGS 站到测区的距离要近并且大致相等,而且南北、东西相对称。根据过去控制网计算结果,当选择东西方向基准站作为控制时,平差后点位坐标南北方向精度较差,当选择南北方向基准站作为控制时,平差后点位坐标东西方向精度较差。因此,在本次任务中,东、西、南、北 4 个方向各选择了一个 IGS 站作为控制,分别为昆明(KUNM)、阿拉木图(SELE)、伊尔库茨克(IRKT)、大田(SUWN)(图 7-1)。

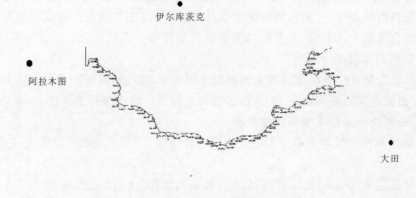

图 7-1 控制点分布示意图

7.1.2.2 GPS 控制网点构成

根据前面 GPS 控制网要求,本控制网由 60 个点位组成,并联测 4 个国际 IGS 测轨站(图 7-2)。

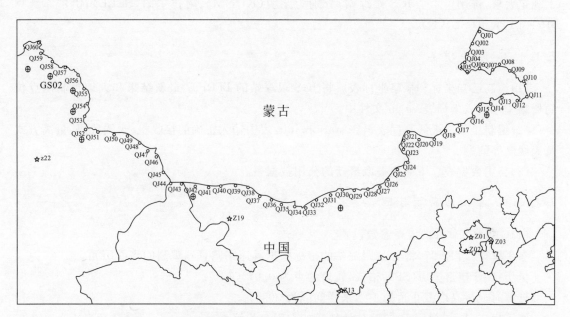

图 7-2 中蒙边界第二次联合检查大地控制网(中方)点位分布图

7.1.3 作业方法

目前作业方法有两种:一种是分区观测法;另一种是流动观测法。采用哪一种方法应根据实际情况决定。本次任务由于各点距高等级控制点(IGS)较远,在 1 000km 以上,若采用流动观测方式,则每点需连续观测 3 天以上才能保证其精度。另外,由于在边境线上作业,自然条件艰苦,危险性大,单台仪器在某一片区域作业,有危险不易救援。因此决定分区观测,分区观测的优点是人员相对集中,作业组之间有困难可以相互帮助。本次任务投入 11 台 GPS 接收机,整个作业区域分为 6 个区,这样在区内部最长边约 1 000km,最短边约 80km。采用逐级控制原则,区与区的接边点作为二级控制点,连续观测 3 天(3 个时段,每时段 23.5h),这样区内部的点位观测时间即可减少,每点观测 3 个时段,每时段 7h 即可满足精度要求。

7.1.4 数据处理

根据技术要求,GPS 数据后处理采用高精度专用计算软件、高精度 IGS 星历,以通用国际 IGS 站的高精度坐标作为起算值,并将计算结果归算到 2002.0 历元。

7.1.4.1 GPS 处理软件

中方采用的 GPS 数据基线处理软件为 GAMIT 10.4 版本,网平差采用的是 GLOBK

5.03 版本。蒙方采用的是 BERNESS 软件。

7.1.4.2 精密星历

采用 IGS 数据分析中心给出的精密星历(ITRF97 框架)SP3 格式作为精密星历。根据技术规定要求,选用了 4 个 IGS 跟踪站,分别为昆明(KUNM)、阿拉木图(SELE)、伊尔库茨克(IRKT)、大田(SUWN)。

7.1.4.3 数据准备

(1)编制已知坐标和概略坐标表。将 IGS 跟踪站的 ITRF97 最新结果和大地控制网点位的概略坐标纳入坐标表 vg_in 文件中。

(2)编制接收机天线高度表。在 station.info 表中输入正确的接收机、天线代码、量高方式及天线高等信息。

(3)公用数据表。下载或提取最新的公用数据表。

7.1.4.4 单时段数据处理

(1)GAMIT 软件的主要参数设置。

参考框架:ITRF97,将 IGS 跟踪站的坐标根据其速率归算到观测的当前历元。

星历:IGS 精密星历(SP3)格式,轨道约束为 $0.01×10^{-6}$。

计算时卫星高度截止角为 $10°$,采样间隔为 30s。

解算模式:LC-HELP,同时估计轨道的 RELAX 解。

潮汐改正:固体潮、海潮、极潮。

光压模型:BERNESS。

极移参数:估计 EOP、UT1。

坐标约束:IGS 站为 2σ。

未知站坐标约束:100m。

电离层约束:$1+8×10^{-6}$。

轨道积分的重力场模型:采用 IGS92。

惯性系:采用 J2000。

天线模型:采用 ELEV。

(2)对流层延迟修正。基线解算采用天顶延迟线性分段估计(PWL),估计时天顶延迟模型采用 Saastamoinen 模型(SAAS),投影函数采用 NMF 模型,湿延迟的估计第一时段分 4 节点逼近(2h 估计一次)。

(3)电离层延迟修正。采用载波相位观测量的组合 LC 来消除电离层延迟的一阶项。

(4)单时段解的质量分析。对每条基线进行时段的重复性检验,对图形闭合差检验采用的是异步环闭合差检查。每时段 NRMS 正常情况下应小于 0.3,当有周跳或其他一些误差较大时,NRMS 可能大于 0.5。

7.1.4.5 GPS 大地控制网平差

采用与 GAMIT 配套的 GLOBK 软件进行多时段整体平差。适当约束极移、UT1 参数

(采用 IERS B 或 A 公报值),卫星轨道约束为 20cm,昆明(KUNM)、阿拉木图(SELE)、伊尔库茨克(IRKT)、大田(SUWN)站约束 2σ,其他未知站约束为 10m,由 GLOBK 给出所有观测期间的整体解。

历元归算采用信息总站编制的计算软件,将坐标归算到 2002.0 历元。

7.2 中蒙边界第二次联合检查大地控制网联测实施方案

7.2.1 任务来源、目的、内容及要求

7.2.1.1 任务来源

根据国家某部某年业务规划,由中华人民共和国(以下简称中方)和蒙古人民共和国(以下简称蒙方)共同组成测绘专家组,于 2002 年拟对中蒙边界进行第二次大地联测检查工作,为测制 1∶5 万地形图提供统一的坐标系和高程系。根据《中蒙边界第二次联合检查大地联测技术规定》(以下简称技术规定)要求,本次联测工作由中蒙大地联测测绘专家组具体指导。中方由我国某卫星大地测量队具体组织实施,于××年××月××日前完成大地控制网联测任务。

7.2.1.2 目的、内容及要求

目的:为中蒙边界测制 1∶5 万地形图提供统一的坐标系和高程系。

内容:

(1)布测 GPS 大地控制网。在距中蒙边界线我方一侧 10~15km 的范围内均匀布设 50 个 GPS 控制网点,且在两个 GPS 控制网点间选取 1~2 个水准点进行 GPS 联测;赴蒙方一侧完成 3 个大地控制网点的 GPS 检测。

(2)统一高程系,进行高程基准联测。将周边现有的等级水准路线联测到边境线上设埋的高程点上;将己方境内测图区域的大地控制网点高程转换至统一的高程基准,并完成其他必要的水准测量工作。

大地控制网技术要求:

(1)坐标测量采用 GRS80 椭球,ITRF97 框架,其中,椭球 $a=6\ 378\ 137m$,扁率为 1∶298.257 221 01。

(2)双方的大地控制网点各由 50 个点位组成,分别均匀分布于中蒙边界己方境内。大地控制网点距边境线 10~15km,相邻点距约 90km,困难地区可适当放宽至 100km。

(3)埋石。新埋点位规格按照各自的技术规程进行,或利用原有标石,应满足长期保存条件。

(4)GPS 联测仪器。双方使用高精度双频 GPS 接收机。

(5)GPS 观测纲要。大地控制网点连续观测至少 3 个时段。时段长度不少于 7h,采样间隔 30s,卫星截止高度角 10°。

(6)联测方式。控制网点可分区同步观测或各点独立进行观测。

(7)联测规定。双方的大地控制网测量与国际 IGS 网直接联测,也可间接联测。双方也

可使用原有符合上述要求的点位。共同利用的 IGS 网站为：昆明（KUNM）、阿拉木图（SELE）、伊尔库茨克（IRKT）、大田（SUWM）。

(8) 数据后处理。使用高精度专用计算软件（如 GAMIT 9.3/GLOBK 软件）、高精度 IGS 精密星历，以国际 IGS 网的高精度坐标作为起算值，并将计算结果归算到 ITRF97 框架，历元为 2001.0。

(9) 精度要求。相邻点的平面位置相对中误差不大于 0.2m。

7.2.1.3 高程系联测

(1) 在塔克什肯、二连浩特、新巴尔虎右旗 3 条水准路线上，在中方一侧约 1km 处埋设 1 个高程联测点（基本水准点），将国家一、二等水准路线联测到高程联测点；从双方选定的 3 个口岸各自过境完成 3 条水准路线的联测，路线长度约 6km。

(2) 水准联测按照国家二等水准精度进行。

(3) 过境水准路线的测段长度为 3~6km；测段往返测量高差不符值小于 $10\sqrt{L}$mm，式中 L 为水准路线长度或测段长度，以千米(km)为单位；以测段往返测量高差不符值计算每千米水准测量高差中数的偶然中误差，应不大于 5.0mm。

(4) 高程基准联测工作完成后，将中方测图范围内的大地控制点高程转换至统一的高程系，并完成其他必要的水准测量工作。

7.2.1.4 大地控制点过境检测

(1) 大地控制网的平面坐标精度检查。双方从对方的大地控制网中各选出 3 个点进行检查，使用 GPS 方法同步观测 1 个时段，时段长度不小于 6h，采样间隔为 30s，卫星高度截止角为 10°。检测结果和对方大地控制网推算出的平面位置之差应小于 1.50m。

(2) 数据处理。双方交换观测数据，各自独立处理。

(3) 成果检查采用双方交叉检查的方法进行。

7.2.1.5 高程系精度检查

比较双方跨境测段的高差来检查高程系联测的精度；取双方联测的 3 条水准路线的高差的平均值作为高程系改正值。

7.2.1.6 任务分配及时间安排

根据大队安排，接到任务后第一年的 11 月完成大地控制网技术方案及施测方案的制订，第二年 3 月初进行选点、埋石、GPS 水准测量工作，6 月中旬提供大地控制网成果。

7.2.2 测区概况

测区位于东经 87°30′—117°30′，北纬 41°30′—49°30′范围内的中蒙边境线，西起新疆阿勒泰地区的友谊峰，东至内蒙古自治区的满洲里，东西长约 4 760km，跨越新疆、内蒙古和甘肃三省、自治区。测区中西部以沙漠、戈壁为主，东北部以草原为主。大部分地区可通行汽车(15~25km/h)，其中的新疆阿勒泰和蒙古国乌列盖地区的接壤地带为阿尔泰山山脉，约 500km 国境线无法通行汽车或通行极为困难。该地区气候无常,自然环境十分恶劣。作业时间正值早春季节,气候干燥、寒冷、风沙大,地表还未解冻,点位远离生活区,通信不畅,交通十分不便,后勤保障极为困难,作业条件十分艰苦,给点位埋设、水准测量及 GPS 测量工作带来很大的困难。

7.2.3　点位分布特点及观测环境

大地控制网点分布特点:由 50 个点位组成,点位均匀分布,距边境线 10~15km,平均点距约 90km,最大点距 100km。各点位的观测环境良好,无干扰源,卫星高度角可满足 10°以上的要求。

点位情况详见点位信息表(略)。

7.2.4　作业技术依据

(1)《中蒙边界第二次联合检查大地联测技术规定》(专家组 2001.11)。
(2)《全球定位系统(GPS)大地测量规则》(GJB 2228—94)。
(3)《国家一、二等水准测量规范》(GB 12898—91)。
(4)《水准测量数据采集与处理规范》(CHB 2.8—91)。
(5)《军用大地测量成果验收和质量评定标准》(一大队 1999.1)。

7.2.5　参加作业仪器的类型、数量及性能

7.2.5.1　GPS 作业仪器

本次联测任务计划投入 12 台 Ashtech Z-12 双频 GPS 接收机,3 台 JAVAD(Legacy-E)双频接收机(备用接收机),16 台 IBM 便携式微机,16 套气象仪器(气压计、干湿温度计)。两种 GPS 接收机均具有 20 个 L_1+L_2 信道,可接收天空所有可见卫星,其基线精度为 5mm+1×10^{-6} 和 1mm+1×10^{-6}。工作环境温度的幅度为-20°~+50°。该机型体积小,重量轻,功耗小,携带方便,便于流动作业。

7.2.5.2　水准作业仪器

水准测量投入 3 台(套)Ni007 水准仪,3m 钢瓦标尺 3 副,HP-200LX 掌上机 3 台,应用程序 3 套。

7.2.5.3　作业车辆

大小车辆 30 辆。其中,大车(240 卡车)12 辆,北京吉普车 12 辆,后勤保障车 3 辆,越野指挥用车 3 辆。

上述各类仪器均经有关仪器检定部门检定和作业前各相关项目的检验,性能良好,均可满足各相关项目测量的精度要求。

7.2.6 技术设计原则、内容及指标

7.2.6.1 设计原则

根据任务书的要求和作业规范,结合现有的卫星状况、接收机类型和数量,考虑测区地形和交通情况,在精度、可靠性和经济性的总原则下,进行优化设计。

(1)精度。网中目标成果的精度应达到或高于预定精度。

(2)可靠性。网中具有相当数量的多余观测点,对网中粗差具有自检能力。

(3)设计前提。控制网点位依边界线呈线状均匀分布,东西跨度4 760km,结合测区环境特点和发展需要,选埋大地控制网点。依据中国地壳运动观测网络基准站和IGS国际测轨站,共同确定大地控制网点点位,保证长期应用。

因GPS网的观测量为基线向量,其整体精度主要受到基线向量协因数阵和网的几何图形影响,而不受网本身几何图形的制约。根据需要,可以不同的边长灵活布设,从图形结构设计的角度出发,主要放在独立基线向量的选择和异步闭合环的设计。其应遵循如下原则:①平差网应构成尽可能多的闭合图形,使平差网组成的闭合环数达到最大值,获得最多的图形闭合条件;②平差网中各条边尽可能由精度最好的独立基线组成;③平差网所构成的各个闭合环、各分量的闭合差应最小。

7.2.6.2 大地控制网的布设

1)布网方式

根据任务要求和GPS网灵活性的特点,本次大地控制网点采用连续网布网方式。

连续网采取分级布网的方式,由国际IGS测轨站和中国地壳运动观测网络基准站的长边组成骨架控制网,再由大地控制网点构成短边加密控制网,对两级控制网采用联合统一平差的方法解算出大地控制网点的坐标。

2)大地控制网点构成

由50个点位组成,大部分为新建点位,其中22个点位位于国家一、二、三等水准路线上(大地控制网点位信息表及点位分布图略),分别位于中蒙边界中方境内10~15km的国境线附近。本次联测以网络基准站和部分国际IGS测轨站确定其点坐标。各基准站均具有ITRF97地心坐标系坐标值。

3)网形设计

根据边境线这一特定的线状区域,大地控制网中最长边约2 600km,最短边约80km。在综合考虑定位精度和速度的情况下,根据技术规定的要求,大地控制网布设成连续网,各同步观测分区之间有1个连接点,使用静态相对定位测量模式,观测时段数不少于3个。

大地控制网均由若干个独立观测的异步环构成,在各独立观测环内包含有若干个同步环。以异步环和同步环坐标分量的闭合差来检核观测数据的质量,进行外业观测数据质量分析,确保使用数据的可靠性。

7.2.6.3 高程联测

1)水准网的布设

按照技术规定,为统一两国高程系,双方将按照二等水准精度组织施测:塔克什肯、二连浩特、新巴尔虎右旗3条水准路线。

2)正常高求解

大地控制网点为测制 1∶5 万地形图提供坐标和高程基准,测制地形图必须提供几何水准高程值。因大地控制网点分布线长,紧靠边境线,大部分点位远离水准路线,交通异常困难,无法进行大规模水准联测。本次选定的 50 个大地控制网点中有 22 个水准点,其余 28 个点位的正常高拟采用大地水准面模型求出。

结合高程基准联测的 3 条水准路线,在中方一侧大地控制网点位附近的国家高等级水准路线上选取部分符合要求的水准点与大地控制网点进行 GPS 联测。本次选取的水准路线如下:

西部地区:

从吉木乃—阿勒泰—青河—奇台二等水准路线上选取 3 个水准点位,分别与 GJ01—GJ09各点位进行 GPS 联测。该段 3 个大地控制网点 GJ03、GJ05、GJ07 与水准点重合。水准点和控制点之间点距最大约 100km。

中部测区:

从奇台—三塘湖—悼毛湖—马莲井—建国营—杭锦后旗—白云矿区—二连浩特二、三等水准路线选取 2 个水准点,分别与 GJ10—GJ30 联测,其中 12 个控制网点 GJ10、GJ12、GJ13、GJ17、GJ18、GJ19、GJ20、GJ21、GJ22、GJ23、GJ27、GJ29 与水准点重合,水准点与控制点之间最大距离约 100km。

东部测区:

从二连浩特—东乌珠木沁旗—五叉沟二、三等水准路线选取 3 个水准点,与 GJ31—GJ42联测,其中 2 个大地控制网点 GJ41、GJ42 与水准点重合,水准点和控制点之间点最大距离约100km。

从五岔沟—伊尔施—满洲里二、三等水准路上有 5 个大地控制网点 GJ43、GJ44、GJ45、GJ48、GJ49 与水准点重合,水准点和控制点之间点距最大约 100km。

为了客观评定使用的大地水准面模型求解正常高的精度,可选取测区中部的若干个与水准点重合的 GPS 点(东、中、西部各 1~2 个即可),以作为外部检核用点。对于水准点较稀疏的地段,共选取了 8 个水准点进行 GPS 联测,作为该地段的外部检核点。

为了提高 GPS 水准精度,需要采取如下措施:

(1)提高大地高(差)的测定精度,为提高大地高差的测定精度,需要提高局部 GPS 网基线解算的起算点坐标的精度,本次计算采用网络工程点位;采用高精度 GPS 星历,各网点实测气象参数。

(2)为提高几何水准点的精度,本次联测选用水准点均为国家一、二、三等水准点。

(3)使用高精度的地心坐标转换参数。

(4)提高拟合计算的精度。除采用分区计算的方法外,应绘制出高程异常等值线图,以便分析高程异常的变化情况,以提高拟合计算精度。

(5) 本次大地控制网点与水准点重合点位约占总点位的 2/5。

7.2.6.4 内容及指标

根据 GPS 相对定位可能达到的精度,以相对误差 $\times 10^{-6}$ 和相邻点间的距离将 GPS 控制网进行分级。本次大地控制网要求指标和设计指标见表 7-1(参照《全球定位系统(GPS)大地测量规则》)。

表 7-1 大地控制网要求指标和设计指标

项目		等级	
		二级要求	设计值
构成闭合环数	误差($\times 10^{-6}$)	0.5	0.5
	每环中基线数(条)	$\leqslant 6$	$\leqslant 3$
	环中异步基线数(条)	$\geqslant 3$	$\geqslant 3$
接收机类型		双频	双频
同步观测接收机数(台)		$\geqslant 4$	$\geqslant 4$
有效卫星总数(颗)		$\geqslant 9$	$\geqslant 9$
同时观测卫星数(颗)		$\geqslant 4$	$\geqslant 4$
卫星有效观测时间(min)		$\geqslant 30$	$\geqslant 60$
卫星高度角(°)		$\geqslant 12.5°$	$\geqslant 10°$
数据采样间隔(s)		15(30)	30
卫星分布象限数		4	4
PDOP 值		$\leqslant 5$	$\leqslant 5$
天线高量取次数(次)		3	3
重新对中		√	√
对中误差(mm)		2	2
每时段气象元素测量次数(次)		3	3
需要地面已知点数(三维)		>3	6 个以上
是否需要外部基线检核		√	√

7.2.7 数据处理方案

7.2.7.1 GPS 大地控制网参考框架的确定

大地控制网点与网络工程基准站数据联合处理,使用国际测轨站坐标为起算值,归算至 ITRF97 框架、2001.0 历元,以确定大地控制网整网的坐标基准。大地控制网采用中国地壳运动观测网络基准站 JZ01、JZ05、JZ18、JZ19 等站和部分国际测轨站[IGS 网中的昆明(KUNM)、阿拉木图(SELE)、伊尔库茨克(IRKT)、大田(SUWN)]的坐标约束下的联合整网平差,使起算点与坐标系联测网相统一,以该平差结果作为大地控制网基准。

7.2.7.2 基线检核

(1)进行残差计算,删除残差大的数据。
(2)不同时段基线成果检核。
(3)进行异步环检核(含异步时段检核)。

7.2.7.3 平差方案

大地控制网点采用坐标系网约束下的整网平差。在做整网平差之前,应以所有经检验合格的独立基线组成闭合图形,以三维基线向量及相应方差、协方差阵作为观测信息,以一个点的 ITRF97 三维坐标为起算依据,进行一个三维无约束平差。即平差时作一最小约束平差,采用测区中部的某个网络基准站的 ITRF97 坐标作为无约束平差的起算点(即位置约束,同完全无约束的亏秩自由网平差等价),作观测量的基线为检验的最优基线值,对全网的 ITRF97 坐标作一参考基准,进一步检验全网有无残余的粗差基线向量和其内符合精度。进行约束平差时,建议采用中蒙边界中部的鼎新站(JZ19)作为平差起算点。为了检核其精度和可靠性,无约束平差后输出各基线向量的改正数、基线边长、方位、点位的精度信息。

根据技术方案要求,相邻点的平面位置相对中误差不大于 0.2m。

7.2.8 方案施测步骤及纲要

7.2.8.1 大地控制网的选点和埋石

1)选点

选点、埋石工作是布设大地控制网的第一步。因任务时间紧,测区条件艰苦,根据设计书要求采用边建点、边观测的方式进行。选点严格执行《全球定位系(GPS)大地测量规则》中对选点的要求,并符合本次 GPS 点位观测条件,便于利用,并能长期保存。

因本次任务未进行测区调查,点位初步设计在 1:50 万地形图上进行,按照技术规定,控制网点点距应为 80~90km,且距边境线 10~15km。因部分测区地形复杂,对通行困难的地区点距适当放宽至 100km。

选址遵循如下原则:
(1)地基坚实,交通便利,观测环境符合要求,便于长期保存。
(2)避开断层破碎或地质构造不稳定的地点。
(3)避开易于发生滑坡、沉陷、隆起等地面局部变形的地点(如采矿区、地下水漏斗沉降区等)。
(4)避开易于水淹、潮湿或地下水位较高的地点。
(5)避开距公路 50m 以内或其他受剧烈震动的地点。
(6)避开无线电台附近、雷击区及多路径效应严重的地点。
(7)避开地形隐蔽不便观测的地点。
(8)避开附近有大面积水源及其他易反射电磁波的地点。
(9)有条件时,尽量选在已有的地震台、气象台、兵站、边防站(哨所)等地。对原有的 GPS

点、三角点、水准点,如站址符合要求应尽量利用,并提出对标石和仪器墩改造的意见。

2)标石规格

按照《全球定位系统(GPS)大地测量规则》中 GPS 二级网标石规格建点。参见规范附录 C——GPS 点标石类型图。点位加固按照规范中的附录 D 执行。

3)埋石

因作业地区远离生活区,后勤保障困难,作业期间气候寒冷,部分地区冻土层较深,无法现场浇筑,结合实际情况,拟采用现场浇筑、埋设预制标石和打钢管相结合的方式进行。

(1)浇筑建点:

①备料。用料必须清洁,石子、细沙必须用水洗过,不得含有泥土、杂草等杂物。所用钢筋表面不得含有油物、锈渍。所用钢筋、水泥规格必须符合标准,按照设计图中的要求执行。

②挖坑。土层点开挖前必须将地表的覆盖物清除干净,岩石点建点前必须将岩石表面的风化层清除干净。用指北针定向,确定坑基的 4 个侧面朝向正东、正西、正南、正北。土层点位的坑基大小为 1.2m 见方,深度依当地的冻土层深度而定。如用 h(单位:m)表示当地冻土层的深度,则坑基的深度(单位:m)如下(含垫层和墩基的高度)。

$h=0.6$ 时,坑基深度为 1.0。

$h=0.5$ 时,坑基深度为 0.9。

$h=0.4$ 时,坑基深度为 0.8。

$h=0.3$ 时,坑基深度为 0.7。

$h=0.2$ 时,坑基深度为 0.6。

$h=0.1$ 时,坑基深度为 0.5。

③浇筑。扎制网状钢筋框架,按照规定比例搅拌混凝土。正确放置模板,分层浇筑,边浇边夯实,在距表面 0.1m 时,正确放置中心标志,设置副标志。在混凝土强度保持不变形时拆除模板。

④抹面。在观测墩表面抹上一层 35mm 厚的保护层,确保表面光滑、平整。抹面完成之后,在表面规定的位置用字模打上点号、日期及建点单位,且在字号上涂上红漆。

⑤收尾。建点完成之后,应立即回填。清除坑内的杂物和积水,回填土不应有杂物,不得使用腐殖土及过量湿土。墩位四周回填土应分层夯实。按照规定设置指示牌,位置正确。

(2)钢管标志点埋设:

①钢管选用。钢管应选用质地良好的钢材,管径大小以能安放标志为原则。

②钢管埋设。按照《全球定位系统(GPS)大地测量规则》附录 C 中的 C12 图示执行。

(3)预制标石埋设。按照标石大小开挖基坑,坑的深度按照当地冻土线深度而定。确保标石放置平整,按照浇筑建点中的收尾工序结束埋设工作。

(4)原有标石的利用。当利用旧点时,首先确认该点标石完好,检查旧点的稳定性、可靠性,并符合一级 GPS 点观测要求,且能长期保存。与旧点重合的点名,应在新点名后的括弧内附上旧点名,如为水准点,应在括弧内附上水准点的等级、编号。个别点位如有需要可进行加固处理。

(5)点位拍照。建点时应拍摄照片。墩位挖开后照片,点位标石掩埋前、后照片,有参照物的远景照片各 1 张,共 4 张。拍摄时,应制作 1 个点名、点号牌,将其放在适当的位置,摄入照片。

(6)建点要求。对建点工作提出如下要求:用料清洁、比例恰当、方位正确、垂直水平、五点一线、等边等距、光滑平整、标识齐全、标准美观。

4)点之记绘制

按照《全球定位系统(GPS)大地测量规则》附录 E 格式执行。

5)委托保管书填写

按照保管书格式填写。具备保管条件的点位必须填写保管书,认真办理委托保管手续。

7.2.8.2 GPS 测量

1)大地控制网点观测纲要

(1)采样间隔:30s;最少卫星数:4 颗;截止高度角:10°。

(2)有效时段长度:≥7h;观测时段数:≥3。

(3)时段昼夜分布均匀。

(4)卫星有效观测时间:60min。

(5)GPS 接收机对中误差:<2mm。

(6)记录气象数据。

2)观测时间及要求

每天(UTC 时间)0h 15m～7h 45m 为第一个观测时段;7h 55m～15h 25m 为第二个观测时段;15h 35m～23h 05m 为第三个观测时段。23h 05m～23h 55m 关机下载数据时间。记录气象数据时间为时段开始每 2h 记录 1 次,结束时记录 1 次,即每个时段共记录 5 次。

在一个同步网观测中,一时段中如有 1 台仪器数据中断时间超过 1h,或多台仪器平均中断时间超过 2h,应补测一个时段,即 7h。补测时,同步观测相邻仪器数不少于 4 台。

3)连续网观测分区计划

本次投入 12 个 GPS 观测小组,采用同步观测、统一调度的方法,结合作业环境和气候条件,从中国东北满洲里地区开始,共划分 7 个同步观测区,各分区之间由 1 个公共点和 4 个 IGS 站相连,构成边连式的连续网。

4)手簿记录样本(略)

7.2.8.3 水准测量

对需要联测的 3 个口岸的 GPS 水准点,按照《国家一、二等水准测量规范》中二等精度要求施测。

7.2.9 人员组织及装备配备

参测人员组成及装备(略)。

7.2.10 成果上交

7.2.10.1 水准测量

(1)测前测后的仪器检验资料。

(2)检测成果及新设路线观测成果。
(3)点之记、水准路线图。
(4)技术总结。

7.2.10.2 GPS测量

(1)观测手簿。
(2)观测数据(光盘)。
(3)实施方案、网图、点之记、技术总结。

7.2.10.3 与蒙方交换的成果资料

(1)大地控制网点的设计图、点之记、平差计算结果。
(2)高程基准联测点的点之记、高程值以及高程基准联测点之间的高差值。

7.2.11 成果装订和整饰

(1)以A4纸规格为标准用纸。
(2)以A4纸规格为标准用纸,每页成果资料过塑后用硬皮文件夹装订。
(3)水准测量成果装订顺序为:封面、副封面、检验验收表、目录、测前测后仪器检验资料、检测成果、新路线观测成果、点之记、水准路线图(1∶5万)、技术总结、附记。
(4)GPS观测手簿用铅笔记录,具体要求执行中国地壳运动观测网络区域网测量规程。

7.2.12 时间要求

测绘作业时间计划(略)

7.2.13 质量监理

外业成果验收由小组在测区对整个外业成果(数据、观测手簿)做200%的全面检查和验收。GPS观测手簿的验收主要包括各项内容的填写,气象数据的采集、记录,天线量高的量取,整饰的规范性等方面;数据的验收主要查看时段长度、数据的连续性、卫星的失锁及其他测站信息等方面。水准成果按照相关要求进行100%的全面验收和概算。将差、错、漏等问题消灭在测区。在确保成果精度、方法正确、项目齐全、整饰完整的基础上,再上交队里验收。

成果验收按照《军用大地测量成果验收和质量评定标准》中的有关条款执行。

7.3 面状测区示例

接收任务后,制订方案前,要根据测区内的实际情况、自己的实力(投入的人员和仪器)、精度的要求制订实施方案。

本例为用户要求在测区布设22个B级点、24个C级点。B级点平均点距100km,其分布情况见图7-3,C级点平均点距20km,其分布情况见图7-4,在图中我们看到,测区内及周围共6个GPS连续观测站及7已知高精度GPS点,在本次任务中投入12个GPS作业小组

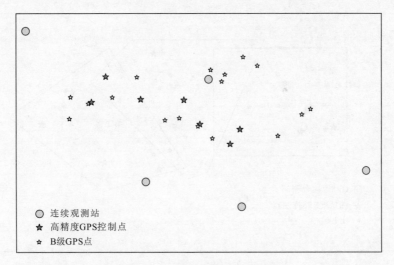

图 7-3 B 级点及控制点分布图

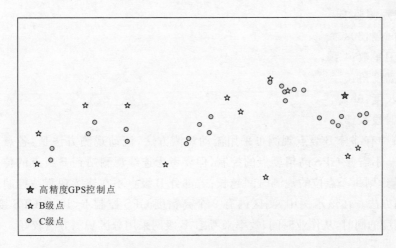

图 7-4 C 级点分布图

(12 台仪器),根据上述情况来制订实施方案。

根据测区情况和投入的力量,采用逐级控制原则,首先用 GPS 连续观测站和高精度 GPS 控制点控制测量 B 级点,然后利用 B 级点和个别 GPS 高精度控制点控制测量 C 级点。

7.3.1 B 级网测量方法

B 级网采用分区观测方法。布测 B 级 GPS 网点时,采用多台高精度双频 GPS 接收机同步观测,使用测区周围的高精度 GPS 点作为控制,分区内的 B 级点与分区内高精度 GPS 控制点联测。根据需要,B 级网联测时需同步观测高精度 GPS 点 9 个,31 个点位分为 6 个区观测,区和区之间有 2 个点作为接边点(图 7-5),所有点位与 GPS 连续观测联测。

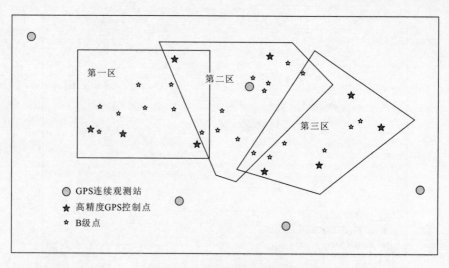

图 7-5 B 级网分区观测图

B 级网点观测要求：
(1) 采样间隔：30s。
(2) 最少卫星数：4 颗。
(3) 截止高度角：5°。
(4) 时段长度：6h。
(5) 观测时段数：3。

对于本例中有部分 B 级点观测可采用流动观测方法，流动观测方法是：各点与 GPS 连续观测站相联测，不需要 GPS 高精度点的控制，但要考虑连续观测站到 B 级点的位置，B 级点距连续观测站越远则每一点位的观测时间越长；若部分 B 级点不在连续观测站控制范围内，不易采用流动观测方法。在该示例中，测区内有 9 个高精度 GPS 控制点，12 台 GPS 接收机参与作业。在保证精度的同时，从作业时间、效率来考虑，B 级网采用分区观测方法较好。

7.3.2 C 级网测量方法

利用测区内 12 个 B 级和 1 个高精度 GPS 点作为控制，24 个 C 级点和 13 个二级控制点分为 4 个观测分区。第一个分区 11 个点，第二个分区 10 个点，第三个分区 10 个点，第四个分区 11 个点，区与区之间有 2 个接边点，见图 7-6。

C 级网观测要求：
(1) 采样间隔：30s。
(2) 最少卫星数：4 颗。
(3) 截止高度角：5°。
(4) 时段长度：2h。
(5) 观测时段数：3。

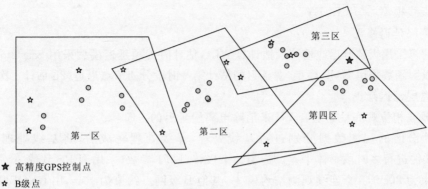

图 7-6　C 级网分区观测图

7.3.3　数据处理

7.3.3.1　B 级网数据处理

首先进行 B 级网数据处理，采用 GPS 连续观测站作为高等级控制点，由于 B 级网平均点距 100km，距连续观测站距离大都在 500km 以上，因此，不能采用随机后处理软件。本网采用 GAMIT 软件进行解算。

在测区周围选取了 6 个 GPS 连续观测站（网络工程基准站）作为高等级控制点对 B 级网进行控制。

1）数据准备

将同一分区的观测数据与手簿对照检查并拷贝到同一子目录，3 个分区建立 3 个子目录，分别将 6 个连续观测站的同步观测数据拷贝到 3 个子目录中。

2）精密星历

下载观测期间的精密星历并拷贝到子目录中。

3）参数设置

(1) 参考框架：ITRF97，将 IGS 跟踪站的坐标根据其速率归算到观测的当前历元。

(2) 星历：IGS 精密星历（SP3）格式，轨道约束 0.01×10^{-6}。

(3) 计算时卫星高度截止角为 $10°$，采样间隔为 30s。

(4) 解算模式：LC-HELP，同时估计轨道的 RELAX 解。

(5) 潮汐改正：固体潮、海潮、极潮。

(6) 光压模型：BERNESS。

(7) 极移参数：估计 EOP、UT1。

(8) 坐标约束：IGS 站为 2σ。

(9) 未知站坐标约束：100m。

(10) 电离层约束：$1 + 8 \times 10^{-6}$。

(11) 轨道积分的重力场模型：采用 IGS92。

(12)惯性系:采用 J2000。

(13)天线模型:采用 ELEV。

4)对流层延迟修正

基线解算采用天顶延迟线性分段估计(PWL),估计时天顶延迟模型采用 Saastamoinen 模型(SAAS),投影函数采用 NMF 模型,湿延迟的估计第一时段分 4 节点逼近(2h 估计 1 次)。

5)电离层延迟修正

采用载波相位观测量的组合 LC 来消除电离层延迟的一阶项。

将 3 个分区的观测数据分别进行基线处理,基线处理完成后,将基线处理结果利用 GLOBK 软件进行多时段整体平差。适当约束极移、UT1 参数(采用 IERS B 或 A 公报值),卫星轨道约束为 20cm,6 个连续观测站约束 2σ,其他 B 级网点约束为 10m,由 GLOBK 给出所有观测期间的整体解。

7.3.3.2 C 级网数据处理

由于 C 级网点距较小,点与点间距离小于 100km,因此可以利用随机后处理软件进行数据处理(也可以用 GAMIT 软件)。其步骤为:

(1)数据整理。将 4 个分区的观测数据进行检查并分别拷贝到 4 个子目录中。

(2)基线处理。将 4 个分区的观测数据分别进行基线处理。在处理时注意参数的设置,不同软件其参数设置略有区别。

(3)网平差。基线处理完成后,将分区内 B 级点作为高等级进行固定,4 个分区的基线解一起进行平差处理。

7.4 有方位联测的 GPS 控制网

本例为某工程主点及其方位点提供大地测量基准。22 个主点和 40 个方位点(图 7-7),其精度要求为:设备点 A 级(5mm),方位点的方位小于 3s。本次任务要求提供待测的 22 个主

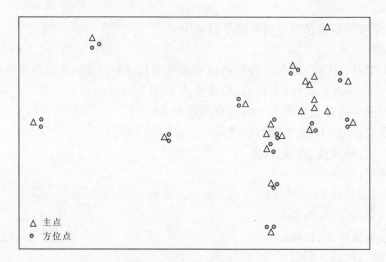

图 7-7 测区点位分布图

点点位的 WGS84 坐标和 1954 北京坐标系坐标(整体平差转换值)及方位点的大地方位角和坐标方位角。

测区概况：整个测区东西长约 1 500km，南北约 500km。相邻点最长边约 100km，最短边约 2km。设备点距方位点小于 1km。大部分设备点都有 2 个方位点，设备点密集区设备点互为方位点。

作业依据为全球定位系统(GPS)测量规范(GB/T 18314—2001)以及本次任务的具体技术要求。

7.4.1 分区观测法

作业方案的制订要根据投入的力量(仪器数量、人员)而定。本次任务投入 16 台双频 GPS 接收机，编为 16 个作业小组。采用分区观测方法。出测前所有 GPS 接收机均进行了检验，检验项目分为一般性检查和零基线、天线相位中心稳定性、短边基线检验，检验结果全部符合本次任务的技术要求。

7.4.1.1 观测要求

(1)设备点(图 7-7)。每点观测 4 个时段，每时段长度为 23.5h，采样间隔为 30s，卫星的高度截止角 5°。

(2)方位点。每点观测 3 个时段，每时段长度为 4h，采样间隔为 30s，卫星的高度截止角 5°。

7.4.1.2 控制点

利用测区周围的 GPS 连续观测站作为高精度控制点，其分布情况见图 7-8。

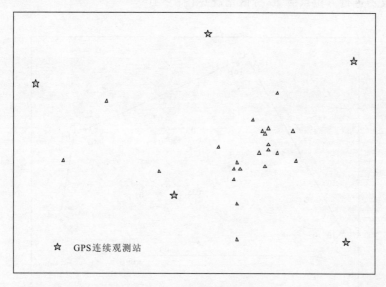

图 7-8 GPS 连续观测站分布图

7.4.1.3 分区情况

整个任务划分为 3 个同步观测区。第一区,16 台仪器接收机中 10 台上主点,其余 6 台仪器测量与 6 个主点相关的 12 个方位点。由于主点观测时间较长,在主点观测期间,另一台仪器与其同步观测其相关的 2 个方位点,见图 7-9。

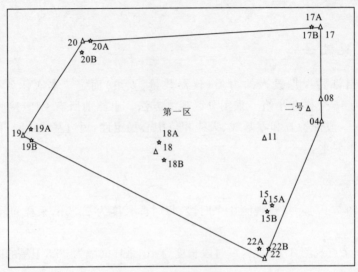

图 7-9 分区观测图(一)

第二区,14 台仪器进行主点测量,由于 01、02、03 互为方位点,因此该区首先进行主点测量,而后调整仪器进行方位点测量,分区情况见图 7-10。

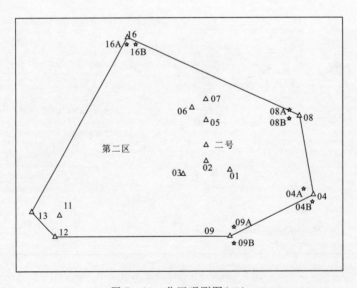

图 7-10 分区观测图(二)

第三区,进行6个主点和7个方位点的测量,分区见图7-11。在3个分区中11号、2号主点为3个分区的连接点。

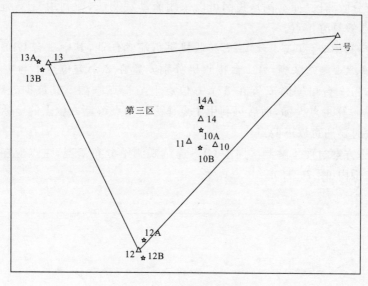

图7-11 分区观测图(三)

7.4.2 数据处理

首先收集观测期间GPS连续观测站的观测数据、坐标、年变率等资料,对外业观测数据进行整理,并与观测手簿对照检查,确保天线高、点位、点号正确。

7.4.2.1 主控制点数据处理

主控制点的数据处理方法与上节相同,基线处理采用GAMIT软件,平差采用GLOBK软件。

基线处理:首先下载观测期间的精密星历,进行数据整理和检查,设置相关参数等;分别处理3个分区内主控制点之间、主控制点与GPS连续观测站之间的基线。

网平差:固定5个GPS连续观测站,将3个分区所有基线利用GLOBK软件进行统一平差。

7.4.2.2 方位点处理

由于方位点与主控制点距离很近,一般在3km以内,因此数据处理采用随机后处理软件会更方便。其方法为:利用主控制点的解算结果作为已知坐标;将每个主控制点和其方位点的观测数据放在同一目录中,进行基线解算(详细核对天线高数据)。由于在观测中,每个方位点仅与本主控制点相连,不构成闭合图形,不能进行平差,取3个时段的平均值作为最后结果。

7.4.3 基于连续观测站的流动观测法

对于点位较分散测区(如本例),我们可以采用流动观测法,即利用 GPS 连续观测站控制主点,然后由主点解算方位点。

实施方法为:利用 2 台(或 3 台)GPS 接收机进行流动作业,其中 1 台 GPS 接收机安置在主点上与 GPS 连续观测站联测,另 1 台接收机分别安置在 2 个方位点上与主点联测,若有 3 台 GPS 接收机,另 2 台可同时安置在 2 个方位点上与主点联测。其数据处理时,首先利用 GPS 连续观测站解算主点坐标,而后再利用主点作为已知点解算方位点的坐标与方位。

利用该方法时要注意以下两点:

(1)编写实施方案时要了解测区周围 GPS 连续观测站分布情况,主点应在 3 个以上 GPS 连续站连线的范围内(图 7-12)。

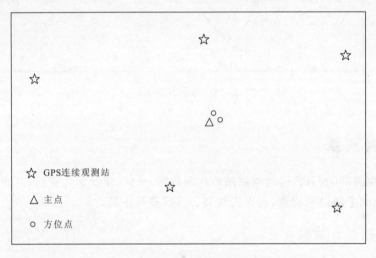

图 7-12 连续观测站分布图

(2)主点距 GPS 连续观测站的距离越长需要观测的时间亦越长。目前 GPS 测量规范中,规定了各等级点之间的间距和观测的时间;规定的点间距只是同等级点之间的间距,其观测时间也是在这个基础上制订的,是基于若干台接收机同步观测进行布网。规范中没有对基于连续观测站进行流动观测方法做规定,例如,流动站距离连续观测多远? 观测时间多长? 我们知道,当流动站距离连续观测站几千米或几百千米时,观测时间若长度一样,所测点位精度是不一样的,应随着基线长度的增加延长观测时间。

7.5 线状 GPS 工程控制网布设方法

随着我国国民经济的快速增长,国家在"十一五"期间提出了对基础建设投入 4 万亿的大规划,铁路、公路、水利、电力等项目均在飞速发展,尤其是 1.8×10^4 km 的高速铁路,在全国各地陆续开始施工建设,基础项目的建设离不开测绘的保障,下面就 GPS 测量如何在线状项目中应用进行论述,高速铁路测量由于其要求精度高于其他线状项目,其控制网布设在以后介绍。

线状建设项目一般分为勘测、设计、施工、后期管理4个阶段。常规测量方法受横向通视和作业条件的限制,作业强度大,且效率低,大大延长了设计周期,GPS技术尤其是RTK技术的引入降低了作业强度,提高了工作效率。

7.5.1 公路、铁路 GPS 控制网布设

GPS控制网是整个项目测量工作的核心,它不仅为勘测阶段测绘带状地形图、路线平面、纵面测量提供依据,在施工阶段为桥梁、隧道建立施工控制网,还可以在施工过程中利用RTK技术进行放样,在后期管理中为变形监测提供测量基准。

由于GPS控制网是整个项目测量的基准,因此在设计GPS控制网时必须考虑整个项目测量的应用,也就是在勘测、施工、后期管理中的应用,需要了解这几个阶段的精度要求、使用什么仪器,才能根据需要进行GPS控制网布设,其精度要求不同、使用的仪器不同、地形条件不同,GPS控制网布设方法也不相同。

一般在勘测、施工阶段使用常规测量仪器(如全站仪),布设GPS控制网时其控制点成对布设在线路两侧,并且需要通视,其间距一般在1km左右。在利用全站仪进行测量时,一对控制点中一个作为主站点,另一个则是方位点。纵向控制点间距一般为2~3km,若由于地形原因造成某一对控制点不通视,则相邻纵向控制点必须有一点通视并缩短其间距,保证每个控制点至少有一方位点,如图7-13所示。

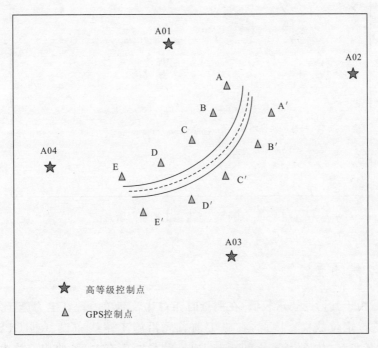

图 7-13 GPS 线状控制网示意图

若某地区地势开阔、无遮挡、完全可以使用 RTK 测量,那么在这一地区其 GPS 控制网可布设成线状,如图 7-13,可将其布设为 A、B'、C、D'、E 网形。

7.5.2 桥梁、隧道施工控制网

无论公路、铁路施工,一般都会经过河流和山区,这时就需要修建桥梁或进行隧道施工,在施工前必须布设控制网以确保在对向施工中双方能够很好对接。在布设 GPS 控制网时首先在周围选择 3 个以上高等级点,最好是能均匀分布在测区周围(图 7-14)。在隧道两端分别布设 1 个控制点和 2 个方位点。测量时,首先利用高等级点与 GPS 控制点联测,在 WGS84 下进行解算、平差,然后利用 2 个控制点与其相应的方位点进行联测,以平差后的 GPS 控制点坐标作为起算坐标解出相应方位点的坐标和方向。一般在施工过程中,需要当地坐标,控制网测量完成后,将 WGS84 坐标转换为当地坐标。

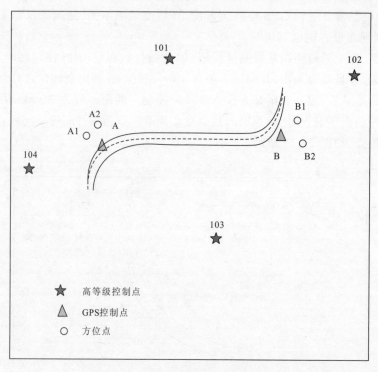

图 7-14 桥梁、隧道施工控制网示意图

7.5.3 电力线测量

电力线测量由于其精度要求较低,在测量时相对比较简单。现在电力施工放样中主要采用 GPS RTK 进行定位放样。因此,在施工前首先沿施工路线布设一些 GPS 控制点作为 RTK 测量时的基准点。相邻基准点间距与 RTK 测量距离有关,若使用外接电台,其距离可达 10km 左右;若用 GPS 一体机,由于是内置电台,一般发射距离在 2km 左右。当 GPS 控制点布设完成后即可进行放样测量。目前,大部分 GPS RTK 接收机都具有放样功能,当与基准

点电台联通后,输入放样点坐标,屏幕将提示行走的方向,在即将到达点位时,一般 GPS RTK 接收机会有提示。从一个基准点到另一个基准点后,为确保放样精度,要进行返测,即从下一个基准点再返回上一个基准点(图 7-15)。

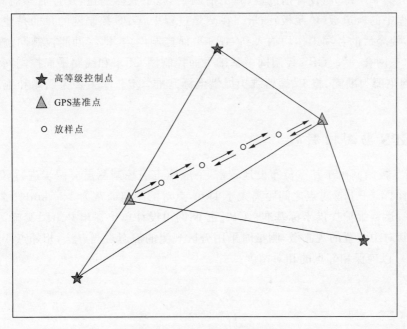

图 7-15 电力 RTK 测量示意图

7.5.4 结论

在线状建设项目中,无论是水利、公路、铁路或电力建设,其共同特点是:一是对点位坐标的绝对精度要求不高,对相邻点的相对精度要求较高;二是要求提供当地坐标系坐标。这就要求我们在布设 GPS 控制网时,第一,要具有方位点,相邻点要进行同步观测;第二,是后处理网的精度和闭合环的精度要好;第三,必须考虑后续工作中所使用的测量仪器和测量方法。

7.6 高速铁路测量

"九五"期间以来的铁路大规模提速,向全社会展示了铁路的新形象,实现了经济和社会效益双丰收,充分证明提速是增强铁路市场竞争力的有效手段,是加快铁路技术创新步伐的推进器,是拉动铁路整体工作水平的强大动力。铁道部随后制订了《"十五"期间铁路提速规划》(以下简称《规划》)。《规划》提出,通过 2001 年、2003 年、2005 年的 3 次大规模提速,到"十五"末期,初步建成以北京、上海、广州为中心,连接全国主要城市的全路快速客运网,总里程达 16 000km;客运专线旅客列车最高时速达到 200km/h 以上,繁忙干线旅客列车最高时速普遍达到 160km/h,部分干线旅客列车最高时速达到 120km/h 以上;主要干线城市间旅客列车运程在 500km 左右的实现"朝发夕归",1 200km 左右的实现"夕发朝至",2 000km 左右的实现"一日到达"。建设高速铁路,测量是关键,只有在保证测量精度的情况下才能进行建设。

高速铁路测量与大型桥梁、大坝等其他重大工程一样,自始至终离不开测量。高速铁路测量野外工作分为4个部分:设计前测量、施工前测量、施工放样测量、运行后的监测。另外,还有在制模过程中的轨道板(单元板)测量。在测量过程中,GPS控制网的目的是建立客运专线的平面控制,使今后的各项工作均纳入到GPS平面控制网内,即将勘测控制网、施工控制网、运营控制网"三网合一"。GPS控制网由基础平面控制网CPⅠ和线路平面控制网CPⅡ组成,其中,CPⅠ网主要为勘测、施工、运营维护提供坐标基准,CPⅡ网主要为勘测和施工提供测量控制基准。

7.6.1 GPS勘测控制网

高铁GPS控制网由于其点位布设地较密,一般施工前控制测量分两步进行,CPⅠ控制网和CPⅡ控制网。CPⅠ每对点之间距离大于1km,点对的距离通常为4~5km(图7-16),主要为勘测、施工、运营维护提供坐标基准。CPⅠ控制网由设计单位提出并组织实施,控制网的点位为具有强制对中装置的观测墩,测量时采用分区观测的静态观测方法,相邻点要进行同步观测(图7-17),以确保相邻点的相对精度。

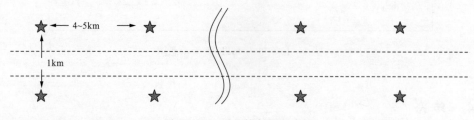

图7-16 CPⅠ控制网示意图

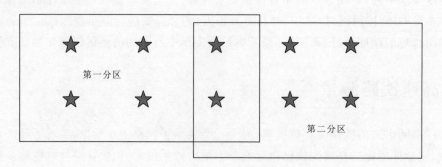

图7-17 GPS接收机分区观测示意图

CPⅠ控制网布设完成后,在此基础上布设CPⅡ线路控制网(图7-18),CPⅡ控制网主要为勘测和施工提供测量控制基准。其点位要求与CPⅠ一样,要有强制对中装置,观测时方法与CPⅠ一样,分区同步观测,采用静态测量方法,相邻点要进行同步观测。若我们有足够多的GPS接收机时,也可以二网合一,同时测量。CPⅡ点对之间距离约为1km,点位之间距离为

7 工程控制网布设示例

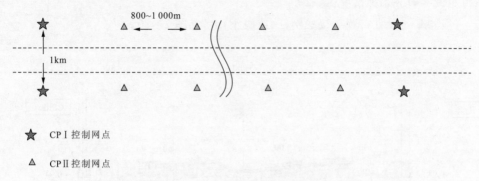

图 7-18 CPⅡ控制网示意图

800~1 000m,在实际环境中很多点之间无法通视,如果采用传统的全站仪进行复测,不仅费时费力,而且非常不容易达到限差要求。CPⅠ控制网和CPⅡ控制网,甚至加密网的测量,均采用高精度、高稳定性的双频 GPS 进行测量。

当设计单位与施工单位完成交接后,施工单位就开始对移交的点位进行复测。首先要复测的是 CPⅠ平面控制网,只有将首级控制复测合格后,再复测 CPⅡ线路控制网。复测时观测方法与布设时相同,相邻的点对要同步观测,以确保最后工程对接的连续性。

当施工完成正式运行后,需要定期对高速铁路进行监测,CPⅠ、CPⅡ控制网是监理测量的平面基准。

7.6.2 施工平面控制网的布设

施工平面控制网在高铁测量中称为 CPⅢ控制网(图 7-19)。CPⅢ控制网是高铁施工的基础。其控制点之间的距离一般为 60m 左右,且不应大于 80m,CPⅢ控制点布设高度应与轨道面高度保持一致。

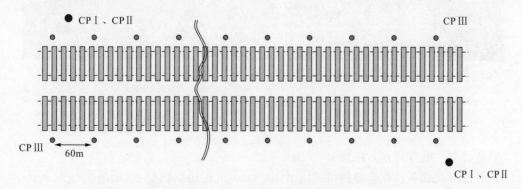

图 7-19 CPⅢ控制网示意图

7.6.2.1 点位布设

点位布设一般分 4 种情况:

(1)一般路基地段宜布置在接触网杆(或底座)上,见图 7-20。

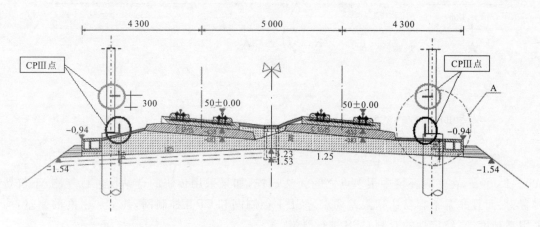

图 7-20 接触网杆示意图

(2)当路基地段没有施工接触网杆时,可以在路基上布置临时控制点桩或布置在已施工的接触网杆的基座(或底座)上,见图 7-21。

图 7-21 CPⅢ点布设在接触网杆基座(a)及 CPⅢ点布设在接触网杆底座(b)上
(注:临时控制点桩在施工时应加 4 根直径为 6mm 的钢筋)

(3)桥梁上一般布置在防护墙上,见图 7-22。
(4)隧道里一般布置在电缆槽顶面以上 30~100cm 的边墙内衬上,见图 7-23。

7.6.2.2 CPⅢ控制点的测量

(1)精度要求(表 7-1)。

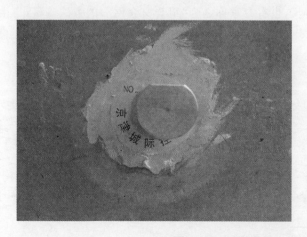

图 7-22 防护墙点示意图

(注:CPⅢ控制点距防护墙表面 50mm 左右)

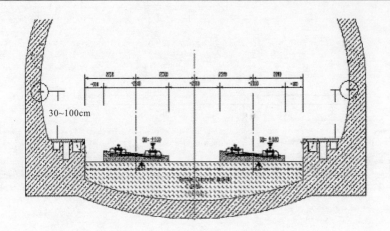

图 7-23 隧道内点位示意图

(注:标记点设置在内衬上,位置距电缆槽边墙表面 30~100cm)

表 7-1 CPⅢ控制点的定位精度要求表　　　　　　　　（单位:mm）

控制点		可重复性测量精度	相对点位精度
CPⅢ	后方交会测量	5	1

(2)仪器要求。全站仪必须满足如下精确度要求:角度测量精确度为≤1″;距离测量精确度为 $1mm+2\times10^{-6}$;每台仪器应至少配 13 套棱镜,使用前应对棱镜进行检测。

注:使用前应对配合全站仪使用的所有棱镜进行检测,所有棱镜的棱镜常数都必须相同。

(3)测量方法。由上所述,CPⅢ控制点不可能建设为具有强制对中装置的点位,在布设 CPⅢ控制点时,为减少对中误差,CPⅢ控制网采用自由设站交会网(《客运专线无砟轨道铁路工程测量暂行规定》称为"后方交会网",也有专家称之为"组合交会网")的方法测量,自由测站的测量,从每个自由测站开始,将以 6 对 CPⅢ 点为测量目标,每次测量应保证每个点测量 3 次,若测量目标少,则搬站次数多,效率低下。测量方法见图 7-24。

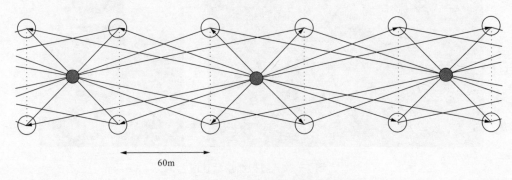

图 7-24 后方交会示意图

●测站(自由站点);○CPⅢ控制点;→向 CPⅢ点进行的测量(方向、角度和距离);↔CPⅢ控制点间距为 60m 左右,且不应大于 80m

观测 CPⅢ 点允许的最远的目标距离为 150 m 左右,最大不超过 180m。

(4)水平角测量的精度要求。①测量水平方向:3 测回。②测量测站至 CPⅢ 标记点间的距离:3 测回。③方向观测各项限差根据《精密工程测量规范》(GB/T 15314—1994)的要求不应超过表 7-2 的规定,观测最后结果按等权进行测站平差。④每个点应观测 3 个全测回。⑤距离的观测应与水平角观测同步进行,并由全站仪自动进行。

表 7-2 方向测量法水平角测量精度表

经纬仪类型	电子经纬仪两次读数差	半测回归零差	一测回内 2C 互差	同一方向值各测回互差
DJ05	0.5	4	12	4
DJ07	1	5	12	5
DJ1	1	6	12	6

注:DJ05 为一测回水平方向中误差不超过±0.5″的经纬仪。

(5)测量中点位横向允许偏差不大于 5mm。
(6)平面测量可以根据测量需要分段测量,其测量范围内的 CPⅠ 及 CPⅡ 点应联测。

7.6.3 CPⅢ与高等级控制点联测

(1)与上一级 CPⅠ、CPⅡ 控制点联测,一般情况下应通过 2 个以上线路上的自由测站(一般选择在线路中间,能同时观测 4 对点位为佳),见图 7-25。

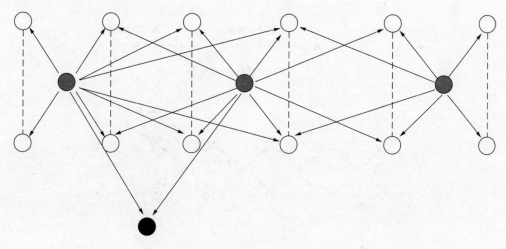

图 7-25 与高等级点联测示意图
●测站(自由站点);○CPⅢ控制点;→向 CPⅢ 点进行的测量(方向、角度和距离)

联测高等级控制点时,应最少观测 3 个完整测回(其精确度应在 5mm 误差以下)。
(2)为了使相邻重合区域能够满足 CPⅢ 网络测量的高均匀性和高精确度,每个重合区域至少要有 3~4 对 CPⅢ点（约为 180m 的重合）一起测量,并且考虑平差,每个区域不小于 4km 为宜。

桥梁、隧道段须与已有的独立的隧道施工控制网相连接。通过选取适当的 CPⅡ点和 CPⅢ特殊网点,来保证形成均匀的过渡段。

（3）CPⅢ控制网应与线下工程竣工中线进行联测。

7.6.4 CPⅢ控制网高程测量

7.6.4.1 测量方法

每一测段应至少与 3 个二等水准点进行联测,形成检核。往测时以轨道一侧的 CPⅢ水准点为主线贯通水准测量,另一侧的 CPⅢ水准点在进行贯通水准测量设站时就近观测。返测时以另一侧的 CPⅢ水准点为主线贯通水准测量,对侧的水准点在设站时就近联测。往测示意如图 7-26 所示。返测水准路线如图 7-27 所示。

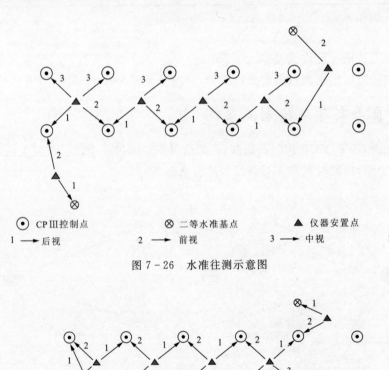

图 7-26 水准往测示意图

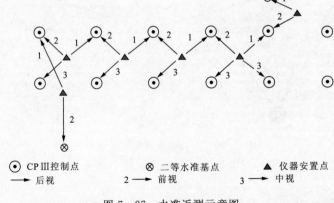

图 7-27 水准返测示意图

7.6.4.2 CPⅢ高程控制点精度要求

CPⅢ控制点水准测量应按照《客运专线无砟轨道铁路工程测量技术暂行规定》中的"精密水准"测量的要求施测。CPⅢ控制点高程测量工作应在CPⅢ平面测量完成后进行,并起闭于二等水准基点,且一个测段联测不应少于3个水准点。

精密水准测量采用满足精度要求的电子水准仪(电子水准仪每千米水准测量高差中误差为±0.3mm),配套铟瓦尺。使用仪器设备应在鉴定期内,有效期最多为1年,每年必须对测量仪器精确度进行一次校准,每天使用该仪器之前,根据自带的软件对仪器进行检验和校准(表7-3~表7-6)。

表7-3 精密水准测量精度要求表 (单位:mm)

水准测量等级	每千米水准测量偶然中误差 M_Δ	每千米水准测量全中误差 M	限 差			
			检测已测段高差之差	往返测不符值	附合路线或环线闭合差	左右路线高差不符值
精密水准	≤2.0	≤4.0	$12\sqrt{L}$	$8\sqrt{L}$	$8\sqrt{L}$	$4\sqrt{L}$

注:表中L为往返测段、附合或环线的水准路线长度,单位:km。

表7-4 精密水准测量的主要技术标准

等级	每千米高差全中误差(mm)	路线长度(km)	水准仪等级	水准尺	观测次数		往返较差或闭合差(mm)
					与已知点联测	附合或环线	
精密水准	4	2	DS1	铟瓦	往返	往返	$8\sqrt{L}$

注:①结点之间或结点与高级点之间,其路线的长度不应大于表中规定的0.7倍;
②L为往返测段、附合或环线的水准路线长度,单位:km。

表7-5 精密水准观测主要技术要求

等级	水准尺类型	水准仪等级	视距(m)	前后视距差(m)	测段的前后视距累积差(m)	视线高度(m)
精密水准	铟瓦	DS1	≤60	≤2.0	≤4.0	下丝读数≥0.3
		DS05	≤65			

注:①L为往返测段、附合或环线的水准路线长度,单位:km;
②DS05表示每千米水准测量高差中误差为±0.5mm。

表7-6 测站观测限差要求 (单位:mm)

等级	上下丝读数平均值与中丝读数的差	基辅分划读数的差	基辅分划所测高差的差	检测间歇点高差的差
精密	1.5	0.5	0.7	1.0

7.6.4.3 技术要求

(1)因水准路线较短,故不设间歇点。
(2)使用双摆位自动安平水准仪时,不计算基辅分划读数差。
(3)对于数字水准仪,同一标尺两次读数差不设限差,两次读数所测高差的差执行基辅分划所测高差的差。
(4)视距长≤60m。
(5)前后视距差≤1.0m。
(6)前后视距累计差≤3.0m。
(7)上述观测限差超限时,重新观测。

7.6.4.4 观测顺序

(1)光学水准仪观测。

奇数测站照准标尺分划顺序为:①后视标尺基本分划;②中视标尺基本分划;③前视标尺基本分划;④前视标尺辅助分划;⑤中视标尺辅助分划;⑥后视标尺辅助分划。

偶数测站照准标尺分划顺序为:①前视标尺基本分划;②中视标尺基本分划;③后视标尺基本分划;④后视标尺辅助分划;⑤中视标尺辅助分划;⑥前视标尺辅助分划。

(2)数字水准仪观测。

奇数测站照准标尺分划顺序为:①后视标尺;②前视标尺;③中视标尺;④前视标尺;⑤中视标尺;⑥后视标尺。

偶数测站照准标尺分划顺序为:①前视标尺;②中视标尺;③后视标尺;④后视标尺;⑤中视标尺;⑥前视标尺。

测站数为偶数时,一般为6或8个。由往测转往返测时,两支标尺应互换位置,并应重新整置仪器。

7.6.4.5 CPⅢ控制点高程测量数据处理

在数据存储之前,必须对观测数据做各项限差检验。检验合格时,进行必要的顺序整理,计算者与检核者签名后进行存储。检验不合格时,对不合格测段整体重测,至合格为止。

CPⅢ控制点高程测量应严密平差,平差计算取位按表7-7中精密水准测量的规定执行。

表7-7 精密水准测量计算取位

等级	往(返)测距离总和(km)	往(返)测距离中数(km)	各测站高差(mm)	往(返)测高差总和(mm)	往(返)测高差中数(mm)	高程(mm)
精密水准	0.01	0.1	0.01	0.01	0.1	0.1

7.6.4.6 CPⅢ控制点高程测量所使用的仪器

CPⅢ控制点因为点数繁多,水准测量工作量大,故推荐使用精密电子水准仪。

精密电子水准仪支持一、二等水准测量往返测量前后视顺序不同的模式；支持三、四等水准测量的单程双转点观测功能；支持CPⅢ控制点高程测量及平差。

当联测4个水准点时按图7-28进行。

图7-28 水准路线图

7.6.5 CPⅢ控制网的维护

由于CPⅢ网布设于桥梁上或由于线下工程的稳定性等原因的影响，为确保CPⅢ点的准确性，施工单位在使用CPⅢ点进行后续轨道安装测量时，应定期与周围其他点进行校核，特别是要与地面上布设的稳定的CPⅠ、CPⅡ点进行校核，以便及时发现和处理问题。

7.6.6 结束语

高速铁路的GPS控制网是高速铁路勘探设计、施工、运营控制的平面基准，对相邻点的相对精度要求较高，测量时相邻点一定要同步观测，以保证精度的连贯性。

施工中采用全站仪进行放样，由于其距离较近，对中一定要准确。

高程测量采用高精度水准仪进行测量，测量方法与常规水准略有不同，注意按要求进行观测，不要照错标尺。

在施工中采用地方坐标系，由WGS84系统转换为地方坐标系时，需要选择合适参数，减少精度损失。

7.7 利用GPS测定垂线偏差

很多教科书上已详细阐述了利用GPS测垂线偏差的原理，这里不再作介绍。

7.7.1 GPS测垂线偏差的计算公式

由大地高和正常高的关系知

$$H = H_r + \xi \tag{7-1}$$

式中，H为大地高；H_r为正常高；ξ为高程异常。

当使用GPS测定基线时，则有

$$\Delta H = \Delta H_r + \Delta \xi \tag{7-2}$$

式中，ΔH为基线两端点之间的大地高差；ΔH_r为基线两端点之间的正常高差；$\Delta \xi$为基线两端点之间的高程异常差。

ΔH可由 GPS 差分定位精确确定，ΔH_r由精密水准测量或电磁波测距高程导线确定，进而可求得$\Delta \xi$。

当基线两端点相距不远，且垂线偏差的变化可视为线性变化时，在求定大地水准面之差时有公式

$$2\Delta\xi = -(\delta A + \delta B)D \tag{7-3}$$

若取$\delta A + \delta B = 2\delta$，则有

$$\delta = -\frac{\Delta\xi}{D} \tag{7-4}$$

式中，D为基线两端点间的距离；δA，δB分别为A、B两点的垂线偏差在AB方向上的分量。

由于D可以从 GPS 相对定位中得到，则可求得

$$\delta = \xi\cos A + \eta\sin A \tag{7-5}$$

式中，A为AB方向的方位角。若有两条 GPS 基线边，有

$$\left.\begin{array}{l}\delta_1 = \xi\cos A_1 + \eta\sin A_2 \\ \delta_2 = \xi\cos A_2 + \eta\sin A_2\end{array}\right\} \tag{7-6}$$

解方程组得

$$\left.\begin{array}{l}\xi = \dfrac{\delta_1\sin A_2 - \delta_2\sin A_1}{\sin(A_2 - A_1)} \\ \eta = \dfrac{\delta_1\cos A_2 - \delta_2\cos A_1}{\sin(A_1 - A_2)}\end{array}\right\} \tag{7-7}$$

式(7-6)～式(7-7)可以求出垂线偏差的子午分量与卯酉分量ξ和η。

从上面的计算公式可以知道，ξ和η的精度受基线之间的夹角影响明显，因此，使用 GPS 测定垂线偏差时应特别关注两基线之间的夹角，理论上讲以 90°为最佳。若受地形限制，也不宜小于 60°，否则，垂线偏差的精度将不会太好。

从 GPS 测垂线偏差公式推导过程知道，在 GPS 相对定位时，只要测出基线两端点的正常高差，使用 GPS 相对定位的数据，即可计算出某一点或某一区域的垂线偏差分量ξ和η。

基线两端的正常高差可以采用精密水准测量和电磁波测距高程方法获取，具体使用何种方法，应视测区的实际情况确定。

用 GPS 相对定位测量和基线两端正常高差确定垂线偏差ξ和η，为我们提供了一条测定垂线偏差的新途径。由于 GPS 快速定位与定向已经成熟，只要我们能够快速确定两端点间的正常高差，就可以测定垂线偏差。

7.7.2 实例分析

从上述公式可以知道，最理想的图形如图 7-29 所示，在点O周围选取 4 个点A、B、C、D，距离O点基本相等，其相互间夹角约 90°。但实际测量中，由于地理条件限制，一般很难选到理想的图形，但要注意，所选择的点相互间夹角不易太大或太小。

下面是一个用 GPS 相对定位测定垂线偏差的实例。

测区为一无任何测量成果的偏僻之地，测量条件非常差，我们布设了如图 7-30 所示的实测图形。图 7-30 中，GF_1、GF_2、GF_3的边长分别为 200m、110m、120m，GC_1、GC_2的边长则为 800m 左右。具体作业步骤如下：

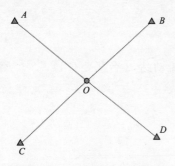
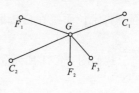

图 7-29 GPS 点分布示意图　　图 7-30 GPS 布网略图

(1)用两台 Z12 双频 GPS 接收机分别对图 7-30 中各边观测 4 个时段,每个时段 3h。各时段间对调仪器和天线,减弱对中和相位不均匀误差。

(2)使用随 Z12 接收机所带的商用软件,解算各边的方位角 A 和边长 D 以及大地高差 ΔH。

(3)G 点与各点的正常高差用三等水准测量测得。

(4)由于 5 条边均匀地分布在 4 个象限,解算 ξ 和 η 时彼此相关,采用相关平差法计算出垂线偏差分量和进行精度估算。最后结果为:

$$\xi = 0.64'' \qquad \delta\xi = \pm 1.88''$$
$$\eta = 34.21'' \qquad \delta\eta = 1.99''$$

由于用 GPS 相对定位、定向方法获得两基线间的距离、方位角和大地高差非常容易,基线点间的正常高差也可很快求得。因此,在面积不大且地形呈线性变化的地区,用该方法测定垂线偏差是一种理想的途径。

7.8　在其他测量方面的应用

随着科技的快速发展,卫星定位技术应用越来越广泛,航空重力测量、天绘影片控制测量、远离海岸的大型港口码头和大桥的海上打桩测量等,均应用到卫星定位技术。

7.8.1　海上打桩测量

随着经济和技术的发展,大型港口码头和大桥不断向深水区进展,在远离海岸的深水码头和跨海大桥的施工中,海上打桩是重要的施工工序。

在海上数千米或者十几千米的作业距离,使得传统的经纬仪交会法或全站仪定位方法已不能满足工程定位的需要。利用 GPS 接收机组成 GPS 远程打桩定位系统,使这项工程得以实现。由于 GPS 具有作业距离远、不受天气影响、定位精度高等优点,该系统具有 3 台 GPS 相互检核,GPS 和测倾仪进行船体姿态检核等多重检核措施,保证了测量定位的准确性,也同时避免了 GPS 在复杂环境中出现假锁定的情况,系统推出后即得到了大范围的推广。下面简单介绍该系统的基本原理。

7.8.1.1 GPS 远程打桩系统原理

1) 设备安装

GPS 远程打桩定位系统在打桩船上安装 3 台 GPS 流动站, 2 台测距仪, 1~2 个测倾仪, 1 个摄像机。

安装位置示意如图 7-31 所示。

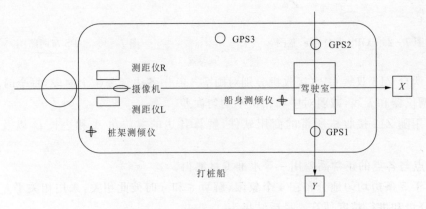

图 7-31 GPS 打桩系统设备安装示意图

GPS 安装位置一般根据船体上部结构情况布置, 在打桩船后部架设 2 台 GPS, 2 台 GPS 天线左右距离船体纵轴线一致; 在靠近前边一侧放置 1 台, 3 台 GPS 天线高度一致; 2 台测距仪架设在船轴线两侧, 通过桩架开孔测距仪激光点直接可以测到桩上, 左右距离在 40cm 左右; 摄像机安装在测距仪中间位置, 可以直接观察测距仪在桩上的激光点; 船体测倾仪一般安装在驾驶室, 在船体水平时水平安装, 前后方向和船轴线方向一致, 桩架测倾仪安装在桩架上, 在桩架垂直时水平安装, 前后位置和船轴线方向一致。

2) 坐标系统及转换

打桩定位的结果是要测定桩身的位置、方位和倾斜度, 由于不能将 GPS 天线直接安装在桩身上, 因此, 为实现对桩身的定位和定向, 通过安装 3 台 GPS 流动站和 1 台船体倾斜仪以确定船体的位置和姿态, 进而可以确定船体上桩的位置, 通过测距仪和桩身距离的检测, 从而实现对桩身的精确定位和定向。

GPS 远程打桩系统采用 3 套坐标系统: WGS84 坐标系统, 工程坐标系统, 船体坐标系统。

(1) WGS84 坐标系统。GPS 锁定后, 通过串口直接输出 WGS84 坐标系统的 GGA 数据。

(2) 工程坐标系统。在我国施工过程中一般采用 BJ54 或者工程坐标系统。

(3) 船体坐标系统。在船体移动过程中, 操作人员最方便的还是使用船体坐标, 直接指挥打桩船前后、左右移动。

GPS 实时 WGS84 坐标系统和实时工程坐标系统通过布尔沙模型、七参数转换, 得到 3 台 GPS 实时工程坐标。

工程坐标系 xoy 与瞬时船体水平坐标系统 XOY 之间的关系式为

$$\begin{pmatrix} x_p \\ y_p \end{pmatrix} = \begin{pmatrix} X_p \\ Y_p \end{pmatrix} + \begin{pmatrix} \cos\alpha & -\sin\alpha \\ \sin\alpha & \cos\alpha \end{pmatrix} \times \begin{pmatrix} X_p \\ Y_p \end{pmatrix} \tag{7-8}$$

式中，α 为 X 轴逆时针旋转到 X 轴的角度。

7.8.1.2 应用前景

随着国家在基础建设方面的不断投入，大型水上项目不断上马，特别是港珠澳大桥的开工，打桩船将拥有更加广阔的施展空间，GPS 在打桩船的应用将会更加普遍。砂桩船、抛石船、挖泥船、铺排船、整平船、起重船等水工船舶的 GPS 应用也将更加广泛。

7.8.2 航空重力测量

在进行航空重力测量时，飞机上安装 3 台 GPS 接收机，用于确定飞机的姿态和位置，机载 GPS 接收机与地面 2 个 GPS 基准站联测（图 7-32），利用差分技术，确定测量重力时瞬间三维坐标。

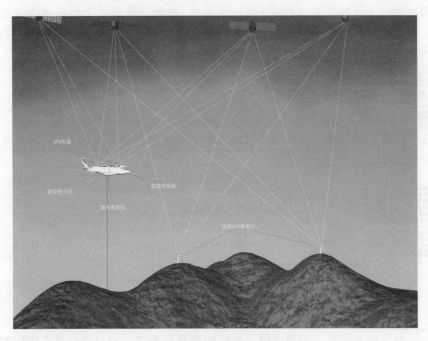

图 7-32 航空重力 GPS 定位示意图

8 实时精密单点定位技术

GNSS 实时精密单点定位同 GNSS 精密单点定位主要的一个区别是后者是事后进行数据处理,并且在数据处理的过程中使用了观测到的全部观测量。而 GNSS 实时精密单点定位是通过实时获取精密星历,实时处理当前历元的所有观测量进行单点定位过程的,因此在精度上不如精密单点定位的精度高。虽然两种方法在实时性和精度上有些许差异,但是在数学模型上是可以通用的。常用的数学模型是无电离层组合模型和 UofC 模型。实时精密单点定位过程中不仅存在测量误差而且还存在偏差。例如,卫星时钟存在卫星时钟偏差和卫星时钟误差:卫星时钟偏差为每一颗导航卫星相对于系统的差值,其值由导航电文中提供的卫星钟改正参数来计算。卫星钟误差为卫星钟改正参数不能完全代表实际卫星钟而引起的。归纳这些引起测量精度的主要误差源可分为三大类(见第四章第六节):

(1)与卫星有关的误差。
(2)与信号传播路径有关的误差。
(3)与接收设备有关的误差。

上述这些因素主要影响电磁波传播时间的测量和卫星精确位置的获取,误差通过观测方程传递到定位结果。

8.1 实时精密单点定位观测模型

8.1.1 观测模型

GNSS 的观测模型是由观测量的表达式或是通过观测量之间的线性组合得到。例如:伪距单点定位模型是单纯通过伪距观测量的表达式形成,而无电离层组合则是通过对伪距和载波通过线性组合后消去电离层误差而得到的新的观测量形成。实时精密单点定位的数学模型常用的有无电离组合模型和 UofC 模型(载波/伪距半和模型)。

已知 GNSS 双频载波相位观测方程可以表示为

$$\Phi_{L_1,R}^s(t) = \rho_R^s(t) - ct^s(t) + ct_R(t) + d_{orb}^s(t) + d_{ant}^s - I_R^s(t) + T_R^s(t) + d_{mul}^s + \frac{c}{f_1}\{N_{1,R}^s + \varphi_R(t_0) - \varphi^s(t_0)\}_1 + \varepsilon_{R,L_1}^s$$

$$\Phi_{L_2,R}^s(t) = \rho_R^s(t) - ct^s(t) + ct_R(t) + d_{orb}^s(t) + d_{ant}^s - \frac{f_1^2}{f_2^2}I_R^s(t) + T_R^s(t) + d_{mul}^s + \frac{c}{f_2}\{N_{2,R}^s + \varphi_R(t_0) - \varphi^s(t_0)\}_2 + \varepsilon_{R,L_2}^s \quad (8-1)$$

伪距观测方程可以表示为

$$P_{P1,R}^s = \rho_R^s(t) - ct^s(t) + ct_R(t) + d_{orb}^s(t) + d_{ant}^s + I_R^s(t) + T_R^s(t) + d_{mul}^s + \varepsilon_{R,P1}^s$$

$$P_{P2,R}^s = \dot{\rho}_R^s(t) + \frac{f_1^2}{f_2^2} I_R^s(t) + ct_R(t) + \varepsilon_{R,P2}^s \qquad (8-2)$$

式中，$\rho_R^s(t)$为接收机 R 在 t 时刻与卫星 s 在 $t-\tau$ 时刻的空间几何距离，τ 为信号由卫星 s 传播到接收机 R 所用的时间延迟。

$$\rho_R^s(t) = \sqrt{[x_R - X^s(t-\tau)]^2 + [y_R - Y^s(t-\tau)]^2 + [z_R - Z^s(t-\tau)]^2}$$

式(8-1)和式(8-2)中的数学符号表示如下：

c	真空中光速；
$t^s(t)$	卫星 s 在 t 时刻相对于 GNSS 时的钟差；
t	接收机接收信号的 GNSS 时；
$d_{orb}^s(t)$	卫星轨道误差；
$d_{ant}^s(t)$	卫星天线相位偏差；
I_R^s	L_1 波段的电离层延迟；
$T_R^s(t)$	对流层延迟；
$t_R(t)$	接收机在 t 时刻相对于 GNSS 时的接收机钟差；
f_1, f_2	L_1 载波频率，L_2 载波频率；
$N_{1,R}^s, N_{2,R}^s$	L_1 载波和 L_2 载波的整周未知数；
$\varphi_R(t_0)$	接收机 R 中的初始相位残差；
$\varphi^s(t_0)$	卫星 s 初始相位残差；
$d_{mul}^s(t)$	多路径效应引起的误差；
$\varepsilon_{R,L_1}^s, \varepsilon_{R,L_2}^s, \varepsilon_{R,P1}^s, \varepsilon_{R,P2}^s$	观测噪声以及其他未模型化的误差的影响。

观察上述载波相位观测方程(8-1)和伪距观测方程(8-2)，可令：

$$\begin{cases} N_{1,R}^{*s} = \{N_{1,R}^s + \varphi_R(t_0) - \varphi^s(t_0)\}_1 \\ N_{2,R}^{*s} = \{N_{2,R}^s + \varphi_R(t_0) - \varphi^s(t_0)\}_2 \\ \dot{\rho}_R^s(t) = \rho_R^s(t) - ct^s(t) + d_{orb}^s(t) + d_{ant}^s + T_R^s(t) + d_{mul}^s \end{cases} \qquad (8-3)$$

则载波相位观测方程(8-1)和伪距观测方程(8-2)可以简化如下：

$$\begin{cases} \Phi_{L_1,R}^s(t) = \dot{\rho}_R^s(t) + ct_R(t) - I_R^s(t) + \frac{c}{f_1} N_{1,R}^{*s} + \varepsilon_{R,L_1}^s \\ \Phi_{L_1,R}^s(t) = \dot{\rho}_R^s(t) + ct_R(t) - \frac{f_1^2}{f_2^2} I_R^s(t) + \frac{c}{f_1} N_{1,R}^{*s} + \varepsilon_{R,L_2}^s \\ P_{P1,R}^s(t) = \dot{\rho}_R^s(t) + ct_R(t) + I_R^s(t) + \varepsilon_{R,P1}^s \\ P_{P2,R}^s(t) = \dot{\rho}_R^s(t) + ct_R(t) + \frac{f_1^2}{f_2^2} I_R^s(t) + \varepsilon_{R,P2}^s \end{cases} \qquad (8-4)$$

下面主要介绍通过对观测量进行线性组合而消除了电离层误差的两种组合模型。

8.1.1.1 传统的无电离层组合模型

该模型是将双频观测量进行组合以消除 GNSS 信号传播过程中最大的误差源-电离层延迟误差。模型方程如下：

$$\begin{cases} \Phi_{\text{ion\_Free},R}^s(t) = \dfrac{f_1^2}{f_1^2-f_2^2}\Phi_{L_1,R}^s(t) - \dfrac{f_2^2}{f_1^2-f_2^2}\Phi_{L_2,R}^s(t) \\ \qquad = \dot{\rho}_R^s(t) + ct_R(t) + \dfrac{c}{f_1^2-f_2^2}(f_1 N_{1,R}^{*s} - f_2 N_{2,R}^{*s}) + \varepsilon_{L_1,L_2} \\ P_{\text{ion\_Free},R}^s(t) = \dfrac{f_1^2}{f_1^2-f_2^2}P_{P1,R}^s(t) - \dfrac{f_2^2}{f_1^2-f_2^2}P_{P2,R}^s(t) \\ \qquad = \dot{\rho}_R^s(t) + ct_R(t) + \varepsilon_{P1,P2} \end{cases} \quad (8-5)$$

观察式(8-5)可再令 $N_R^{*s} = \dfrac{c}{f_1^2-f_2^2}(f_1 N_{1,R}^{*s} - f_2 N_{2,R}^{*s})$ 作为未知参数待估。

为了对该模型具体分析，需要将其 Taylor 展开。由于卫星 s 在 $t-\tau$ 时刻的位置参数 (X^s, Y^s, Z^s) 可以在 IGS 超快速精密星历中获取，为已知值，卫星轨道误差和卫星钟差改正也为已知值。对流层延迟误差可通过模型改正，因此，模型可简化成如下形式：

$$\begin{cases} f_{\Phi_{\text{ion\_Free},R}^s} = \Phi_{\text{ion\_Free},R}^s(t) - [\dot{\rho}_R^s(t) + ct_R(t) + N_R^{*s} + \varepsilon_{L_1,L_2}] = 0 \\ f_{P_{\text{ion\_Free},R}^s} = P_{\text{ion\_Free},R}^s(t) - [\dot{\rho}_R^s(t) + ct_R(t) + \varepsilon_{L_1,L_2}] = 0 \end{cases} \quad (8-6)$$

将式按照 Taylor 级数在近似值 $(x_0, y_0, z_0, t_{R,0}, N_{R,0}^{*s})$ 处展开，得到线性化方程为

$$\begin{cases} \Phi_{\text{ion\_Free},R}^s - \Phi_{R,0}^s = \dfrac{\partial f_{\Phi_{\text{ion\_Free},R}^s}}{\partial x_R}dx_R + \dfrac{\partial f_{\Phi_{\text{ion\_Free},R}^s}}{\partial y_R}dy_R + \dfrac{\partial f_{\Phi_{\text{ion\_Free},R}^s}}{\partial z_R}dz_R \\ \qquad + \dfrac{\partial f_{\Phi_{\text{ion\_Free},R}^s}}{\partial t_R}dt_R + \dfrac{\partial f_{\Phi_{\text{ion\_Free},R}^s}}{\partial N_R^{*s}}dN_R^{*s} \\ P_{\text{ion\_Free},R}^s - P_{R,0}^s = \dfrac{\partial f_{P_{\text{ion\_Free},R}^s}}{\partial x_R}dx_R + \dfrac{\partial f_{P_{\text{ion\_Free},R}^s}}{\partial y_R}dy_R + \dfrac{\partial f_{P_{\text{ion\_Free},R}^s}}{\partial z_R}dz_R + \dfrac{\partial f_{P_{\text{ion\_Free},R}^s}}{\partial t_R}dt_R \end{cases} \quad (8-7)$$

设某历元 t 可观测卫星为 n 颗，则待估参数为：

$$\hat{x} = \begin{bmatrix} x_R & y_R & z_R & ct_R(t) & N_R^{*1} & \cdots & N_R^{*n} \end{bmatrix}$$

故可知线性化方程为：

$$\underset{2n\times 1}{L_R} = \underset{2n\times(n+4)}{B_R}\underset{(n+4)\times 1}{X_R} + \underset{2n\times 1}{\varepsilon_R} \quad (8-8)$$

式(8-8)中：

$$\underset{2n\times 1}{L_R} = \begin{bmatrix} \Phi_{\text{ion\_Free},R}^1 - \Phi_{0,R}^1 \\ \Phi_{\text{ion\_Free},R}^2 - \Phi_{0,R}^2 \\ \vdots \\ \Phi_{\text{ion\_Free},R}^n - \Phi_{0,R}^n \\ P_{\text{ion\_Free},R}^1 - P_{0,R}^1 \\ P_{\text{ion\_Free},R}^2 - P_{0,R}^2 \\ \vdots \\ P_{\text{ion\_Free},R}^n - P_{0,R}^n \end{bmatrix}, \quad \underset{(n+4)\times 1}{X_R} = \begin{bmatrix} \Delta x_R \\ \Delta y_R \\ \Delta z_R \\ \Delta t_R(t) \\ \Delta N_R^{*1} \\ \vdots \\ \Delta N_R^{*n} \end{bmatrix}, \quad \underset{2n\times 1}{\varepsilon_R} = \begin{bmatrix} \varepsilon_{\Phi_R^1} \\ \varepsilon_{\Phi_R^2} \\ \vdots \\ \varepsilon_{\Phi_R^n} \\ \varepsilon_{P_R^1} \\ \varepsilon_{P_R^n} \\ \vdots \\ \varepsilon_{P_R^n} \end{bmatrix}$$

$$B_R \atop {2n\times(4+n)} = \begin{bmatrix} \dfrac{\partial f_{\Phi^1_{\text{ion\_Free},R}}}{\partial x_R} & \dfrac{\partial f_{\Phi^1_{\text{ion\_Free},R}}}{\partial y_R} & \dfrac{\partial f_{\Phi^1_{\text{ion\_Free},R}}}{\partial z_R} & \dfrac{\partial f_{\Phi^1_{\text{ion\_Free},R}}}{\partial t_R} & \dfrac{\partial f_{\Phi^1_{\text{ion\_Free},R}}}{\partial N_R^{*1}} & 0 & \cdots & 0 \\ \dfrac{\partial f_{\Phi^2_{\text{ion\_Free},R}}}{\partial x_R} & \dfrac{\partial f_{\Phi^2_{\text{ion\_Free},R}}}{\partial y_R} & \dfrac{\partial f_{\Phi^2_{\text{ion\_Free},R}}}{\partial z_R} & \dfrac{\partial f_{\Phi^2_{\text{ion\_Free},R}}}{\partial t_R} & 0 & \dfrac{\partial f_{\Phi^2_{\text{ion\_Free},R}}}{\partial N_R^{*2}} & \cdots & 0 \\ \vdots & \vdots & \vdots & \vdots & \vdots & & & \vdots \\ \dfrac{\partial f_{\Phi^n_{\text{ion\_Free},R}}}{\partial x_R} & \dfrac{\partial f_{\Phi^n_{\text{ion\_Free},R}}}{\partial y_R} & \dfrac{\partial f_{\Phi^n_{\text{ion\_Free},R}}}{\partial z_R} & \dfrac{\partial f_{\Phi^n_{\text{ion\_Free},R}}}{\partial t_R} & 0 & \cdots & 0 & \dfrac{\partial f_{\Phi^n_{\text{ion\_Free},R}}}{\partial N_R^{*n}} \\ \dfrac{\partial f_{P^1_{\text{ion\_Free},R}}}{\partial x_R} & \dfrac{\partial f_{P^1_{\text{ion\_Free},R}}}{\partial y_R} & \dfrac{\partial f_{P^1_{\text{ion\_Free},R}}}{\partial z_R} & \dfrac{\partial f_{P^1_{\text{ion\_Free},R}}}{\partial t_R} & 0 & 0 & \cdots & 0 \\ \dfrac{\partial f_{P^2_{\text{ion\_Free},R}}}{\partial x_R} & \dfrac{\partial f_{P^2_{\text{ion\_Free},R}}}{\partial y_R} & \dfrac{\partial f_{P^2_{\text{ion\_Free},R}}}{\partial z_R} & \dfrac{\partial f_{P^2_{\text{ion\_Free},R}}}{\partial t_R} & 0 & 0 & \cdots & 0 \\ \vdots & \vdots & \vdots & \vdots & \vdots & & & \vdots \\ \dfrac{\partial f_{P^n_{\text{ion\_Free},R}}}{\partial x_R} & \dfrac{\partial f_{P^n_{\text{ion\_Free},R}}}{\partial y_R} & \dfrac{\partial f_{P^n_{\text{ion\_Free},R}}}{\partial z_R} & \dfrac{\partial f_{P^n_{\text{ion\_Free},R}}}{\partial t_R} & 0 & 0 & \cdots & 0 \end{bmatrix}$$

经过上述分析可知采用该模型定位计算时,其在某历元观测方程个数为其观测卫星的 2 倍。待估参数为 3 个接收机天线位置参数(x_R, y_R, z_R),n 个非整模糊度参数 N_R^{*s} 个接收机钟差未知数,则待估参数总数为($n+4$)。因而,当观测到至少 4 颗卫星时即可解出未知参数。

8.1.1.2 相位/伪距半和模型

不同于无电离层组合模型,UofC 模型采用伪距观测量与载波相位观测量之和的一半作为新的组合观测量,新的组合观测量消除了载波相位观测量中的电离层误差,并且将整个噪声降到了一半,提高了测量精度。UofC 模型由式(8-9)描述如下:

$$\begin{cases} \Phi^s_{\text{ion\_Free},R}(t) = \dfrac{f_1^2}{f_1^2-f_2^2}\Phi^s_{L_1,R}(t) - \dfrac{f_2^2}{f_1^2-f_2^2}\Phi^s_{L_2,R}(t) \\ \qquad\qquad = \rho^{\cdot s}_R(t) + ct_R(t) + \dfrac{c}{f_1^2-f_2^2}(f_1 N^{*s}_{1,R} - f_2 N^{*s}_{2,R}) + \varepsilon_{L_1,L_2} \\ P^s_{\text{ion\_Free},L_1 R} = (P^s_{P1,R} + \Phi^s_{L_1,R})/2 = \rho^{\cdot s}_R(t) + ct_R(t) + \dfrac{c}{2f_1} N^{*s}_{1,R} + \varepsilon_{P_{\text{ion\_Free},L_1}} \\ P^s_{\text{ion\_Free},L_2 R} = (P^s_{P2,R} + \Phi^s_{L_2,R})/2 = \rho^{\cdot s}_R(t) + ct_R(t) + \dfrac{c}{2f_2} N^{*s}_{2,R} + \varepsilon_{P_{\text{ion\_Free},L_2}} \end{cases} \quad (8-9)$$

下面通过线性化该模型来做简要分析:

$$\begin{cases} f^s_{L_1 L_2,R} = \Phi^s_{\text{ion\_Free},R}(t) - \left[\rho^{\cdot s}_R(t) + ct_R(t) + \dfrac{c}{f_1^2-f_2^2}(f_1 N^{*s}_{1,R} - f_2 N^{*s}_{2,R}) + \varepsilon_{L_1,L_2}\right] = 0 \\ f^s_{P_1 L_1,R} = P^s_{\text{ion\_Free},L_1 R} - \left[\rho^{\cdot s}_R(t) + ct_R(t) + \dfrac{c}{2f_1} N^{*s}_{1,R} + \varepsilon_{P_{\text{ion\_Free},L_1}}\right] = 0 \\ f^s_{P_2 L_2,R} = P^s_{\text{ion\_Free},L_2 R} - \left[\rho^{\cdot s}_R(t) + ct_R(t) + \dfrac{c}{2f_2} N^{*s}_{2,R} + \varepsilon_{P_{\text{ion\_Free},L_2}}\right] = 0 \end{cases} \quad (8-10)$$

将上式在近似值$(x_0, y_0, z_0, t_{R,0}, N_{1R,0}^{*s}, N_{2R,0}^{*s})$处用 Taylor 级数展开,可得

$$\begin{cases} \Phi_{\text{ion\_Free},R}^s - \Phi_{0,R}^s = \dfrac{\partial f_{L_1L_2,R}^s}{\partial x_R}\mathrm{d}x_R + \dfrac{\partial f_{L_1L_2,R}^s}{\partial y_R}\mathrm{d}y_R + \dfrac{\partial f_{L_1L_2,R}^s}{\partial z_R}\mathrm{d}z_R + \dfrac{\partial f_{L_1L_2,R}^s}{\partial t_R}\mathrm{d}t_R + \\ \qquad\qquad\qquad \dfrac{\partial f_{L_1L_2,R}^s}{\partial N_{1,R}^{*s}}\mathrm{d}N_{1,R}^{*s} + \dfrac{\partial f_{L_1L_2,R}^s}{\partial N_{2,R}^{*s}}\mathrm{d}N_{2,R}^{*s} \\ P_{\text{ion\_Free},L_1R}^s - P_{0,L_1R}^s = \dfrac{\partial f_{P_1L_1,R}^s}{\partial x_R}\mathrm{d}x_R + \dfrac{\partial f_{P_1L_1,R}^s}{\partial y_R}\mathrm{d}y_R + \dfrac{\partial f_{P_1L_1,R}^s}{\partial z_R}\mathrm{d}z_R + \dfrac{\partial f_{P_1L_1,R}^s}{\partial t_R}\mathrm{d}t_R + \\ \qquad\qquad\qquad \dfrac{\partial f_{P_1L_1,R}^s}{\partial N_{1,R}^{*s}}\mathrm{d}N_{1,R}^{*s} + \dfrac{\partial f_{P_1L_1,R}^s}{\partial N_{2,R}^{*s}}\mathrm{d}N_{2,R}^{*s} \\ P_{\text{ion\_Free},L_2R}^s - P_{0,L_2R}^s = \dfrac{\partial f_{P_2L_2,R}^s}{\partial x_R}\mathrm{d}x_R + \dfrac{\partial f_{P2L_2,R}^s}{\partial y_R}\mathrm{d}y_R + \dfrac{\partial f_{P2L_2,R}^s}{\partial z_R}\mathrm{d}z_R + \dfrac{\partial f_{P2L_2,R}^s}{\partial t_R}\mathrm{d}t_R + \\ \qquad\qquad\qquad \dfrac{\partial f_{P_1L_1,R}^s}{\partial N_{1,R}^{*s}}\mathrm{d}N_{1,R}^{*s} + \dfrac{\partial f_{P2L_2,R}^s}{\partial N_{2,R}^{*s}}\mathrm{d}N_{2,R}^{*s} \end{cases} \quad (8-11)$$

假设在历元 t 时刻观测到 n 颗卫星,则待估参数为

$$\hat{x} = \begin{bmatrix} x_R & y_R & z_R & t_R & N_{1,R}^{*s} & N_{2,R}^{*s} \end{bmatrix}$$

线性化观测方程为:

$$\underset{3n\times 1}{L_R} = \underset{3n\times(2n+4)}{B_R}\ \underset{(2n+4)\times 1}{X_R} + \underset{3n\times 1}{\varepsilon_R} \quad (8-12)$$

式(8-12)中各量表示如下:

$$\underset{3n\times 1}{L_R} = \begin{bmatrix} \Phi_{\text{ion\_Free},R}^1 - \Phi_{0,R}^1 \\ \Phi_{\text{ion\_Free},R}^2 - \Phi_{0,R}^2 \\ \vdots \\ \Phi_{\text{ion\_Free},R}^n - \Phi_{0,R}^n \\ P_{\text{ion\_Free},L_1R}^1 - P_{0,L_1R}^1 \\ P_{\text{ion\_Free},L_1R}^2 - P_{0,L_1R}^2 \\ \vdots \\ P_{\text{ion\_Free},L_1R}^n - P_{0,L_1R}^n \\ P_{\text{ion\_Free},L_2R}^1 - P_{0,L_2R}^1 \\ P_{\text{ion\_Free},L_2R}^2 - P_{0,L_2R}^2 \\ \vdots \\ P_{\text{ion\_Free},L_2R}^n - P_{0,L_2R}^n \end{bmatrix},\quad \underset{(2n+4)\times 1}{X_R} = \begin{bmatrix} x_R \\ y_R \\ z_R \\ t_R \\ \Delta N_{1,R}^{*1} \\ \vdots \\ \Delta N_{1,R}^{*n} \\ \Delta N_{2,R}^{*1} \\ \vdots \\ \Delta N_{2,R}^{*n} \end{bmatrix},\quad \underset{3n\times 1}{\varepsilon_R} = \begin{bmatrix} \varepsilon_{L_1L_2}^1 \\ \varepsilon_{L_1L_2}^2 \\ \vdots \\ \varepsilon_{L_1L_2}^n \\ \varepsilon_{P_1L_1}^1 \\ \varepsilon_{P_1L_1}^2 \\ \vdots \\ \varepsilon_{P_1L_1}^n \\ \varepsilon_{P2L_2}^1 \\ \varepsilon_{P2L_2}^2 \\ \vdots \\ \varepsilon_{P2L_2}^n \end{bmatrix}$$

$$B_R \atop 3n\times(2n+4)} = \begin{bmatrix} \frac{\partial f_{L_1L_2,R}^1}{\partial x_R} & \frac{\partial f_{L_1L_2,R}^1}{\partial y_R} & \frac{\partial f_{L_1L_2,R}^1}{\partial z_R} & \frac{\partial f_{L_1L_2,R}^1}{\partial t_R} & \frac{\partial f_{L_1L_2,R}^1}{\partial N_{1,R}^{*1}} & 0 & \cdots & 0 & \frac{\partial f_{L_1L_2,R}^1}{\partial_{2,R}^{*1}} & 0 & \cdots & 0 \\ \frac{\partial f_{L_1L_2,R}^2}{\partial x_R} & \frac{\partial f_{L_1L_2,R}^2}{\partial y_R} & \frac{\partial f_{L_1L_2,R}^2}{\partial z_R} & \frac{\partial f_{L_1L_2,R}^2}{\partial t_R} & 0 & \frac{\partial f_{L_1L_2,R}^2}{\partial N_{1,R}^{*1}} & \cdots & 0 & 0 & \frac{\partial f_{L_1L_2,R}^2}{\partial_{2,R}^{*1}} & \cdots & 0 \\ \vdots & \vdots & \vdots & \vdots & \vdots & \vdots & \vdots & \vdots & \vdots & \vdots & \vdots & \vdots \\ \frac{\partial f_{L_1L_2,R}^n}{\partial x_R} & \frac{\partial f_{L_1L_2,R}^n}{\partial y_R} & \frac{\partial f_{L_1L_2,R}^n}{\partial z_R} & \frac{\partial f_{L_1L_2,R}^n}{\partial t_R} & 0 & 0 & \cdots & 0 & \frac{\partial f_{L_1L_2,R}^n}{\partial N_{1,R}^{*1}} & 0 & \cdots & \frac{\partial f_{L_1L_2,R}^n}{\partial_{2,R}^{*1}} \\ \frac{\partial f_{P_1L_1,R}^1}{\partial x_R} & \frac{\partial f_{P_1L_1,R}^1}{\partial y_R} & \frac{\partial f_{P_1L_1,R}^1}{\partial z_R} & \frac{\partial f_{P_1L_1,R}^1}{\partial t_R} & \frac{\partial f_{P_1L_1,R}^1}{\partial N_{1,R}^{*1}} & 0 & \cdots & 0 & \frac{\partial f_{P_1L_1,R}^1}{\partial N_{2,R}^{*1}} & 0 & \cdots & 0 \\ \frac{\partial f_{P_1L_1,R}^2}{\partial x_R} & \frac{\partial f_{P_1L_1,R}^2}{\partial y_R} & \frac{\partial f_{P_1L_1,R}^2}{\partial z_R} & \frac{\partial f_{P_1L_1,R}^2}{\partial t_R} & 0 & \frac{\partial f_{P_1L_1,R}^2}{\partial N_{1,R}^{*1}} & \cdots & 0 & 0 & \frac{\partial f_{P_1L_1,R}^2}{\partial N_{2,R}^{*1}} & \cdots & 0 \\ \vdots & \vdots & \vdots & \vdots & \vdots & \vdots & \vdots & \vdots & \vdots & \vdots & \vdots & \vdots \\ \frac{\partial f_{P_1L_1,R}^n}{\partial x_R} & \frac{\partial f_{P_1L_1,R}^n}{\partial y_R} & \frac{\partial f_{P_1L_1,R}^n}{\partial z_R} & \frac{\partial f_{P_1L_1,R}^n}{\partial t_R} & 0 & 0 & \cdots & 0 & \frac{\partial f_{P_1L_1,R}^n}{\partial N_{1,R}^{*1}} & 0 & \cdots & \frac{\partial f_{P_1L_1,R}^2}{\partial N_{2,R}^{*1}} \\ \frac{\partial f_{P2L_2,R}^1}{\partial x_R} & \frac{\partial f_{P2L_2,R}^1}{\partial y_R} & \frac{\partial f_{P2L_2,R}^1}{\partial z_R} & \frac{\partial f_{P2L_2,R}^1}{\partial t_R} & \frac{\partial f_{P2L_2,R}^1}{\partial N_{1,R}^{*1}} & 0 & \cdots & 0 & \frac{\partial f_{P2L_2,R}^1}{\partial N_{2,R}^{*1}} & 0 & \cdots & 0 \\ \frac{\partial f_{P2L_2,R}^2}{\partial x_R} & \frac{\partial f_{P2L_2,R}^2}{\partial y_R} & \frac{\partial f_{P2L_2,R}^2}{\partial z_R} & \frac{\partial f_{P2L_2,R}^2}{\partial t_R} & 0 & \frac{\partial f_{P2L_2,R}^2}{\partial N_{1,R}^{*1}} & \cdots & 0 & 0 & \frac{\partial f_{P2L_2,R}^2}{\partial N_{2,R}^{*1}} & \cdots & 0 \\ \vdots & \vdots & \vdots & \vdots & \vdots & \vdots & \vdots & \vdots & \vdots & \vdots & \vdots & \vdots \\ \frac{\partial f_{P2L_2,R}^n}{\partial x_R} & \frac{\partial f_{P2L_2,R}^n}{\partial y_R} & \frac{\partial f_{P2L_2,R}^n}{\partial z_R} & \frac{\partial f_{P2L_2,R}^n}{\partial t_R} & 0 & 0 & \cdots & 0 & \frac{\partial f_{P2L_2,R}^n}{\partial N_{1,R}^{*1}} & 0 & \cdots & \frac{\partial f_{P2L_2,R}^n}{\partial N_{2,R}^{*1}} \end{bmatrix}$$

可以看出,采用 UofC 模型进行精密单点定位计算,观测方程的个数是观测卫星的 3 倍。待估参数有:3 个接收机位置参数(x_R, y_R, z_R),1 个接收机钟差参数和 $2n$ 个模糊度参数,故未知参数的总数为 $4+2n$ 个。UofC 模型分别估计 L_1 载波和 L_2 载波上的模糊度来固定模糊度,这样又加快了模糊度解算的收敛速度,有利于动态定位。

8.1.2 误差及其改正方法

8.1.2.1 与卫星有关的误差

与卫星有关的误差有卫星钟差、星历误差、相对论效应改正和卫星天线相位中心改正。卫星钟差、星历误差见第四章第六节。

1)相对论效应改正

相对论效应是由于卫星钟和接收机钟所处的状态(运动速度和重力位)不同而引起的卫星钟和接收机钟之间产生相对钟差现象。依据爱因斯坦的相对论原理,在卫星信号的传播过程中会同时受到狭义相对论效应和广义相对论效应。狭义相对论说明在惯性参考系中以一定秒速运行的时钟,相对于同一类型的静止不动的时钟,存在着时钟频率之差,其差值为

$$\Delta f^s = f_s - f = -\frac{f}{2}\left(\frac{v_s}{C}\right)^2 \tag{8-13}$$

式中:f_s 为卫星时钟频率;f 为同类静止的卫星时钟频率;v_s 为卫星运行速度;C 为真空中光速。

广义相对论则说明在空间强引力场中的振荡信号,其波长大于在地球上用同一方式所产生的振荡信号波长,其值为

$$\Delta f^{ss} = \frac{uf}{C^2}\left(\frac{1}{R_E} - \frac{1}{R_f}\right) \quad (8-14)$$

式中:μ 为地球引力常数;R_E 为地球平均曲率半径;R_s 为卫星向径。

综上,爱因斯坦的狭义相对论和广义相对论对 GNSS 卫星钟频率的综合影响为

$$\Delta f^E_{GPS} = \Delta f^s_{GPS} + \Delta f^{ss}_{GPS} \quad (8-15)$$

2)卫星天线相位中心改正

精密星历给出的卫星坐标是卫星质量中心的坐标,而卫星发射信号的位置则是卫星天线相位中心,卫星质心和卫星天线相位中心有个偏差,必须顾及此偏差的影响(图 8-1)。表 8-1 是由 NGA 提供的 GNSS 一些卫星的相位偏差值。

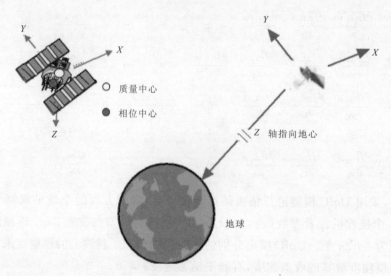

图 8-1 卫星天线相位中心偏差示意图

8.1.2.2 与接收机有关的误差

与接收机有关的误差有接收机钟差、接收机天线相位中心改正、Sagnac 效应改正、地球固体潮改正、海潮改正、极潮(极移)改正、相位扭转效应等误差。接收机钟差、接收机天线相位中心偏差、固体潮改正、海潮改正、极潮(极移)改正见第四章第六节。

1)Sagnac 效应改正

现在 GNSS 数据处理一般都是在协议地球坐标系下进行,如 WGS84 属于地心地固坐标系、ITRF 属于地固参照系等,它们随地球自转而变化。由于卫星信号发射时刻和信号接收时刻所对应的地固系是不同的,所以在地固系中计算卫星到接收机的几何距离时,必须考虑地球自转的影响。地球自转引起的距离改正为

$$\Delta\rho_{earth} = \frac{\omega}{C}\left[Y^s(X_R - X^s) - X^s(Y_R - Y^s)\right] \quad (8-16)$$

表 8-1 NGA 提供的一些 GNSS 卫星相位偏差值

Block	PRN	$\Delta x(m)$	$\Delta y(m)$	$\Delta z(m)$
II	All	0.2794	0	0.9519
IIA	All	0.2794	0	0.9519
IIR	11	0.0019	0.0011	1.5141
IIR	13	0.0024	0.0025	1.6140
IIR	14	0.0018	0.0002	1.6137
IIR	16	−0.0098	0.0060	1.6630
IIR	18	−0.0098	0.0060	1.5923
IIR	19	−0.0100	0.0064	1.5920
IIR	20	0.0022	0.0014	1.6140
IIR	21	0.0023	−0.0006	1.5840
IIR	22	0.0018	−0.0009	0.0598
IIR	23	0.0088	0.0035	0.0004
IIR	28	0.0018	0.0007	1.5131

式中:X_R、Y_R、Z_R 为测站位置三维坐标;X^s、Y^s、Z^s 为卫星位置三维坐标;ω 为地球自转角速度;C 为真空中光速。

对卫星坐标的改正为

$$\begin{bmatrix} X_s' \\ Y_s' \\ Z_s' \end{bmatrix} = \begin{bmatrix} \cos\alpha & \sin\alpha & 0 \\ -\sin\alpha & \cos\alpha & 0 \\ 0 & 0 & 1 \end{bmatrix} \begin{bmatrix} X^s \\ Y^s \\ Z^s \end{bmatrix} \quad (8-17)$$

式中,$\alpha=\omega\tau$ 为地球在信号传播的时间 τ 内旋转的角度。该项偏差可达几米到十几米。计算中必须要考虑。

2)相位扭转效应

GNSS 信号是通过右旋极性波(Right Circularly Polarized,RCP)传播的,因此载波相位观测量依赖于卫星天线和接收机天线的相对指向。不论是接收机天线还是卫星天线的转动都会影响载波相位的测量(最大至 1 周)。这就叫作相位扭转效应,是 Wu J T 于 1993 年提出的。由于卫星的太阳能帆板的定向总是要朝向太阳以及卫星与观测站的几何位置的不断变化,卫星天线总是缓慢地旋转。由于相位扭转改正对于几百千米以内的双差基线解算影响很小,因此很多高精度的差分定位软件没有考虑此项改正。但是,实验表明,对于 4 000km 的基线其影响可达到 4cm(Wu J T,1993),这对于非差单点定位的影响非常显著,忽略它可能导致位置和钟差的解算偏差达到分米量级。

相位扭转改正可由式(8-18)表示:

$$\begin{cases} DS = X_s - (K \cdot X_s) \cdot K - K \times Y_s \\ DR = X_r - (K \cdot X_r) \cdot K + K \times Y_r \\ \Delta\varphi = \text{sign}(K \cdot (DR \times DS))\cos^{-1}\left(\dfrac{DS \cdot DR}{|DS||DR|}\right) \\ \Delta\Psi = 2N\pi + \Delta\varphi \\ N = Int[(\Delta\Psi_{pre} - \Delta\varphi)/2\pi] \end{cases} \quad (8-18)$$

式中：K 为卫星指向接收机的单位向量；(X_s, Y_s, Z_s) 为卫星体的姿态矢量；(X_r, Y_r, Z_r) 为接收机天线姿态矢量；$\Delta\Psi$ 为 Wind-Up 改正量。

"正午"（卫星在日地之间且三者共线）和"午夜"（地球在日星之间且三者共线）时，卫星会在 30min 内重新定向以使太阳能帆板重新指向太阳，卫星天线经历着快速的旋转，这时的相位观测量也必须进行相应改正或者舍弃这个时期的观测数据。

8.1.2.3 与信号传播路径有关的误差

与信号传播路径有关的误差有电离层延迟改正、对流层延迟改正和多路径效应，见第四章第六节，这里针对单点定位应用介绍其改正。

1）电离层延迟改正

在实时精密单点定位中，对电离层延迟的处理主要有两种方法：一是建立电离层模型进行改正；二是利用电离层的色散效应建立双频改正模型。常用的电离层模型主要有：本特（Bent）模型、克罗布歇（Klobuchar）模型。这两种模型的改正精度一般只有 50%～60%，适用于单频接收机定位时的改正。在利用双频接收机进行精密单点定位时，可以采用第二种方法，即利用电离层对不同频率的电磁波折射率不同，而建立消除电离层影响的双频观测值组合模型。

卫星信号受电离层延迟的影响值与卫星高度角有一定的关系，高度角越小其影响越大，高度角大于 10°后，其影响值变化趋缓，因此，观测时将截止卫星高度角控制在 10°～15°，可以有效控制电离层延迟的影响。

2）对流层延迟改正

由于对流层对于波长较长的微波基本不存在色散效应，因而，无法像电离层影响那样通过双频信号进行改正。所以，在进行精密单点定位时，只能通过模型加以改正。对流层偏差距离，常定义为天顶方向上的对流层偏差量 ΔD_Z 与相应卫星高度角 E_s 的映射函数之积：

$$\Delta D_{trop} = \Delta D_Z \times M(E_s)$$

天顶方向上的对流层偏差量 ΔD_Z 分为干分量 ΔD_{Zdry} 和湿分量 ΔD_{Zwet}，同时其相应的映射函数也解成干、湿映射函数 $M_{dry}(E_s)$、$M_{wet}(E_s)$，从而可得对流层偏差量：

$$\Delta D_{trop} = \Delta D_{Zdry} M_{dry}(E_s) + \Delta D_{Zwet} M_{wet}(E_s) \quad (8-19)$$

Sasstamonien 模型改正天顶对流层延迟的模型如下：

$$\begin{cases} d_{dry} = 0.002\,277 \times P_0/g' \\ d_{wet} = 0.002\,277\left(\dfrac{1\,255}{T} + 0.05\right)e_0/g' \\ g' = 1 - 0.002\,6\cos 2\varphi - 0.000\,28h_0 \end{cases} \quad (8-20)$$

式中：P_0 为测站的气压（mbar）；T 为测站的气温（K）；e_0 为测站的水汽压（mbar）；φ 为测站纬度；h_0 为测站高程（km）。

实验表明,采用该模型计算测站天顶对流层延迟干分量的精度可达到 1~2mm,但是在 GNSS 精密单点定位中,对于误差达到几个厘米的湿分量一般作为未知参数代入式中解算得出。但是在 GNSS 实时精密单点定位中通常采用 Neil 的 NMF(Neil Mapping Function)模型作为映射函数,其公式如式(8-21):

$$\begin{cases} M_{dry} = \dfrac{1+\dfrac{a_{hyd}}{1+\dfrac{b_{hyd}}{1+c_{hyd}}}}{\sin E + \dfrac{a_{hyd}}{\sin E + \dfrac{b_{hyd}}{\sin E + c_{hyd}}}} + \left(\dfrac{1}{\sin E} - \dfrac{1+\dfrac{a_{ht}}{1+\dfrac{b_{ht}}{1+c_{ht}}}}{\sin E + \dfrac{a_{ht}}{\sin E + \dfrac{b_{ht}}{\sin E + c_{ht}}}} \right) \times \dfrac{h}{1\,000} \\ \\ M_{wet} = \dfrac{1+\dfrac{a_{wet}}{1+\dfrac{b_{wet}}{1+c_{wet}}}}{\sin E + \dfrac{a_{wet}}{\sin E + \dfrac{b_{wet}}{\sin E + c_{wet}}}} \\ \\ a_{hyd} = a_{avg}(\varphi) + a_{amp}(\varphi) \cos\left(2\pi \dfrac{DOY - DOY_0}{365.25}\right) \\ b_{hyd} = b_{avg}(\varphi) + b_{amp}(\varphi) \cos\left(2\pi \dfrac{DOY - DOY_0}{365.25}\right) \\ c_{hyd} = c_{avg}(\varphi) + c_{amp}(\varphi) \cos\left(2\pi \dfrac{DOY - DOY_0}{365.25}\right) \end{cases} \quad (8-21)$$

式中:E 为卫星高度角;h 为正高;DOY 为年积日。测站在北半球时 $DOY_0=28$,测站在南半球时 $DOY_0=211$。a_{kt} 为系数,$a_{kt}=2.53\times10^{-5}$。b_{kt} 为系数,$b_{kt}=5.43\times10^{-3}$。c_{kt} 为系数,$c_{kt}=1.14\times10^{-3}$。

而 $a_{avg}(\varphi)$ 和 $a_{amp}(\varphi)$ 可以通过查表内插得到;b_{hyd} 和 c_{hyd} 用与式(8-32)相同形式的公式计算。干、湿分量映射函数的系数见表 8-2。

表 8-2 干、湿分量映射函数系数表

系数	$\varphi=15°$	$\varphi=30°$	$\varphi=45°$	$\varphi=60°$	$\varphi=75°$
a_{hyd_avg}	$1.276\,993\,4\times10^{-3}$	$1.268\,323\,0\times10^{-3}$	$1.246\,539\,7\times10^{-3}$	$1.219\,604\,9\times10^{-3}$	$1.204\,599\,6\times10^{-3}$
b_{hyd_avg}	$2.915\,369\,5\times10^{-3}$	$2.915\,229\,9\times10^{-3}$	$2.928\,844\,5\times10^{-3}$	$2.902\,256\,5\times10^{-3}$	$2.902\,491\,2\times10^{-3}$
c_{hyd_avg}	$62.610\,505\times10^{-3}$	$62.837\,393\times10^{-3}$	$63.721\,774\times10^{-3}$	$63.824\,265\times10^{-3}$	$64.258\,455\times10^{-3}$
a_{hyd_amp}	0.0×10^{-5}	$1.270\,962\,6\times10^{-5}$	$2.652\,366\,2\times10^{-5}$	$3.400\,045\,2\times10^{-5}$	$4.120\,219\,1\times10^{-5}$
b_{hyd_amp}	0.0×10^{-5}	$2.141\,497\,9\times10^{-5}$	$3.016\,077\,9\times10^{-5}$	$7.256\,272\,2\times10^{-5}$	$11.723\,375\times10^{-5}$
c_{hyd_amp}	0.0×10^{-5}	$9.012\,840\,0\times10^{-5}$	$4.349\,703\,7\times10^{-5}$	$84.795\,348\times10^{-5}$	$170.372\,06\times10^{-5}$
a_{wet}	$5.802\,189\,7\times10^{-4}$	$5.679\,484\,7\times10^{-4}$	$5.811\,801\,9\times10^{-4}$	$5.972\,754\,2\times10^{-4}$	$6.164\,169\,3\times10^{-4}$
b_{wet}	$1.427\,526\,8\times10^{-3}$	$1.513\,862\,5\times10^{-3}$	$1.457\,275\,2\times10^{-3}$	$1.500\,742\,8\times10^{-3}$	$1.759\,908\,2\times10^{-3}$
c_{wet}	$4.347\,296\,1\times10^{-2}$	$4.672\,951\,0\times10^{-2}$	$4.390\,893\,1\times10^{-2}$	$4.462\,698\,2\times10^{-2}$	$5.473\,603\,8\times10^{-2}$

8.2 实时精密单点定位星历内插算法

8.2.1 超快速星历 IGU 内插算法

由于 IGS、iGMAS 等提供的精密星历的采样率都比较低,对于实时精密定位来说需要高采样率的精密星历,此时需要对精密星历做内插加密处理来满足实时定位。内插过程所用时间尽可能的短并且内插点的精度要高,内插过程采用滑动式内插过程。常用的内插算法有拉格朗日插值算法、连分式插值算法、艾特金插值算法、最小二乘曲线拟合法和切比雪夫多项式拟合法等。下面依次介绍各算法的原理并以算例分析选取超快速星历 IGU 的内插算法的条件。

8.2.2 拉格朗日插值算法

对于 n 个插值节点 $x_1, x_2, \cdots, x_n$ 及其对应函数值 $y_1, y_2, \cdots, y_n$,利用 n 次拉格朗日插值多项式对其区间内任意 x 的函数 y 由式(8-22)表示:

$$y(x) = \sum_{k=1}^{n} y_k \left(\prod_{\substack{j=1 \\ j \neq k}}^{n} \frac{x - x_j}{x_k - x_j} \right) \tag{8-22}$$

拉格朗日插值算法具有函数模型比较简单、插值效率比较高、收敛速度比较快等特点,但是在增加和删除节点时需要重新构造整个多项式结构。

采用 IGS 提供的 2009 年 6 月 6 日的 PRN 为 7 阶的 GNSS 卫星精密轨道,采样间隔为 15min。采样时间为 6 日 6 时到 7 日 6 时整 24 个小时。间隔 30min 的星历数据分别采用 7 阶、9 阶、11 阶和 13 阶拉格朗日插值得到 15min 星历值同原 15min 星历值做比较得到坐标残差图。统计后得表 8-3:

表 8-3 不同阶数下拉格朗日插值结果统计

阶数	坐标残差图	RMS(m)		
		X	Y	Z
7	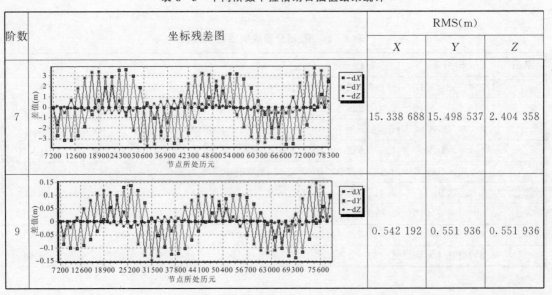	15.338 688	15.498 537	2.404 358
9		0.542 192	0.551 936	0.551 936

续表 8-3

阶数	坐标残差图	RMS(m)		
		X	Y	Z
11		0.030 367	0.033 891	0.006 750
13		0.010 766	0.010 449	0.006 520

由表 8-3 看出采用拉格朗日插值法在 11 阶处可以达到精度要求（超快速精密星历，轨道精度<5cm）。Z 方向的残差比 X,Y 方向上的残差小且精度高。

8.2.3 连分式插值算法

对于 n 个节点 $x_1, x_2, \cdots, x_n$ 和其对应函数值 $y_1, y_2, \cdots, y_n$，可以用连分式插值法计算待定插值点的函数值。由连分式构造的函数公式如下：

$$\varphi(x) = b_0 + \cfrac{x-x_0}{b_1 + \cfrac{x-x_1}{b_2 + \cdots + \cfrac{x-x_{n-2}}{b_{n-1}}}} \tag{8-23}$$

式（8-23）中计算 $b_j = \varphi_j(x_j)(j=0,1,2,\cdots,n-1)$ 的递推公式如下表示：

$$b_0 = \varphi_0(x_0) = f(x_0)$$

$$\begin{cases} \varphi_0(x_j) = f(x_j) \\ \varphi_{k+1}(x_j) = \dfrac{x_j - x_k}{\varphi_k(x_j) - b_k}, \quad k=0,1,\cdots,j-1 \\ b_j = \varphi_j(x_j) \end{cases} \tag{8-24}$$

采用 IGS 提供的 2009 年 6 月 6 日的 PRN 为 11 阶的 GNSS 卫星精密轨道，采样间隔 15min，采样时间为 6 日 6 时至 7 日 6 时共 24 小时的数据。分别采用 7～12 阶连分式插值算法。用间隔 30min 星历数据内插间隔 15min 的星历数据并同原始 15min 精密星历值作差，画出坐标残差图，并求出各坐标残差的 RMS。整理后如表 8-4 所示。

表 8-4 不同阶数下连分式插值结果统计

阶数	坐标残差图	RMS(m)		
		X	Y	Z
7	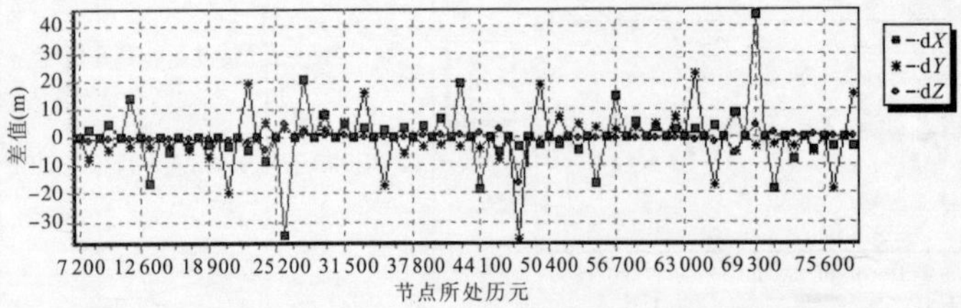	78.601 036	70.480 163	19.574 908
8	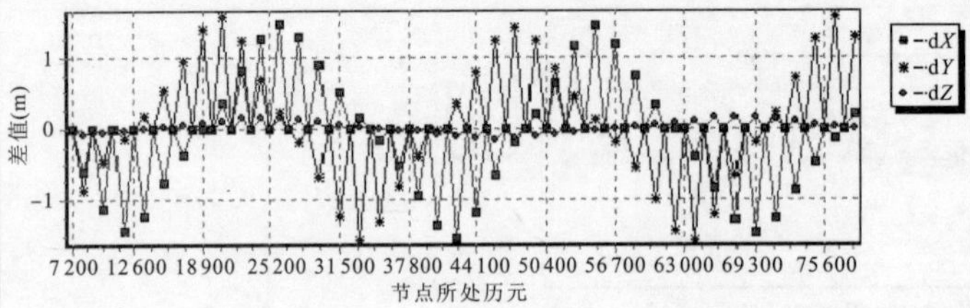	5.815 162	6.081 590	0.583 661
9	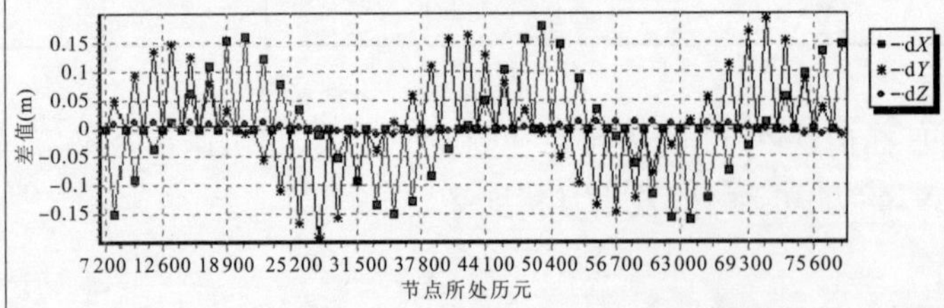	0.655 726	0.674 745	0.051 357
11	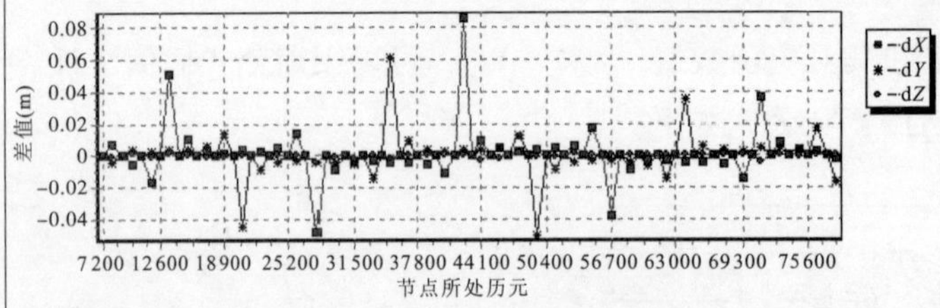	0.130 154	0.107 893	0.007 885
12	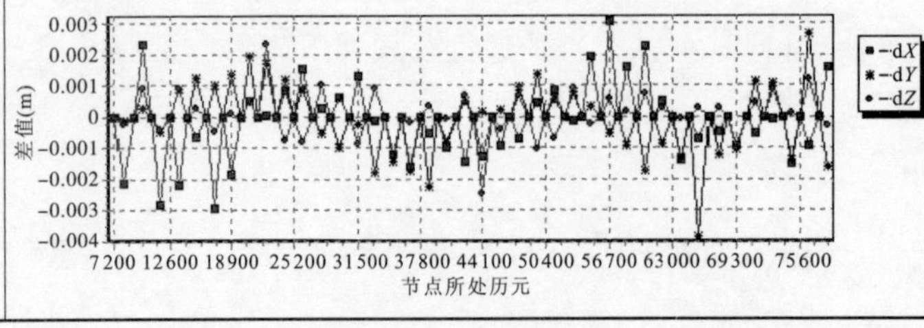	0.009 015	0.008 472	0.005 279

8.2.4 艾特金逐步插值算法

对于给定的历元节点为 $x_0<x_1<x_2<\cdots<x_{n-1}$,其相应星历值为 $y_0,y_1,y_2,\cdots,y_{n-1}$。首先,从给定的 n 个节点中选取最靠近插值点 t 的 m 个节点 $x'_0,x'_1,\cdots,x'_{m-1}$,相应的函数值为 $y'_0,y'_1,\cdots,y'_{m-1}$。其中 $m\leqslant n$。然后用这 m 个点做艾特金逐步插值,其步骤如图 8-2:

8 实时精密单点定位技术

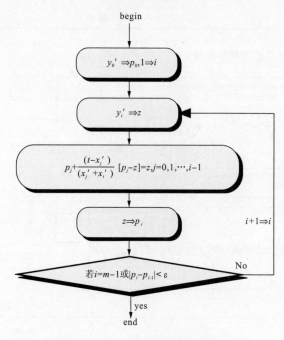

图 8-2 艾特金逐步插值步骤流程

下面通过算例来说明采用艾特金逐步插值可以在低阶的情况下即可达到所需要精度的要求值。采用 IGS 提供的 2009 年 6 月 6 日的 PRN 为 17 阶的 GNSS 卫星精密轨道,采样间隔 15min,采样时间为 6 日 6 时至 7 日 6 时共 24 个小时的数据。分别采用 7~11 阶艾特金逐步插值算法。用间隔 30min 星历数据内插间隔 15min 的星历数据并同原始 15min 精密星历值作差,画出坐标残差图,并求出各坐标残差的 RMS。整理后如表 8-5 所示。

表 8-5 不同阶数下艾特金插值结果统计

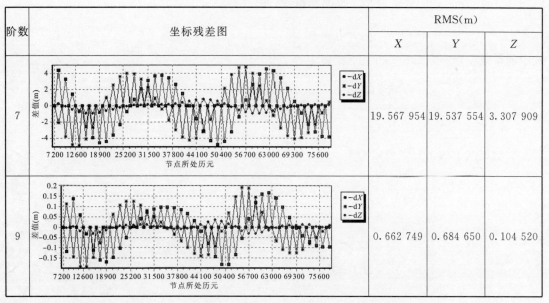

续表 8-5

阶数	坐标残差图	RMS(m)		
		X	Y	Z
10		0.121 780	0.112 554	0.024 989
11		0.028 031	0.032 755	0.011 036

8.2.5 最小二乘曲线拟合

如果给定了 $n+1$ 个数据点 $(x_k, y_k), k=0,1,\cdots,n$，求一个 m 次得最小二乘拟合多项式，该多项式的一般形式如下：

$$P_m(x) = a_0 + a_1 x + a_2 x^2 + \cdots + a_m x^m = \sum_{j=0}^{m} a_j m^j \qquad (8-25)$$

式中 $m \leqslant n$，但是一般情况下 m 远小于 n。

先构造一组不超过 m 的在给定点上正交的多项式函数集 $\{Q_j(x)\}, (j=0,1,\cdots,m)$，则可以用 $\{Q_j(x)\}$ 作为基函数做最小二乘曲线拟合，即

$$P_m(x) = \sum_{j=0}^{m} q_j Q_j(x) \qquad (8-26)$$

式中的系数 $q_j (j=0,1,\cdots,m)$ 由下式确定：

$$q_j = \frac{\sum_{k=0}^{n} y_k Q_j(x_k)}{\sum_{k=0}^{n} Q_j^2(x_k)}, j = 0,1,\cdots,m$$

而给定点上的正交多项式 $Q_j(x)(j=0,1,\cdots,m)$ 由如下递推公式来确定：

$$\begin{cases} Q_0(x) = 1 \\ Q_1(x) = (x - a_0) \\ Q_{j+1}(x) = (x - a_j) Q_j(x) - \beta_j Q_{j-1}(x), j=1,2,\cdots,m-1 \end{cases} \qquad (8-27)$$

式中：

$$a_j = \frac{\sum_{k=0}^{n} x_k Q_j^2(x_k)}{d_j}, j = 0,1,\cdots,m-1$$

$$\beta_j = \frac{d_j}{d_{j-1}}, j = 1, 2, \cdots, m-1$$

$$d_j = \sum_{k=0}^{n} Q_j^2(x_k), j = 0, 1, \cdots, m-1$$

在精密星历的内插过程中按照以下步骤进行：

(1) 构造 $\begin{cases} Q_{0x}(t) \\ Q_{0y}(t) \\ Q_{0z}(t) \end{cases}$。分别设 $\begin{cases} Q_{0x}(t) = b_{0x} = 1 \\ Q_{0y}(t) = b_{0y} = 1 \\ Q_{0z}(t) = b_{0z} = 1 \end{cases}$，分别计算下面各量：

$$\begin{cases} d_{0x} = n+1, q_{0x} = \dfrac{\sum\limits_{k=0}^{n} X_k}{d_{0x}}, a_{0x} = \dfrac{\sum\limits_{k=0}^{n} t_k}{d_{0x}} \\[2mm] d_{0y} = n+1, q_{0y} = \dfrac{\sum\limits_{k=0}^{n} Y_k}{d_{0y}}, a_{0y} = \dfrac{\sum\limits_{k=0}^{n} t_k}{d_{0y}} \\[2mm] d_{0z} = n+1, q_{0z} = \dfrac{\sum\limits_{k=0}^{n} Z_k}{d_{0z}}, a_{0z} = \dfrac{\sum\limits_{k=0}^{n} t_k}{d_{0z}} \end{cases} \quad (8-28)$$

最后将 $q_{0x}Q_{0x}(t), q_{0y}Q_{0y}(t), q_{0z}Q_{0z}(t)$ 分别展开累加到拟合多项式中，即有

$$\begin{cases} q_{0x} b_{0x} \Rightarrow a_{0x} \\ q_{0y} b_{0y} \Rightarrow a_{0y} \\ q_{0z} b_{0z} \Rightarrow a_{0z} \end{cases}$$

(2) 构造 $\begin{cases} Q_{1x}(t) \\ Q_{1y}(t) \\ Q_{1z}(t) \end{cases}$。设 $\begin{cases} Q_{1x}(t) = \tau_{0x} + \tau_{1x} t \\ Q_{1y}(t) = \tau_{0y} + \tau_{1y} t \\ Q_{1z}(t) = \tau_{0z} + \tau_{1z} t \end{cases}$，其中 $\begin{cases} \tau_{0x} = -\tau_{0x}, \tau_{1x} = 1 \\ \tau_{0y} = -\tau_{0z}, \tau_{1y} = 1 \\ \tau_{0z} = -\tau_{0z}, \tau_{1z} = 1 \end{cases}$。再次计算下面各量：

$$\begin{cases} q_{1x} = \dfrac{\sum\limits_{k=0}^{n} X_k Q_{1x}(t_k)}{d_{1x}}, \alpha_{1x} = \dfrac{\sum\limits_{k=0}^{n} t_k Q_{1x}^2(t_k)}{d_{1x}}, \beta_{1x} = \dfrac{d_{1x}}{d_{0x}} \\[2mm] q_{1y} = \dfrac{\sum\limits_{k=0}^{n} Y_k Q_{1x}(t_k)}{d_{1y}}, \alpha_{1x} = \dfrac{\sum\limits_{k=0}^{n} t_k Q_{1y}^2(t_k)}{d_{1y}}, \beta_{1y} = \dfrac{d_{1y}}{d_{0y}} \\[2mm] q_{1z} = \dfrac{\sum\limits_{k=0}^{n} Z_k Q_{1z}(t_k)}{d_{1z}}, \alpha_{1z} = \dfrac{\sum\limits_{k=0}^{n} t_k Q_{1z}^2(t_k)}{d_{1z}}, \beta_{1z} = \dfrac{d_{1z}}{d_{0z}} \end{cases} \quad (8-29)$$

将 $q_{1x}Q_{1x}(t), q_{1y}Q_{1y}(t), q_{1z}Q_{1z}(t)$ 分别展开后累加到拟合多项式中，即有

$$\begin{cases} a_{0x} + q_{1x} t_0 \Rightarrow a_{0x}, q_{1x} t_1 \Rightarrow a_{1x} \\ a_{0y} + q_{1y} t_0 \Rightarrow a_{0y}, q_{1y} t_1 \Rightarrow a_{1y} \\ a_{0z} + q_{1z} t_0 \Rightarrow a_{0z}, q_{1z} t_1 \Rightarrow a_{1z} \end{cases}$$

(3)逐步递推 $\begin{cases} Q_{jx}(t) \\ Q_{jy}(t) \\ Q_{jz}(t) \end{cases}$。根据递推公式,

$$\begin{cases} Q_{jx}(t) = (t-\alpha_{j-1x})Q_{j-1x}(t) - \beta_{j-1x}Q_{j-2x}(t) = (t-\alpha_{j-1x})\sum_{k=0}^{j-1}\tau_{kx}t^k - \beta_{j-1x}\sum_{k=0}^{j-2}b_{kx}t^k \\ Q_{jy}(t) = (t-\alpha_{j-1y})Q_{j-1y}(t) - \beta_{j-1y}Q_{j-2y}(t) = (t-\alpha_{j-1y})\sum_{k=0}^{j-1}\tau_{ky}t^k - \beta_{j-1y}\sum_{k=0}^{j-2}b_{ky}t^k \\ Q_{jz}(t) = (t-\alpha_{j-1z})Q_{j-1z}(t) - \beta_{j-1z}Q_{j-2z}(t) = (t-\alpha_{j-1z})\sum_{k=0}^{j-1}\tau_{kz}t^k - \beta_{j-1z}\sum_{k=0}^{j-2}b_{kz}t^k \end{cases} \quad (8-30)$$

假设

$$\begin{cases} Q_{jx}(t) = \sum_{k=0}^{j} s_{kx}t^k \\ Q_{jy}(t) = \sum_{k=0}^{j} s_{ky}t^k \\ Q_{jz}(t) = \sum_{k=0}^{j} s_{kz}t^k \end{cases}$$

则可以得到计算 $s_{kx}, s_{ky}, s_{kz}(k=0,1,\cdots,j)$ 的计算公式:

$$\begin{cases} s_{kx} \begin{cases} s_{jx} = \tau_{j-1x} \\ s_{j-1x} = \alpha_{j-1x}\tau_{j-1x} + \tau_{j-2x} \\ s_{kx} = -\alpha_{j-1x}\tau_{kx} + \tau_{k-1x} - \beta_{j-1x}b_{kx}, k=j-2,\cdots,2,1 \\ s_{0x} = -\alpha_{j-1x}\tau_{0x} - \beta_{j-1x}b_{0x} \end{cases} \\ s_{ky} \begin{cases} s_{jy} = \tau_{j-1y} \\ s_{j-1y} = \alpha_{j-1y}\tau_{j-1y} + \tau_{j-2y} \\ s_{ky} = -\alpha_{j-1y}\tau_{ky} + \tau_{k-1y} - \beta_{j-1y}b_{ky}, k=j-2,\cdots,2,1 \\ s_{0y} = -\alpha_{j-1y}\tau_{0y} - \beta_{j-1y}b_{0y} \end{cases} \\ s_{kz} \begin{cases} s_{jz} = \tau_{j-1z} \\ s_{j-1z} = \alpha_{j-1z}\tau_{j-1z} + \tau_{j-2z} \\ s_{kz} = -\alpha_{j-1z}\tau_{kz} + \tau_{k-1z} - \beta_{j-1z}b_{kz}, k=j-2,\cdots,2,1 \\ s_{0z} = -\alpha_{j-1z}\tau_{0z} - \beta_{j-1z}b_{0z} \end{cases} \end{cases} \quad (8-31)$$

分别计算下面各量:

$$\begin{cases} d_{jx} = \sum_{k=0}^{n} Q_{jx}^2(t_k), q_{jx} = \dfrac{\sum_{k=0}^{n} X_k Q_{jx}(t_k)}{d_{jx}}, \alpha_{jx} = \dfrac{\sum_{k=0}^{n} t_k Q_{jx}^2(t_k)}{d_{jx}}, \beta_{jx} = \dfrac{d_{jx}}{d_{j-1x}} \\ d_{jy} = \sum_{k=0}^{n} Q_{jy}^2(t_k), q_{jy} = \dfrac{\sum_{k=0}^{n} Y_k Q_{jx}(t_k)}{d_{jx}}, \alpha_{jx} = \dfrac{\sum_{k=0}^{n} t_k Q_{jx}^2(t_k)}{d_{jx}}, \beta_{jx} = \dfrac{d_{jx}}{d_{j-1x}} \\ d_{jz} = \sum_{k=0}^{n} Q_{jz}^2(t_k), q_{jz} = \dfrac{\sum_{k=0}^{n} Z_k Q_{jy}(t_k)}{d_{jy}}, \alpha_{jy} = \dfrac{\sum_{k=0}^{n} t_k Q_{jy}^2(t_k)}{d_{jy}}, \beta_{jy} = \dfrac{d_{jy}}{d_{j-1y}} \end{cases} \quad (8-32)$$

将 $q_{jx}Q_{jx}(t), q_{jy}Q_{jy}(t), q_{jz}Q_{jz}(t)$ 各项展开后累加到拟合多项式,则有

$$\begin{cases} a_{kx}+q_{jx}s_{kx} \Rightarrow a_{kx}, (k=j-1,\cdots,1,0), q_{jx}s_{jx} \Rightarrow a_{jx} \\ a_{ky}+q_{jy}s_{ky} \Rightarrow a_{ky}, (k=j-1,\cdots,1,0), q_{jy}s_{jy} \Rightarrow a_{jy} \\ a_{kz}+q_{jz}s_{kz} \Rightarrow a_{kz}, (k=j-1,\cdots,1,0), q_{jz}s_{jz} \Rightarrow a_{jz} \end{cases}$$

为了方便我们使用向量 $\boldsymbol{B}, \boldsymbol{T}, \boldsymbol{S}$ 分别代表 $\begin{bmatrix} b_{kx} \\ b_{ky} \\ b_{kz} \end{bmatrix}, \begin{bmatrix} \tau_{kx} \\ \tau_{ky} \\ \tau_{kz} \end{bmatrix}$ 与 $\begin{bmatrix} s_{kx} \\ s_{ky} \\ s_{kz} \end{bmatrix}$,同时为了循环使用向量 $\boldsymbol{B}, \boldsymbol{T}, \boldsymbol{S}$,将向量 $\boldsymbol{T}$ 传送给 $\boldsymbol{B}$,向量 $\boldsymbol{S}$ 传送给 $\boldsymbol{T}$ 即

$$\boldsymbol{T} \Rightarrow \boldsymbol{B}, \boldsymbol{S} \Rightarrow \boldsymbol{T}$$

计算过程中,将 t_k 采用 $t_k - \bar{t}$ 来代替可以有效防止运算溢出,此时拟合多项式的形式为

$$P_m(t) = \sum_{k}^{m} a_k (t-\bar{t})^k \tag{8-33}$$

采用 IGS 提供的 2009 年 6 月 6 日的 PRN 为 25 阶的 GNSS 卫星精密轨道,采样间隔 15min,采样时间为 6 日 18 时至 7 日 18 时共 24 小时的数据。分别采用 7~11 阶最小二乘曲线拟合算法。用间隔 30min 星历数据内插间隔 15min 的星历数据并同原始 15min 精密星历值作差,画出坐标残差图,并求出各坐标残差的 RMS。整理后如表 8-6 所示。

表 8-6 不同阶数最小二乘曲线拟合结果统计

阶数	坐标残差图	RMS(m)		
		X	Y	Z
8		270.047 42	248.728 72	65.675 042
9		19.826 700	24.488 918	6.687 255
10		2.816 955	2.764 964	0.919 523

续表 8-6

阶数	坐标残差图	RMS(m)		
		X	Y	Z
11		0.086 117	0.098 781	0.030 657
12		0.014 604	0.015 378	0.006 562

8.2.6 切比雪夫多项式拟合法

在时间间隔 $[t, t+\Delta t]$ 上用 n 阶切比雪夫多项式拟合卫星轨道，若 t_0 为拟合的初始时间，Δt 为拟合时间长度即时间步长。先将变量 t 用变量 τ 进行变换表示如下：

$$\tau = \frac{2}{\Delta t}(t - t_0) - 1$$

则卫星位置 (X, Y, Z) 可用切比雪夫多项式表示为

$$\begin{cases} X(t) = \sum_{i=1}^{n} Cx_i T_i(\tau) \\ Y(t) = \sum_{i=1}^{n} Cy_i T_i(\tau) \\ Z(t) = \sum_{i=1}^{n} Cz_i T_i(\tau) \end{cases} \quad (8-34)$$

式中：Cx_i, Cy_i, Cz_i 为待求切比雪夫多项式的系数。$T_i(\tau)$ 可有切比雪夫递推公式确定：

$$\begin{cases} T_0(\tau) = 1 \\ T_1(\tau) = \tau \\ T_n(\tau) = 2\tau T_{n-1}(\tau) - T_{n-2}(\tau) \quad |\tau| \leqslant 1, n \geqslant 2 \end{cases} \quad (8-35)$$

切比雪夫多项式 $\boldsymbol{B}$ 为

$$\boldsymbol{B} = \begin{bmatrix} T_0(\tau_1) & T_1(\tau_1) & \cdots & T_n(\tau_1) \\ T_0(\tau_2) & T_1(\tau_2) & \cdots & T_n(\tau_2) \\ \vdots & \vdots & & \vdots \\ T_0(\tau_m) & T_1(\tau_m) & \cdots & T_n(\tau_m) \end{bmatrix}$$

上式中：n 为切比雪夫多项式阶数；m 为拟合节点数。$m \geq n+1$。

设 X_k 为观测值，则误差方程可写成下述形式：

$$V = BC - X_k$$

求解可得切比雪夫系数矩阵 $C = (B^T PB)^{-1} B^T PX_k$，带入上式中可得到待求节点处的星历值。由于切比雪夫多项式拟合法在各文献都有做介绍，在内插阶数为 11 阶时即可达到精度要求，故在此不再做算例分析。

8.2.7 各加密算法的效能比较

上面分别详细介绍了各个内插算法的原理，并做了算例分析。通过算例分析我们得知采用拉格朗日插值算法需要至少 11 阶能达到精度要求；采用连分式插值算法需要至少 12 阶能达到精度要求；采用艾特金逐步插值需要 11 阶可达精度要求；而采用最小二乘曲线拟合需要 12 阶可达精度要求。比较算法效能还要考虑算法执行所用时间，下面通过算例分析各插值算法内插单个历元星历数据所用的时间。

采用 IGS 提供的 2009 年 6 月 6 日 12 时至 6 月 7 日 12 时共 24 个小时的超快速精密星历，采样间隔 15min。从中选取 PRN=13 阶的 GNSS 卫星轨道，用间隔 15min 的数据内插间隔 1 秒的星历数据，总历元为 $24 \times 3\ 600 = 86\ 400$。计算机操作系统 Windows Xp，CPU 1.5GHz，内存 768M。为保证精度要求，所有算法均采用 13 阶来内插。通过计算可得表 8-7。

表 8-7 各插值算法执行时间统计

插值方法	阶数	所用时间(s)	单个历元所用时间(s)
拉格朗日插值	13	0.872	1.009×10^{-5}
连分式插值	13	0.921	1.066×10^{-5}
艾特金逐步插值	13	0.801	0.9270×10^{-5}
最小二乘曲线拟合	13	2.143	2.480×10^{-5}

由表 8-7 可以看出采用艾特金逐步插值算法无论在插值阶数上还是在算法执行所用时间上都是最优的。但是拉格朗日插值、连分式插值和艾特金逐步差值 3 种插值算法在执行时间上相差无几。而最小二乘拟合法在算法执行时间上较高是由于它需要多次构造多项式，这几种算法在单个历元的计算上对时间要求不高。下面再通过实时静态精密单点定位来检验这几种插值方法的实际效果。实验数据采用 2012 年 03 月 06 日的 IENG 站的观测数据和当天的超快速星历 igu16782_00.sp3(预报星历)，IENG 站的真值从 IGS 网站 FTP 的 .snx 文件中获得。分别采用上述各插值方法定位解算(插值阶数为 13 阶)，解算的结果在 X/Y/Z 三个方向上的精度如图 8-3 至图 8-6 所示。

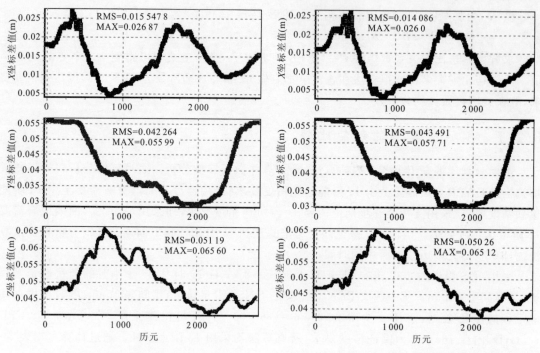

图8-3 采用拉格朗日插值法的定位精度

图8-4 采用艾特金逐步插值法的定位精度

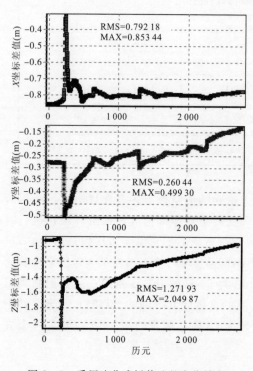

图8-5 采用连分式插值法的定位精度

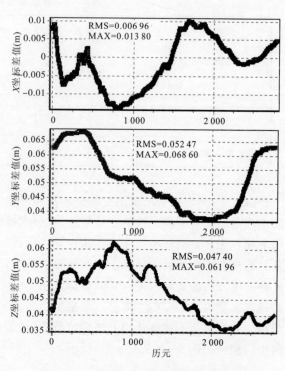

图8-6 采用最小二乘拟合法的定位精度

由上述图可以看出,采用拉格朗日插值、艾特金逐步插值和最小二乘拟合法内插超快速精密星历,得到的结果的精度都比较接近且较理想。而采用连分式插值得到的定位结果很差,主要表现在分母如果接近于0就会使的插值结果发散。因此,除连分式插值外,上述几种插值方法在实时精密单点定位过程中都可以使用。

8.3 电离层延迟的改正方法

虽然对于双频接收机可以采用双频消除电离层的方法减小电离层的影响到厘米级。但是对于单频接收机来说无法采用双频消除电离层的方法。而采用Klobuchar模型除了需要详细知道8个参数外,还需要繁复的计算过程。基于前述Indy控件的星历获取技术也可以实时获取IGS的电离层产品,即IGS全球电离层格网图(图8-7)。

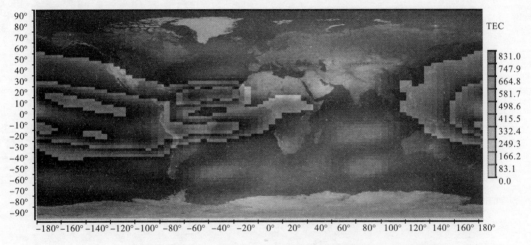

图8-7 2012年3月12日00:00:00时刻全球电离层TEC值分布图

通过对该电离层格网的内插和外推也可以获取较准确的电离层改正值来为实时精密单点定位服务。IGS提供的全球电离层图(Global Ionospheric Maps,GIMs)是电离层格网模型的数据基础,用户通过在电离层格网中内插计算电离层穿刺点处的垂直电子含量(VTEC),然后根据VTEC值计算穿刺点处的垂直电离层延迟,并将其投影到电磁波传播路径上,从而得到最终的电离层延迟。通过格网电离层模型改正电离层延迟的步骤如图8-8所示。

计算电离层穿刺点的地心经纬度。如图8-9可知地心、穿刺点、测站和卫星的位置关系。计算公式如下:

$$\begin{cases} \sin\varphi_{IP}^j = \sin\varphi_P \cdot \cos\theta + \cos\varphi_P \cdot \sin\theta \cdot \cos Az_P^j \\ \lambda_{IP}^j = \lambda_P + \arcsin(\dfrac{\sin\theta \cdot \sin Az_P^j}{\cos\varphi_{IP}^j}) \end{cases} \quad (8-36)$$

式中:Az_P^j为卫星方位角,参考公式;λ_P、φ_P为测站大地经、纬度;θ为地心夹角。

其中卫星高度角El_P^j和方位角Az_P^j,如下:

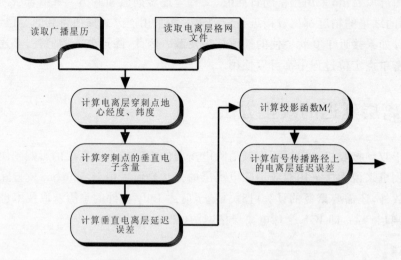

图 8-8 格网电离层模型改正电离层延迟的计算步骤图

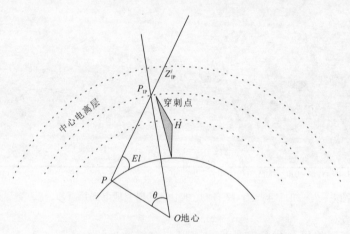

图 8-9 地心、穿刺点、测站和卫星位置关系图

$$El_P^j = \arctan \frac{Z^j}{\sqrt{X^{j2}+Y^{j2}}} \tag{8-37}$$

$$Az_P^j = \arctan \frac{Y^j}{X^j} \tag{8-38}$$

$$\begin{cases} X^j = -\Delta X \sin\varphi_P \cos\lambda_P - \Delta Y \sin\varphi_P \sin\lambda_P + \Delta Z \cos\varphi_P \\ Y^j = -\Delta X \sin\lambda_P - \Delta Y \cos\lambda_P \\ Z^j = -\Delta X \cos\varphi_P \cos\lambda_P - \Delta Y \cos\varphi_P \sin\lambda_P + \Delta Z \sin\varphi_P \end{cases} \tag{8-39}$$

式中:X^j、Y^j、Z^j 为站心坐标系中的卫星坐标;$\Delta X, \Delta Y, \Delta Z$ 为测站和卫星的地心坐标差;λ_P, φ_P 为测站的大地经、纬度。

地心夹角 θ,在三角形 OPP_{IP} 中,根据正弦定理,可得:

$$\theta = 90° - El_P^j - \sin^{-1}\left(\frac{R_0}{R_0+H_{pl}}\cos El_P^j\right) \tag{8-40}$$

Klobuchar 模型采用下式近似:

$$\theta \approx \frac{445}{El_P^j + 20°} - 4° \tag{8-41}$$

弧度表达式:

$$\theta \approx \frac{0.0137}{El_P^j + 0.11} - 0.022 \text{(单位:弧度)} \tag{8-42}$$

由于 IGS 电离层格网文件中的数据是按照地心经纬度划分的,因此需要对上式中的大地经纬度进行经纬度变换,公式如下:

$$\begin{cases} \lambda_{IP}^{j*} = \lambda_{IP}^j \\ \tan\varphi_{IP}^{j*} = (1 - f_{WGS84})^2 \cdot \tan\varphi_{IP}^j \end{cases} \tag{8-43}$$

式中,各量表示如下: λ_{IP}^{j*}、φ_{IP}^{j*} 为穿刺点的地心经、纬度;λ_{IP}^j、φ_{IP}^j 为穿刺点的椭球经、纬度;f_{WGS84} 为 WGS 84 椭球的扁率($f_{WGS84} = 1/298.257\,224$)。

计算穿刺点垂直电子含量。

INOEX 文件是 IGS 发布的电离层格网数据文件,它的数据内容包括电子含量数据(TEC Data)和电子含量误差数据(TEC RMS Data)。该数据在数据文件中以地心经纬度成格网状分布,因此要获取信号发射时刻穿刺点的电子含量,必须要经过插值计算。首先内插时间获取所需时刻的 TEC 区域,然后在该 TEC 区域内插值计算垂直电子含量。内插时间方法通常有两种:一是采用与信号接收时刻最近的 TEC 区域;二是采用与信号接收时刻最接近的两个 TEC 区域。通常采用第二种方法,因为它的精度比第一种方法的精度高,该方法的表达式如下:

$$E(\lambda_{IP}^{j*}, \varphi_{IP}^{j*}, t) = \frac{T_{i+1} - t}{T_{i+1} - T_i} E_i(\lambda_{IP}^{j*}, \varphi_{IP}^{j*}, T_{i+1}) + \frac{t - T_i}{T_{i+1} - T_i} E_{i+1}(\lambda_{IP}^{j*}, \varphi_{IP}^{j*}, T_i) \tag{8-44}$$

对于 TEC 区域内采用的格点内插方法有很多,常用的有格点加权内插法,下面着重介绍一下矩形域的最小二乘曲面拟合法。

8.3.1 矩形域最小二乘曲面拟合电离层格网值

首先判断待内插点所在的电离层格网区域,以该内插点为中心选择最靠近该内插点的 $n \times m$ 个格网点(n,m 最好为偶数)来构造最小二乘曲面,若待内插点在该格网区域的边缘区域,则直接选择最靠近该待插格网点的 $n \times m$ 个格网点,如图 8-10 和图 8-11。

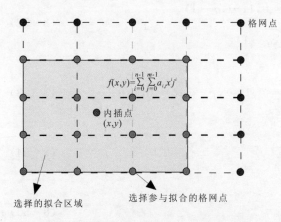
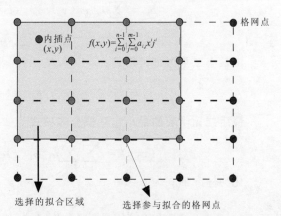

图 8-10 内插点在区域中心的曲面拟合　　图 8-11 内插点在区域边缘的曲面拟合

设在上述得到矩形区域内的 $n \times m$ 个网点 $(x_i, y_j)(i=0,1,2,\cdots,n-1; j0,1,2,\cdots,m-1)$ 上的函数值为 $z_{i,j}$,则可以得到一个最小二乘拟合多项式来拟合该区域内网点的数值。

$$f(x,y) = \sum_{i=0}^{n-1} \sum_{j=0}^{m-1} a_{i,j} x^i y^j \tag{8-45}$$

为求出该拟合多项式,首先固定 y,对 x 构造 m 个最小二乘拟合多项式

$$g_j(x) = \sum_{k=0}^{p-1} \lambda_{k,j} \bar{\omega}_k(x), j=0,1,\cdots,m-1 \tag{8-46}$$

式中,$\varphi_k(x), k=0,1,\cdots,p-1$ 为互相正交的多项式,它由下述递推公式可以计算得到:

$$\begin{cases} \varphi_0(x) = 1 \\ \varphi_1(x) = x - a_0 \\ \varphi_{k+1}(x) = (x-a_k)\varphi_k(x) - \beta_k \varphi_{k-1}(x), k=1,2,\cdots,p-2 \end{cases} \tag{8-47}$$

令 $d_k = \sum_{i=0}^{n-1} \varphi_k^2(x_i), k=0,1,\cdots,p-1$ 则有

$$\begin{cases} a_k = \sum_{i=0}^{n-1} x_i \varphi_k^2(x_i)/d_k \\ \beta_k = d_k/d_{k-1} \end{cases} \quad (k=,0,1,\cdots,p-1) \tag{8-48}$$

由此,根据最小二乘原理可得到:

$$\lambda_{k,j} = \sum_{i=0}^{n-1} z_{i,j} \varphi_k(x_i)/d_k (j=0,1,\cdots,m-1; k=0,1,\cdots,p-1) \tag{8-49}$$

同样的原理,对 y 构造 n 个最小二乘拟合多项式:

$$h_k(y) = \sum_{l=0}^{q-1} \mu_{k,l} \varphi_l(y), k=0,1,\cdots,p-1 \tag{8-50}$$

其中,$\varphi_l(y)$ 为正交多项式,由以下递推公式得出:

$$\begin{cases} \varphi_0(y) = 1 \\ \varphi_1(y) = y - b_0 \\ \varphi_{l+1}(y) = (y-b_l)\varphi_l(y) - \beta'_l \varphi_{l-1}(y) \end{cases} \quad (l=1,2,\cdots,p-2) \tag{8-51}$$

令 $\delta_l = \sum_{j=0}^{m-1} \varphi_l^2(y_i)(l=0,1,\cdots,q-1)$ 则有

$$\begin{cases} b_l = \sum_{i=0}^{m-1} \lambda_{k,j} \varphi_l(y_i)/\delta_l \quad (l=0,1,\cdots,q-1) \\ \beta'_l = \delta_l/\delta_{l-1} \quad (l=1,2,\cdots,q-1) \end{cases} \tag{8-52}$$

由最小二乘原理可得到:

$$\mu_{k,l} = \sum_{i=0}^{n-1} \lambda_{k,j} \varphi_l(y_j)/\delta_l \quad (k=0,1,\cdots,p-1; l=0,1,\cdots,q-1) \tag{8-53}$$

最后二元函数的最小二乘拟合多项式为

$$f(x,y) = \sum_{k=0}^{p-1} \sum_{l=0}^{q-1} \mu_{k,l} \varphi_k(x) \varphi_l(y) \tag{8-54}$$

化为标准形式为

$$f(x,y) = \sum_{i=0}^{n-1} \sum_{j=0}^{m-1} a_{i,j} x^i y^j \tag{8-55}$$

在实际计算过程中,采用式(8-56)计算来防止运算溢出。

$$f(x,y) = \sum_{i=0}^{n-1}\sum_{j=0}^{m-1} a_{i,j}(x-\bar{x})^i(y-\bar{y})^j \qquad (8-56)$$

8.3.2 电离层格网实时外推步骤

在实时精密单点定位中需要知道当前时刻的电离层格网,但是由于 IGS 网站的电离层格网文件的更新延迟小于 24h,为此必须对电离层格网进行外推。可以采用最小二乘法曲线拟合进行外推。其步骤如下:

(1)读取最近的电离层格网文件。
(2)按照矩形域的最小二乘曲面拟合的方法计算每小时的最近两个 TEC 区域的电离层格网值。
(3)按照公式(8-50)计算出每小时的电离层格网值,得到电离层格网值序列。
(4)通过电离层格网值序列预报当前电离层格网值。

8.3.3 算例分析

为检验该方法拟合得到的电离层格网值的精度,采用 2012 年 3 月 12 日 6:00:00 时刻的电离层格网来拟合该时刻电离层格网(待拟合点不参与计算),在纬度方向上取参加计算的节点数为 6,经度方向上取参加计算的节点数为 8,纬度和经度方向上多项式的最高阶数为 4 阶,经过计算将拟合的电离层格网值同真值相比对,比对结果见图 8-12 所示。

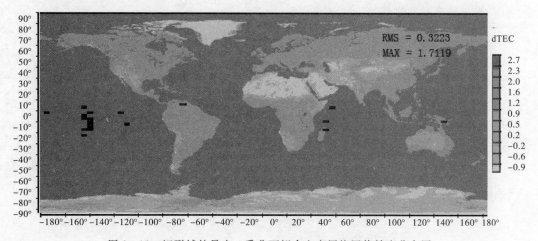

图 8-12 矩形域的最小二乘曲面拟合电离层格网值精度分布图

由图 8-12 可以看出采用矩形域的最小二乘曲面拟合方法拟合的电离层格网值精度很高,全球绝大部分范围的 TEC 差值在 1 以内,只有个别差值大于 1,并且最大差值为 1.711 9,拟合精度的 RMS 为 0.322 3。

8.4 周跳的探测和修复

高精度动、静态导航定位需要高质量的数据质量，周跳的探测和修复是数据质量控制中的重要内容。常用周跳探测的方法主要有高次差法、多项式拟合法、Kalman 滤波法、电离层残差法和小波变换法等。其中高次差法和多项式拟合法对小周跳的探测精度不高，Kalman 滤波法对原始载波相位观测信号特别是大采样率信号探测效果不太明显，电离层残差法随着电离层的剧烈变换而极不稳定，而小波变换法则在怎样选取合适的小波基函数上非常复杂。随着 GNSS 现代化、伽利略计划和 Compass 的建立，三频、多频载波相位的研究已是一个热点方向。通过对多频相位和伪距进行线性和非线性组合以获得更好的观测量，利用新观测量进行导航定位不但可以尽可能减小各种误差效应，而且更准确方便解算整周模糊度，从而实现更加快速精确的导航定位效果。

8.4.1 多频伪距/载波组合的周跳探测与修复

多频载波相位组合观测值定义如下。
载波相位观测方程可写为

$$\begin{cases} L_1 = \lambda_1 \varphi_1 = \rho - \lambda_1 N_1 + T + I + \delta r + n_1 + m_1 \\ L_2 = \lambda_2 \varphi_2 = \rho - \lambda_2 N_2 + T + q_1 I + \delta r + n_2 + m_2 \\ L_5 = \lambda_5 \varphi_5 = \rho - \lambda_5 N_5 + T + q_2 I + \delta r + n_5 + m_5 \end{cases} \quad (8-57)$$

相应的组合观测值定义为 $\sum_{i=1,2,5} \alpha_i L_i$。

对于实际意义的线性组合，观测量组合应遵循以下原则：
(1) 新观测值应该保留模糊度的整周特性，以利于正确确定整周模糊度。
(2) 新观测值应该具有恰当的波长。
(3) 新观测值应该具有较小的电离层延迟影响。
(4) 新观测值应该具有较小的测量噪声。

不失一般性设组合后的观测方程为

$$L_c = \rho_c - \lambda N + (T + \delta r) + \eta I + n_{L_c} + m_{L_c} \quad (8-58)$$

可以得到

$$\begin{cases} \lambda N = \alpha_1 \lambda_1 N_1 + \alpha_2 \lambda_2 N_2 + \alpha_5 \lambda_5 N_5 \\ \eta = \alpha + \beta q_1 + \gamma q_2 \\ n_{L_c} = \alpha_1 n_1 + \alpha_2 n_2 + \alpha_5 n_5 \\ m_{L_c} = \alpha_1 m_1 + \alpha_2 m_2 + \alpha_5 m_5 \end{cases} \quad (8-59)$$

由上式得

$$\begin{aligned} N &= (\alpha_1 \lambda_1 / \lambda) N_1 + (\alpha_2 \lambda_2 / \lambda) N_2 + (\alpha_5 \lambda_5 / \lambda) N_5 \\ &= i N_1 + j N_2 + k N_5 \end{aligned} \quad (8-60)$$

为了使组合观测值的模糊度保持整数特性，则要求 i,j,k 为整数，相应地：

$$\alpha_1 = i\lambda/\lambda_1, \alpha_2 = j\lambda/\lambda_2, \alpha_5 = k\lambda/\lambda_5 \quad (8-61)$$

$$\begin{cases} \lambda = \dfrac{\lambda_1 \lambda_2 \lambda_5}{i\lambda_2\lambda_5 + j\lambda_1\lambda_5 + k\lambda_1\lambda_2} \\ f = if_1 + jf_2 + kf_5 \\ \varphi_{i,j,k} = i\varphi_1 + j\varphi_2 + k\varphi_5 \\ m_{i,j,k} = \sqrt{i^2 + j^2 + k^2}\, m_0 \lambda_{i,j,k} \end{cases} \quad (8-62)$$

综上，可以得到 GNSS 的组合载波相位表达式：

$$\varphi_{i,j,k} = \rho/\lambda + N + \dfrac{i + 77j/60 + 154k/115}{i + 60j/77 + 115k/154} + \dfrac{1}{\lambda}I + (T+\delta)/\lambda + (n_{L_c} + m_{L_c})/\lambda \quad (8-63)$$

令 $\gamma_{i,j,k} = \dfrac{i + 77j/60 + 154k/115}{i + 60j/77 + 115k/154}$，$\gamma_{i,j,k}$ 称为电离层因子。

虽然多频载波相位组合观测值的线性组合在没有任何限制的时候有无穷多种，但是根据观测值的组合原则 i,j,k 的取值是有范围的，i,j,k 的取值范围为：$i \in [-57,58]$，$j \in [-11,12]$。挑选出部分有价值的线性组合，如表 8-8 所示。

表 8-8 部分组合观测值及其属性

i	j	k	组合观测值波长(m)	组合观测值噪声因子	电离层因子
3	0	−4	14.66	1.466 2	−181.452
−3	1	3	9.77	0.852 1	118.103
0	1	−1	5.86	0.165 8	−1.718
1	−7	6	7.33	0.432 4	1.980
4	−7	2	4.88	0.811 9	−59.163
−1	8	−7	29.31	1.043 6	−16.492

在三频观测条件下，通过组合可以得到很多波长较长、观测噪声较小、电离层误差较弱的组合，例如：$(0,1,-1)$ 组合，波长为 5.86m，噪声只有 0.066m，电离层影响也较弱，电离层因子为 −1.719。

8.4.2 多频伪距/载波数据组合的周跳探测和修复原理

已知观测方程的模糊度由伪距和相位表示如下：

$$N = \dfrac{[\varphi - R - (\mathrm{d}I_\varphi - \mathrm{d}I_R)] - (\mathrm{d}m_\varphi - \mathrm{d}m_R) - (\varepsilon_\varphi - \varepsilon_R)}{\lambda}$$

当前后历元 t_1、t_2 之间变化很小时，若电离层延迟误差和多路径效应误差也很小，对前后历元间作差可以得到：

$$\Delta N = N(t_2) - N(t_1) = \varphi(t_2) - \varphi(t_1) - \dfrac{R(t_2) - R(t_1)}{\lambda} \quad (8-64)$$

由上式可知，当前后历元整周模糊度相同时，ΔN 为零。但在实际测量中，由于信号噪声等原因，ΔN 的值并不为零，此时该值为周跳值。同时可以看出，波长的值越大，周跳的探测精度就越高,伪距 R 的精度越高,周跳值的探测精度就越高。在本书中通过载波相位平滑 P 码伪距的方法,来提高伪距值的精度。

通过式(8-64)计算出 3 种组合的周跳值后,带入式(8-65)即可求得各个双差观测值上的周跳值。

$$\begin{cases} i_1 N_{L_1} + j_1 N_{L_2} + k_1 N_{L_5} = n_1 \\ i_2 N_{L_1} + j_2 N_{L_2} + k_2 N_{L_5} = n_2 \\ i_3 N_{L_1} + j_3 N_{L_3} + k_3 N_{L_5} = n_3 \end{cases} \qquad (8-65)$$

算例分析

实验采用一组 2006 年 12 月 16 日 GNSS 双频静态观测数据,该数据采样率 15s,选取第三颗卫星的第 15 个历元到第 215 个历元的数据,通过载波 L_1、L_2 模拟得到载波 L_5 数据,其中式(8-64)中的 R 经过载波相位平滑伪距后的伪距,λ 是经过三频组合之后的载波波长。经过对不同组合观测量的周跳探测可知该段数据无周跳(图 8-13)。

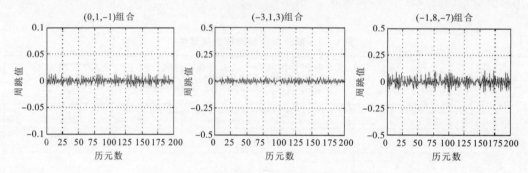

图 8-13 原始数据组合观测值的探测结果

由图 8-13 可以看出,不考虑噪声影响,该组合观测值的周跳值基本为 0,3 种组合观测值在该段历元内均不存在周跳,由式(8-65)可以计算出载波 L_1、L_2 和 L_5 在该段历元内无周跳。

为了检验该方法探测和修复大周跳的能力,人为地在载波 L_1 的第 24 个历元处添加 15 周的周跳值,可得 3 种组合观测值探测的周跳结果(图 8-14)。

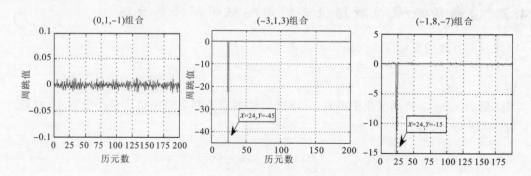

图 8-14 多频组合对载波 L_1 第 24 历元处的周跳值探测结果

由图 8-14 可以看出，组合 $(0,1,-1)$ 在 24 历元处无周跳，组合 $(-3,1,3)$ 在 24 历元处周跳值为 -45，而组合 $(-1,8,-7)$ 在 24 历元处周跳值为 -15，经计算可得载波 L_1、L_2 和 L_5 在 24 历元处周跳值为 $(15,0,0)$，与理论很好地吻合，探测结果非常理想。

进一步检验该方法对一系列大周跳的探测能力，分别在载波 L_1 的第 25、44、123 历元处添加 10、3、1 的周跳值，在 L_2 的第 25、44、123 历元处添加 2、5、1 的周跳值。探测结果如图 8-15 所示。

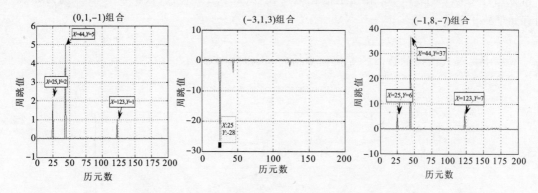

图 8-15　多频组合对载波 L_1、L_2 上大周跳的探测结果

由图 8-15 可以看出，3 种组合观测值在历元 25、44、123 处得周跳值分别为 $(2,5,1)$，$(-28,-4,-2)$，$(6,37,7)$ 通过计算可得 L_1、L_2 和 L_5 在历元 25、44、123 处得周跳解分别为：$(10,2,0)$，$(3,5,0)$ 和 $(1,1,0)$。该结论与理论值相吻合。故可知该方法在探测一系列大周跳上也是很成功的。

下面检验一下该方法探测和修复小周跳的能力。分别在载波 L_1 的第 23、76、112、183 历元处添加 0.1、0.5、0.3、0.05 的小周跳。探测结果如图 8-16 所示。

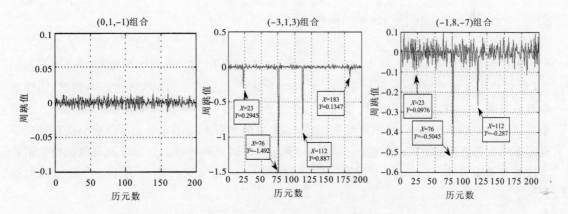

图 8-16　多频组合对小周跳的探测结果

依照同样的方法，$(0,1,-1)$ 和 $(-3,1,3)$ 组合观测值在历元 23、76、112 和 183 处的周跳值分别为：$(0,0,0,0)$，$(-0.2945,-1.492,-0.887,-0.1347)$。而 $(-1,8,9)$ 组合观测值在历元 23、76 和 112 历元处的周跳值为 $(-0.0976,-0.5045,-0.287)$。由于该组合的噪声太大，对于 183 历元处的周跳已检测不出。经过解算可得 L_1、L_2 和 L_3 在历元 23、76、112 处的周

跳解为:(0.0959,−0.0017,−0.0017),(0.526,0.0215,0.0215),(0.261,−0.026,−0.026)。与理论值很好地吻合。故该方法对大于0.1周的小周跳的探测也是比较理想的。对于更小的周跳值,由于信号噪声等原因的影响,使得在同一历元时刻,不同卫星的信号质量不同,直接造成周跳探测精度的不同。

由于 L_5 数据是利用 L_1、L_2 模拟得到,所以应就 L_5 数据的准确性进行检验。假设在历元 t_1 和历元 t_2 之间,载波 L_1、L_5 相位值的相应变化为 ΔL_1、ΔL_5,两载波的波长值分别为 λ_1、λ_5,则有如下式子成立:

$$\lambda_1 \Delta L_1 = \lambda_5 \Delta L_5$$

本书中将等式两边的数值的差值作为检验量,得到图8-17。

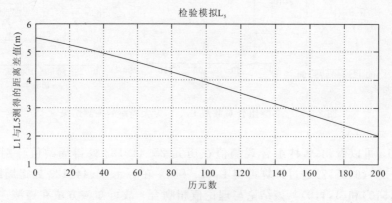

图8-17 检验模拟 L_5

从图8-17中可以看出,在误差范围内,模拟的 L_5 数据是符合精度要求的。

8.5 Kalman 滤波单点定位

我们知道对于实时精密单点定位的数学模型,若是采用无电离层组合模型待估参数包括3个接收机天线位置参数(x_R, y_R, z_R),n 个非整模糊度参数 N_R^{*s} 个接收机钟差未知数,则待估参数总数为($n+4$)。而采用 UofC 模型时,待估参数包括3个接收机位置参数(x_R, y_R, z_R),1个接收机钟差参数和 $2n$ 个模糊度参数,故未知参数的总数为 $4+2n$ 个。可以看出实时精密单点定位的待估参数比较多,程序编译繁复,计算量大。因此选择好的并且快速有效的参数估计方法是非常重要的。Kalman 滤波原理简单,编程易于实现,被广泛应用于各种数据处理过程。

8.5.1 Kalman 滤波简介及其对整周模糊度的处理

Kalman 滤波是匈牙利数学家 Kalman 在1960年提出的一种线性最小方差估计方法,利用系统状态方程的前一历元的状态估计信息和当前时刻的状态信息来解算当前状态的估计信息,它是一种递推最优估计方法。Kalman 滤波原理可以表示如下。

对于离散线性动力学模型和观测模型可以表示如下:

$$\begin{cases} x_k = \Phi_k x_{k-1} \Gamma_{k-1} w_{k-1} \\ z_k = H_k x_k + v_k \end{cases} \quad (8-66)$$

式中,x_k 为 n 维状态向量;Φ_k 为 $n \times n$ 维状态转移矩阵,是非奇异矩阵;Γ_{k-1} 为 $n \times p$ 维动态噪声驱动阵;w_{k-1} 为 p 维系统过程噪声向量;z_k 为 m 维观测向量;H_k 为 $m \times n$ 维设计矩阵;v_k 为 m 维观测噪声向量。

其中系统噪声 w_k 和观测噪声 v_k 的具有互不相关的统计特性。即

$$\begin{cases} E[w_k]=0, E[w_k w_j^T] = \begin{cases} Q_k (j=k) \\ 0 (j \neq k) \end{cases} \\ E[v_k]=0, E[v_k v_j^T] = \begin{cases} \Omega_k (j=k) \\ 0 (j \neq k) \end{cases} \\ E[w_k v_j^T] = 0 \end{cases}$$

式中,Q_k 是系统噪声方差阵,Ω_k 是观测噪声方程阵。Kalman 滤波的计算大致可分为 3 个过程:预报、滤波增益和滤波修正,如图 8-18 所示。

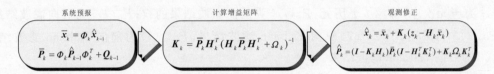

图 8-18 Kalman 滤波计算过程

在实时精密单点定位过程中系统载体的状态方程通常采用匀速运动方程或者是匀加速运动方程来表述,参数方程则是接收机数学模型的函数表达式。为此在采用 Kalman 滤波对待估参数进行估计时,需要先利用状态预报值对观测方程线性化。当系统预报值与系统状态真值之间误差很大的情况下,通常采用迭代的方式来处理。

由于卫星升降、GNSS 信号的遮挡、周跳等一些因素,在参数估计过程中每个历元需要估计的模糊度参数的个数不一定相同,它是处于变化的,这样的情况最终导致每个历元被估参数的总数也发生变化,采用 Kalman 滤波可以有效解决该问题。

假设对于 n 维未知参数向量 x_n,需要去掉该向量中第 k 个参数时,可以采用变换如下:

$$\begin{cases} x'_{n-1} = M_k \cdot x_n \\ P'_{n-1} = M_k \cdot P_{n \times n} \cdot M_k^T \end{cases} \quad (8-67)$$

其中:

$$M_k = \begin{bmatrix} I_{i \times i} & 0_{i \times 1} & 0_{i \times j} \\ 0_{j \times i} & 0_{j \times 1} & I_{j \times j} \end{bmatrix} (i=k-1, j=n-k)$$

式中,x_n 为 n 维未知参数向量;x'_{n-1} 为去掉第 $k(1 \leq k \leq n)$ 个参数后的未知参数向量;$P_{n \times n}$ 为 x_n 的协方差矩阵;P'_{n-1} 为 x'_{n-1} 的协方差矩阵;I 为单位阵。

当参数变化需要增加参数时,按照下式变换构造位置参数向量和协方差阵:

$$\begin{cases} x'_{n+1} = [x_n, \xi_0]^T \\ P'_{n+1} = \begin{bmatrix} P_{n \times n} & 0 \\ 0 & \delta_0^2 \end{bmatrix} \end{cases} \quad (8-68)$$

由上述变换可以看出，Kalman 滤波可以实时对待估参数的变化进行处理，并且使方程的维数始终等于模糊度参数同其他参数之和。这样在编译的程序中可以有效节约计算机内存空间，提高整个参数估计的运算效率。

8.5.2 双向 Kalman 滤波对实时精密单点定位中参数的估计

Kalman 滤波的缺陷在于 Kalman 滤波是递推的过程，模糊度参数的收敛需要一段时间，在此之前，定位精度较低。但是对于动态定位，需要得到每个历元的准确定位结果，Kalman 滤波无法满足要求。于是本书采用双向 Kalman 滤波来作为参数估计的滤波方法，双向 Kalman 滤波的难点是如何准确确定前、后向滤波结果的权比，常用的有协方差定权法。其原理如下：

$$\begin{cases} P_F(i)^* = \sum_B(i) \cdot (\sum_F(i) + \sum_B(i))^{-1} \\ P_B(i)^* = \sum_F(i) \cdot (\sum_F(i) + \sum_B(i))^{-1} \end{cases} \quad (8-69)$$

$$Pos(i)^* = Pos_F(i) \times P_F(i)^* + Pos_B(i) \times P_B(i)^* \quad (8-70)$$

式中，i 为历元次序，即第 i 个历元；$P_F(i)^*$ 为前向滤波结果的权；$P_B(i)^*$ 为后向滤波结果的权；$Pos(i)^*$ 为采用式（8-69）双向 Kalman 滤波结果；$Pos_F(i)$ 为前向 Kalman 滤波结果；$Pos_B(i)$ 为后向 Kalman 滤波结果。

协方差定权法的缺点是在编程运行中由于需要存储每个历元前、后向滤波的协方差矩阵，耗用大量内存，不利于实时精密定位。为此本文作者所使用的时序定权法来确定前、后向滤波结果权比。

对于实时定位，单个历元的观测量太少，组成的误差方程数也很少，无法采用滤波过程，为此采用滑动式计算方法，即在实时定位时需要先初始化接收前 n 个历元的观测量，然后将该 n 个历元作为解算当前历元位置的一组观测量，组误差方程并在参数估计中采用双向滤波，从而计算出包括当前历元在内的前 n 个历元的待估参数，取最后一组待估参数即使当前历元的待估参数。后续过程采用滑动式计算过程依此类推得到当前历元的待估参数。如果为了使计算更加准确，可以从第 $n+1$ 个历元开始，每个历元都取当前历元得出的待估参数与前一历元得出待估参数的平均值。

9 基准站(CORS 站)与 RTK 测量

GPS RTK 测量是一种高效的定位技术,利用 2 台以上 GPS 接收机,同时接收来自相同 GPS 卫星信号,联合测得动态用户的精确位置。其中 1 台安置在已测定的已知点上,作为基准站,另 1 台流动接收机用来测定未知点的坐标。基准站利用本点准确坐标求出其到卫星的距离改正数传送到流动站,流动站把接收到的信息根据这一改正数来改正其定位结果,并将基准站的载波观测信号与自身接收到的载波观测信号进行差分处理,即可求出未知点的定位坐标。

RTK 技术是采用载波相位、双差分模型进行流动站实时动态定位的技术。RTK 系统由一个 GPS 接收机、传输系统(电台)及数据处理系 3 个部分组成。

9.1 传统 RTK 测量

单基准站 RTK 测量是指利用一个基准站和若干流动站进行 RTK 测量,其工作流程见图 9-1,主要用于碎部测图、公路、桥梁、电力等小区域测量。

基准站由 GPS 接收机、GPS 天线、电台、电源、脚架等部分组成,用于接收卫星信息和实时传送数据链信号。

流动站由 GPS 接收机、GPS 天线、电子手簿、电台和背包等部分组成,用于接收卫星和基准站发来的信号,并进行实时处理。

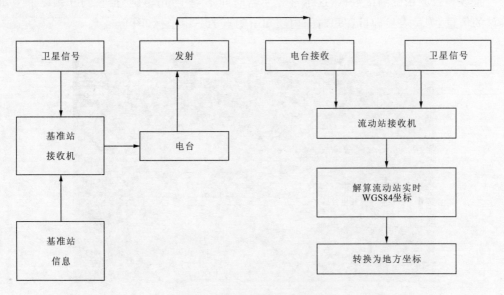

图 9-1 RTK 测量工作流程图

9.1.1 基准站的布设

基准站的点位应选在交通方便、视野开阔的地方,并远离大功率无线电发射源(如电视台、微波站等),远离高压输电线路,附近不得有强烈干扰接收卫星信号的物体。基准站的间距须考虑 GPS 电台的功率和覆盖能力,应尽量布设在相对较高的位置,以获得最大的数据通信有效半径,使基准站的信号能覆盖整个测区。

9.1.2 基准站的设置

在已知点上架设好 GPS 接收机和天线,按要求连接好一切连线后,打开接收机,输入基准站的 WGS84 坐标系或地方坐标系、天线高。待电台指示灯显示发出通信信号后,流动站即可开展工作。基准站接收机接收到卫星信号后,由观测到的数据和测站已知坐标计算出测站改正值。将测站改正值和载波相位测量数据,经电台发送给流动站。1 个基准站提供的差分改正数可供数个流动站使用。在基准站架设时,注意以下几点:

(1) RTK 的基准站设置在 RTK 有效测区中央最高的控制点上,以利于接收卫星信号和发射数据链信号,控制点间距离应小于 RTK 仪器标称的作业距离。

(2) 尽量提高基准站天线的架设高度。

(3) 在流动站的数据链信号接收不强时,应搬动基准站缩短各流动点到基准站的距离,有地形、地物遮挡时,应另增设中间站。

9.1.3 流动站工作

通过 GPS 接收机手簿建立项目,对流动站参数进行设置,该参数必须与基准站及电台相匹配。接通基准站后,接收机在接到 GPS 卫星信号的同时,也接收到了由电台发送来的伪距差分改正数和载波相位测量数据,这个过程所需时间不到 1min,只要接收到 5 颗以上卫星和基准站的信息,测量人员即可在短时间内获知所测点的三维坐标(图 9-2)。

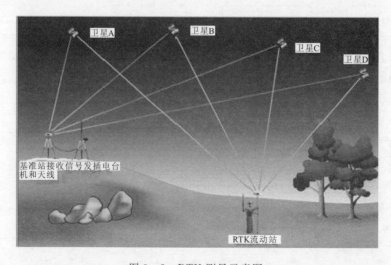

图 9-2 RTK 测量示意图

RTK 流动站在流动测量前,最好在测区内检核一些高精度的控制点或已测过的 RTK 点,经过比较确认无误后再进行测量。

9.1.4 坐标转换

对于一般工程测量,其所需坐标系一般为地方坐标系,可在测区内选取 3 个以上有地方坐标的点进行 GPS 静态测量,解出这些点位的 WGS84 坐标,根据测区大小,利用三参数或七参数法求出测区内坐标转换参数,在工作开始时输入到接收机内。现在,一般 GPS 接收机内存有北京 1954 年坐标系转换参数,若精度要求不太高,可以直接使用。

9.1.5 RTK 技术的特点

目前 RTK 技术已非常成熟,并广泛应用于公路、铁路、桥梁、矿山等工程测量中。与常规的测量仪器相比,RTK 具有以下一些显著的优势:

(1)可实时提供点位坐标及点位精度。只要满足 RTK 的基本工作条件,在一定的作业半径范围内,能在现场求解出流动点的坐标,得到点位精度。

(2)野外施工比较简单,作业效率高。RTK 在一般的地形地势下,架好基准站后,每个流动站仅需一个人操作,在信号环境良好时几秒钟即可得出坐标,而且一个基准点可以支持多个流动站同时作业,减少了外业作业人员和传统测量所需的控制点数量及测量仪器的"搬站"次数,提高了工作效率和作业速度。

(3)系统可全天候作业,降低了作业条件要求,RTK 测量不受通视条件、气候、季节等因素的影响,在不通视的条件下更能体现 RTK 测量的优势,工作简便、快速。

(4)RTK 作业自动化程度高,测绘功能强大。RTK 系统操作简便,很容易熟练掌握,而且具有碎部测量、道路测量、曲线测设及工程放样等多种功能,数据采集完成后能以数据和图形的形式显示和保存。

RTK 技术虽具有定位精度高、速度快的优点,但仍存在着以下不足之处:

(1)在复杂地形下,受卫星信号的影响,容易造成卫星信号失锁,卫星状态的 PDOP 值对 RTK 有一定影响,PDOP 值过大,将导致仪器不能正常工作。

(2)数据链传输易受干扰和限制,实际作业半径受电台功率影响,比标称的距离小。

(3)RTK 精度和稳定性受到干扰时经常会出现异常值。RTK 的测量精度和稳定性都不及静态 GPS 和全站仪。

近年来,随着 GPS RTK 技术的成熟与发展,许多地区和大中城市都建立了自己的 CORS 网,在这些地区进行 RTK 测量时,不需要再架设基准站,流动站直接拨号与 CORS 站建立连接,就可以获得实时差分数据,而且所得坐标精度均匀。

9.2 参考站网(CORS)

参考站网(或称 GPS 台站网)并没有一个统一的定义。比较普遍认同的说法为:由若干个固定的、连续运行的 GPS 参考站,利用现代计算机、数据通信和互联网(LAN/WAN)技术组成的网络,实时地向不同类型、不同需求、不同层次的用户自动地提供经过检验的不同类型的 GPS 观测值（载波相位、伪距）、各种改正数、状态信息以及其他有关 GPS 服务项目的系统。

所谓不同类型的用户是指台站网服务对象具有跨行业特性，不再局限于测绘领域及设站的单位与部门；所谓不同需求的用户是指实时性方面的差异，参考站网必须能够同时满足实时 RTK、RT-DGPS、静态或动态后处理、后处理 DGPS 及现场高精度准实时定位的需求；所谓不同层次的用户是指对定位精度期望指标的覆盖范围是广泛的，包括米级、分米级、厘米级以及毫米级。

参考站网思想是在长期发展的过程中形成的。20 世纪 80 年代中叶的早期，加拿大首先提出了一个"主动控制系统（Active Control System）"的概念，应该被称为最早的台站网理论。当时 GPS 界著名的学者 Wells D E 等人普遍认为未来实时 GPS 测量的主要误差来源是广播星历，要想在距离参考站一二十千米以外的流动点位上实时地获取高精度的测量成果，必须依靠一批永久性的参考站点组成的主动控制系统提供改进后的预报星历，服务于加拿大及北美地区的广大用户。后来又有了基准站点（Fiducial Points）的概念，即在同一批测量的 GPS 点中选出一些点位可靠、对整个测区具有控制意义的测站，采取较长时间的连续跟踪观测，通过这些站点组成的网络解算，获取覆盖该地区和该时间段的"局域精密星历"及其他改正参数，用于测区内其他基线观测值的精密解算。当时，实时 GPS 测量技术尚处于可行性讨论阶段，基准站点概念主要不是为了解决实时 GPS 测量，而是为了提高静态基线的解算精度。

1986 年秋北京召开的国内第一次 GPS 及卫星导航技术研讨会上有人提出了实时参考站及参考站网的概念，介绍了可能采取的 4 种差分定位服务模式（见 1987 年《导航》杂志第一期），1992 年第二期《武汉测绘科技大学学报》有关"GPS 定位模式"及同年发表在澳大利亚《大地测量》杂志上的一篇论文提出了基于中心化差分技术的网解概念与数学模型。

具有综合性服务功能的台站网概念与建设始于 1995 年瑞典与丹麦之间的奥雷桑特海峡跨海工程。该项工程中，徕卡的设计思想在几十家参与投标的厂商中脱颖而出，一举取得成功。另外，德国有两位博士撰写了虚拟参考站网的论文和案例，瑞士徕卡公司的研究人员在这些成果的基础上也提出了主辅站技术，并受国际组织的委托着手主持制订了有关台站网的国际标准。

参考网站技术也称"虚拟参考站技术"。20 世纪 90 年代后期，GPS 长距离快速精密定位方法出现突破，根据大区域多个 GPS 观测站的数据，卫星轨道误差和大气折射误差可以得到消除或削弱，模糊度的整周特性得到加强，导致了网络 RTK 系统的产生和发展。

参考网系统最为重要的功能是长距离高精度快速动态定位。其核心思想是：根据用户位置，系统生成一个观测值，如同在用户附近有一个虚拟的参考站；用户根据该参考站观测值，采用常规的 RTK 方法，就能实现精密定位。

衡量一个参考站网性能的技术指标应从以下几个方面考虑：

（1）有效服务范围。分别给出在指定设备配置条件下，不同作业模式用户的可利用系统服务的水平。一般应该就 RTK、准实时 GPS 测量、RT-DGPS、后处理静态或动态定位等作业模式分别给出相应的服务半径和覆盖面积。不同的配置将产生极大的性能指标差异。

（2）可利用性。在有效服务范围内，并正常取得卫星信号情况下，能够取得台站的服务信息并获得定位解的概率。系统设计与建设部门应该尽量使此项指标保持在 85% 以上的水平。

（3）可靠性。在获得定位解的条件下，符合精度指标的与采用的观测样本总数的比值。台站网的设计和施工部门都应该力争将此项指标维持在95%以上,也就是说定位成果抽样检查的淘汰率应该小于5%。

(4)精度。给出不同距离条件下不同模式定位成果的误差范围。

(5)效率。指在不同距离上不同作业模式获取可靠定位成果所需要的最少时间、安全时间、保守时间。

(6)系统的平均无故障时间、完备性监测功能、容错性以及系统的智能化、自动化、信息化水平。

(7)其他指标。如可供使用的通信手段、同步服务用户的数量、兼容性、系统建设与维护的成本等。

9.2.1 参考站网用途

参考站网主要用途体现在以下几个方面。

(1)建立并维护一个高质量地心坐标基准。参考站建立起来之后,利用参考站的长期跟踪数据和因特网上随时可以收集的周边地区固定台站的观测数据,可以借助于一些高层次科研软件(如国内比较熟悉的伯尔尼软件和GAMIT软件)周期性地更新参考站的地心坐标,相对精度可以达到 $8\sim 10$ cm 至 $9\sim 10$ cm,绝对精度可望优于分米级。

(2)取代常规测量控制网。单参考站网的基本功能相当于现有的国家或城市基本控制网。它为当地各行各业的可持续发展与基本测绘提供了一组永久性的,而且能够自我完善、不断更新的动态基准点,最终将与周边省、市、自治区的同类网络连成一片,全面取代现有的国家级天文大地控制网的功能。

(3)实现城乡GIS系统的实时更新。一个不断实时更新的城市和乡镇的GIS系统,是省、市、区、县各级领导和规划部门科学决策的依据。参考站网系统的建成,使任何野外实时采集的信息都可以连同它们的空间属性数据一起,通过系统的逆向数据通道反馈到市县不同类型的GIS系统数据库中,实时进行数据库的更新。

(4)满足地球物理与环境监测的需求。参考站网的一个重要应用领域就是满足地球物理与环境监测方面的需要。其中包括与周边地区连续跟踪台站进行数据交换,分析研究所在板块相对于其他周边板块的运动规律,也支持地震监测等部门从事参考站网服务区内流动监测点位进行毫米级精度的监测研究作业。

(5)可持续发展是人类面临的一个重大课题。对环境与地质灾害的监测和预防是其中一个有待关注和解决的重大问题。在参考站网支持下,采用GPS定位技术可以大大提高作业效率,缩短观测周期,降低施工成本,而且以均匀的精度指标分析对比沉降的状况与趋势。类似地参考站网积累的数据还可以用于对所在地区存在崩塌危险的边坡、岩体,乃至大坝、河堤、流沙和活动断层进行长时间的连续跟踪观测与分析研究。

(6)服务于公共安全。改革开放以来,随着经济的蓬勃发展,经济犯罪活动也呈上升趋势。机动车辆的盗窃,针对出租车、银行运钞车的抢劫活动也时有发生,其他有关公共车辆安全的防暴、防盗、防火、急救、调度,特种车辆运行路线的全程监控,提高车辆的运行效率,都可以在参考站网系统的支持下——得到有效地满足,必将对当地公共安全带来一个质的提高。

(7)GPS气象学。GPS气象学是最近一二十年内形成的一门新兴学科,利用GPS无线电信号穿越大气圈时受到电离层与对流层的弥散效应和出现的折射现象,进行数值分析,特别是可以精确地提取大气层中的水汽含量和分布,从而对可能出现的降水时间和强度做出前所未有的精确预报,服务于当地的农业、交通、旅游、体育和社会公共活动的精密部署,减少灾害性天气给各行各业带来的生命财产损失。

(8)地面施工机械的自动引导。参考站网系统建成后,野外地面机械施工的用户(如挖掘机、筑路机、摊铺机)可以通过引进或开发,利用高速实时动态响应的 GPS 接收机设备,实现生产工艺的彻底改造,淘汰传统的、落后的、劳动力密集型的生产模式,进入现代化、自动化、数字化新阶段,大大节省了时间、人力、物力与财力,并显著改善了生产环境的安全水平。

(9)提供实时 RTK 测量作业服务。参考站网系统建设的一个最基本、最核心的任务就是满足以设站点位为中心的周边 30km 以内拥有单台 GPS 接收机的测绘用户,包括规划、设计、施工以及其他部门,提供全天 24h、全年 365 天的实时厘米级 RTK 作业支持,确保城市各种地图的快速更新,各项工程的实时施工放样。每个地形点、碎部点、工程点的点位测定时间缩短到几秒钟,甚至几分之一秒。在这些点位外围距离参考站 30~50km 范围内各个点处,系统支持各种厘米级、亚分米级准实时定位作业。

(10)提供各种后处理技术服务。参考站网系统还将为需要提供各种后处理技术服务的用户提供事后数据检索、摘录、电邮;对于用户采集的外业数据代为进行质量分析、基线解算、整体平差、高程与点位坐标成果的系统换算,原始数据的永久性委托存档管理;接受对第三方数据资料(含国内外其他台站和用户系统的观测数据以及相应时间区间的精密星历等)的委托收集、加工处理和成果报告的编制。

(11)满足精密农业的需要。我国大部分地区严重缺水,另一方面水资源的浪费仍然比较严重。参考站网系统建成后,农业部门有可能将开发相应的节水、精密农业系统列入未来的发展规划,并彻底废除漫灌等落后、费水的耕作技术。借助于地下管道灌溉系统,根据 GPS 引导的机械设备采集的各点土壤成分含量,控制供水和施肥量。同时也在高精度 GPS(厘米级)设备引导下进行机耕,防止机械对管道系统的破坏。此外,还可以在计算机系统管理下实现精密轮作与套种,真正实现农业生产的现代化。

9.2.2 参考网系统组成

参考网系统由以下几个部分组成。

(1)参考站单元。具有 GPS 卫星定位数据和气象数据跟踪、采集、传输和设备完好性监测。

(2)数据通信系统。采用无线或有线方式,把基准站 GPS 观测数据和气象数据传输至监控分析中心。

(3)监控分析中心。数据处理、系统管理、服务提供。

(4)数据发播系统。采用互联网、GSM、GPRS 或 FM 等方式,把原始 GPS 数据或差分改正信息发送给用户。

(5)用户应用系统。根据用户需求进行不同精度的定位。

(6)网络 RTK 系统是一个综合的多功能定位服务系统,根据基准站的分布,其作用区域可以覆盖一个城市或一个行政区域甚至一个国家和地区。

9.2.3 参考站网类型

目前国内外已经建成或在建的综合性参考站网可以分为以下两类。

一类是基于 VRS(Virtual Reference System)理论的虚拟参考站系统(图 9-3)。它是由 Herbert Landau 博士提出,并由 Spectra/Terrasat 公司推向市场的模型。它通过与流动站相邻的各个参考站之间的基线计算估计各项误差,中心控制站根据三角形插值方法建立一个对应于流动站点位的虚拟参考站(VRS),将这个虚拟参考站的改正数信息传输给流动站,然后流动站结合自身的观测值实时解算出流动站的精确点位。服务区内每一个流动站对应着一个不同的 VRS 参考站,所以,存在许许多多个 VRS 参考站。由于 VRS 参考站发送的是正常格式的 RTCM 信息,因而流动站并不需要知道参考站所用的参数模型,如天津市参考站网就是这种类型。

因为参考站需要根据流动站点位建立相应的局部改正数模型,所以流动站必须通过 NMEA 格式把它的点位信息发送给中央控制站,这就是说流动站需要配备类似 GSM 移动电话的双向数据通信装置。

第二类则是由 GEO++公司 Gerhard Wuebenna 博士提出的全网整体解算模型,这是一种动态模型。它要求所有参考站将每一个观测瞬间所采集的未经差分处理的同步观测值,实时地传输给中心控制站,通过中心参考站的实时处理,产生一个称为 FKP 的空间误差改正参数,然后将这种 FKP 参数通过扩展的 RTCM 信息,发送给所有服务区内的流动站。系统传输的 FKP 参数能够比较理想地支持流动站的应用软件,但是流动站系统必须知道有关的数学模型,才能利用 FKP 参数生成相应的改正数。为了获取瞬时解算结果,每一个流动站需要借助于一个称为 AdV 盒的外部装置,配合流动站接收机的 RTK 作业,如江苏省参考站网。

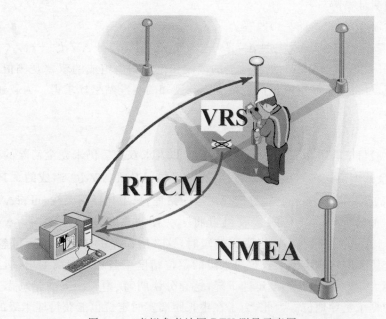

图 9-3 虚拟参考站网 RTK 测量示意图

9.2.4 基本原理

CORS 参考站是在传统 RTK 的基础上提出的,传统 RTK 误差其空间相关性随参考站和移动站距离的增加逐渐变得越来越差,因此,在较长距离下定位精度显著降低。故此提出了网络 RTK 技术(VRS 参考站)。

在一个较大的区域内均匀地布设多个基准站,构成一个基准站网,消除或削弱各种系统误差的影响,获得高精度的定位结果。在网络 RTK 技术中,线性衰减的单点 GPS 误差模型被区域型的 GPS 网误差模型所取代,并为网络覆盖地区的用户提供校正数据。

网络 RTK 由参考站、数据处理中心和数据通信链组成。参考站的三维坐标精度应达到厘米级,配备双频 GPS 接收机,并有配套的通信设备及气象仪器。参考站按规定的采样率进行连续观测,并通过数据通信链实时将观测资料传送给数据处理中心。网络 RTK 技术依靠网络将基准站连接到计算中心,联合若干参考站数据解算消除电离层、对流层影响,提高 RTK 定位可靠性和精度。

技术手段有内插法、虚拟参考站法、主辅站技术 3 种。

9.2.4.1 内插法

在 RTK 中通常采用双差观测值。其观测方程可写为

$$\lambda \cdot \Delta\nabla\varphi = \Delta\nabla\rho + \Delta\nabla d\rho - \lambda \cdot \Delta\nabla N - \Delta\nabla d_{\text{ion}} + \Delta\nabla d_{\text{trop}} + \Delta\nabla d_{\text{mp}}^{\varphi} + \varepsilon_{\Delta\nabla\varphi} \qquad (9-1)$$

式中,$\Delta\nabla$ 为双差算子(在卫星和接收机间求双差);φ 为载波相位观测值;$\rho = \|X^s - X\|$ 为卫星至接收机间的距离,其中 X^s 为卫星星历给出的卫星位置矢量,X 为测站的位置矢量;$d\rho$ 为卫星星历误差在接收机至卫星方向上的投影;λ 为载波的波长;N 为载波相位测量中的整周模糊度;d_{ion} 为电离层延迟;d_{trop} 为对流层延迟;d_{mp}^{φ} 为载波相位测量中的多路径误差;$\varepsilon_{\Delta\nabla\varphi}$ 为载波相位观测值的测量噪声。

对基准站而言,可将式(8-1)改写为

$$\lambda(\Delta\nabla\varphi + \Delta\nabla N) - \Delta\nabla\rho = \Delta\nabla d\rho - \Delta\nabla d_{\text{ion}} + \Delta\nabla d_{\text{trop}} + \Delta\nabla d_{\text{mp}}^{\varphi} + \varepsilon_{\Delta\nabla\varphi} \qquad (9-2)$$

式中,$\lambda(\Delta\nabla\varphi + \Delta\nabla N)$ 是由 2 个基准站上的载波相位观测值组成的双差观测值;$\Delta\nabla\rho$ 为已知的双差距离值,可由卫星星历给出的卫星坐标与已知的基准站坐标求得。为叙述方便,我们设定

$$\lambda(\Delta\nabla\varphi + \Delta\nabla N) - \Delta\nabla\rho = \sigma_\rho \qquad (9-3)$$

从式(8-3)可以看出,σ_ρ 是由 $\Delta\nabla d_{\text{mp}}^{\varphi}$ 和 $\varepsilon_{\Delta\nabla\rho}$ 以及求双差后仍未完全消除的残余的轨道偏差 $\Delta\nabla d\rho$、残余的电离层延迟 $\Delta\nabla d_{\text{ion}}$、残余的对流层延迟项 $\Delta\nabla d_{\text{trop}}$ 组成的。其中,$\Delta\nabla d_{\text{mp}}^{\varphi}$ 和 $\varepsilon_{\Delta\nabla\rho}$ 与两站间的距离 D 无关。但通过选择适当的站址,采用扼径圈天线,可将 $\Delta\nabla d_{\text{mp}}^{\varphi}$ 控制在较小的范围内,通过选择高质量的接收机可将 $\varepsilon_{\Delta\nabla\rho}$ 控制在很小的范围内。$\Delta\nabla d\rho$、$\Delta\nabla d_{\text{ion}}$、$\Delta\nabla d_{\text{trop}}$ 则与测站间的距离有关。当距离较短时,这 3 项误差的影响一般皆可忽略不计,因而即使只用一个历元的观测值也可获得厘米级的定位精度。但随着距离的增加,这 3 项误差的影响将越来越大,从而使定位精度迅速下降,这充分说明,在中长距离实量动态定位中与距离有关的误差占据了主导地位。为此,为了在中长距离实时定位也能获得厘米级的定位精度,需要设法消除或大幅度削弱上述 3 项误差的影响。如果近似地认为 σ_ρ 是线性变化,那么就能根

据基准站上求得的 σ_ρ 进行线性内插,求得流动站的 σ_ρ,然后对双差载波相位观测进行修正,消除其影响。具体方法如下:

(1) 各基准站实时地将接收到的观测资料如导航电文、载波相位观测值、伪距观测值及气象数据等,通过数据传输系统送到数据处理中心。

(2) 流动站进行单点定位(导航值即可),将自己的三维坐标实时传送到数据处理中心。

(3) 数据处理中心根据动态用户的近似坐标(定位结果)判断流动站位于哪 3 个基准站组成的三角形内,并求出流动站至这 3 个基准站的距离。若流动站至某一基准站小于规定值(如 5km),则按常规 RTK 进行,否则转入下一步进行内插。

(4) 设流动站位于 ABC 三基准站组成的三角形内,流动站距离基准站 A 最近,则取 A 点作为计算中的参考点。基准站 B 和 C 分别与 A 组成双差观测值。

$$\left.\begin{array}{l}\Delta\nabla\varphi_{AB}^{ij}=\nabla\varphi_B^{ij}-\nabla\varphi_A^{ij}=\varphi_B^j-\varphi_B^i-\varphi_A^j+\varphi_A^i\\ \Delta\nabla\varphi_{AC}^{ij}=\nabla\varphi_C^{ij}-\nabla\varphi_A^{ij}=\varphi_C^j-\varphi_C^i-\varphi_A^j+\varphi_A^i\end{array}\right\} \quad (9-4)$$

式中,∇ 为在卫星间求单差的算子符;i,j 为卫星号。利用由卫星星历所给出的卫星在空间的位置及已知的基准站坐标,求得双差距离值 $\Delta\nabla\rho$ 并确定整周模糊度 $\Delta\nabla N$ 的值后,即可求得

$$\left.\begin{array}{l}\sigma_{\rho AB}^{ij}=\lambda(\Delta\nabla\varphi_{AB}^{ij}+\Delta\nabla N_{AB}^{ij})-\Delta\nabla\varphi_{AB}^{ij}\\ \sigma_{\rho AC}^{ij}=\lambda(\Delta\nabla\varphi_{AC}^{ij}+\Delta\nabla N_{AC}^{ij})-\Delta\nabla\varphi_{AC}^{ij}\end{array}\right\} \quad (9-5)$$

(5) 将基准站 A 作为参考点,则有

$$\left.\begin{array}{l}\sigma_{\rho AB}^{ij}=a_1(X_B-X_A)+a_2(Y_B-Y_A)\\ \sigma_{\rho AC}^{ij}=a_1(X_C-X_A)+a_2(Y_C-Y_A)\end{array}\right\} \quad (9-6)$$

解得系数 a_1 和 a_2 后,即可求得流动站在 k 处

$$\sigma_{\rho K}^{ij}=a_1(X_K-X_A)+a_2(Y_K-Y_A) \quad (9-7)$$

(6) 数据处理中心将内插值 $\sigma_{\rho AK}$ 实时播发给动态用户后,动态用户就能利用这些 $\sigma_{\rho AK}$ 值对双差观测值进行改正。改正后的双差改正数 $\Delta\nabla\varphi_{AK}$ 为

$$\Delta\nabla\varphi_{AK}=\Delta\nabla\varphi_{AK}+V_{\Delta\nabla\varphi}=\Delta\nabla\varphi_{AK}-\sigma_{\rho AK} \quad (9-8)$$

由于轨道偏差 $\Delta\nabla d\rho$、电离层延迟的残余误差 $\Delta\nabla d_{ion}$、对流层延迟的残余误差 $\Delta\nabla d_{trop}$ 等得以消除或大幅削弱,故用改正后的双差观测值 $\Delta\nabla\varphi_{AK}$ 来进行相对定位可获得较高精度的位置。

9.2.4.2 虚拟参考站法(VRS)

虚拟参考站法是在流动站附近建立一个虚拟的参考站,并根据周围各参考站上的实际观测值算出该虚拟参考站上的虚拟观测值。由于虚拟参考站距离流动站很近,一般仅相距数米,故动态用户只需采用常规 RTK 技术就能与虚拟参考站进行实时相对定位,获得较高精度的定位结果。

在虚拟参考站方法中,动态用户首先进行单点定位,求得测站的概略位置并实时将坐标传送给数据处理中心,数据处理中心通常就将虚拟参考站 P 设在该位置上。此时虚拟参考站 P 离准确的流动站位置 K 可能就几十米,然后对用户单点定位结果进行一次差分改正,此时虚拟参考站 P 离真正的流动站 K 的距离一般仅为数米或更近,虚拟参考站就设在差分改正后的位置上。

虚拟参考站法的关键在于构建虚拟参考站的观测值。参考站间的双差观测值 $\lambda(\Delta\nabla\varphi + \Delta\nabla N)$ 与距离双差 $\Delta\nabla\rho$ 之间的差值可根据观测值、已知站坐标及卫星星历求得,为已知值。通过内插即可求得作为参考点的参考站 A 和虚拟参考站间的差值。求得两者之差后即可根据式(9-9)计算双差观测值 $\lambda(\Delta\nabla\varphi_{PA} + \Delta\nabla N_{PA})$。

$$\lambda(\Delta\nabla\varphi_{PA} + \Delta\nabla N_{PA}) = \Delta\nabla\rho_{PA} + \sigma_{\rho PA} \tag{9-9}$$

式中,$\Delta\nabla\varphi_{PA} + \Delta\nabla N_{PA} = \nabla\varphi_A - \nabla\varphi_P + \Delta\nabla N_{PA}$;$\nabla\varphi_A$ 为参考站在两颗卫星间求一次差,可据载波相位观测值求得;$\Delta\nabla N_{PA}$ 为双差整周模糊度,可在初始化过程中确定,于是在虚拟参考站上的单差观测值 $\nabla\varphi_P$ 便被求出。数据处理中心将该观测值播发给用户 K 后,即可与流动站上的单差观测值相减组成双差观测值进行动态定位。

$$\Delta\nabla\varphi_{KP} = \nabla\varphi_P - \nabla\varphi_K \tag{9-10}$$

9.2.4.3 FKP 技术(主辅站技术)

主辅站技术的基本要求就是将参考站的相位简化为一个公共的整周模糊度水平。如果某一个卫星相对一对接收机而言,相位距离的整周模糊度已经被消去或被平差过,那么当组成双差时,整周模糊度就被消除了,此时可以说两个参考站具有一个公共的整周模糊度水平。

主辅站技术的优势在于支持单向和双向通信,为流动站提供了极大的灵活性,能够对网络改正数进行简单的、有效的内插,对流动站用户的数量也不限制,提供的网络数据是相对于真实的参考站,不是虚拟的;流动站可以获得参考站网的所有有关电离层和几何形态误差的信息,并以最优化的方式利用这些信息,增强了系统和用户的安全性。

为了估算有关的参数,包括基准站网络整周模糊度和大气模型,使用了卡尔曼滤波的非差码及载波相位观测值,依靠处理未经差分的观测值,增加了可利用的数据量,降低了系统对数据缺失的敏感性,并使系统能够更有效地估算大气延迟和其他误差。可以用 1Hz 的速率更新,并连续不断地进行处理,以确保任何时候流动站用户可以接入,获取所需要的网络改正数。

除了网络整周模糊度外,卡尔曼滤波还被用来估算确定电离层和对流层模型、卫星和接收机钟差以及卫星轨道。随机的模型也被用于电离层和卫星钟差,以确保这些误差最高真实地模型化。预报的轨道信息也可以被进一步精化解算,使用 LAMBDA 法(基于整数参数转换的最小二乘模糊度相关平差法,由 Teunissen 教授于 1993 年提出,是目前快速静态定位中最成功的一种整周模糊度搜索方法)解算整周模糊度,并且连续不断地重复检核整周模糊度的解,以确保它们的固定解具有最大的可靠性。

9.2.5 参考站网建设

连续运行参考站(CORS)是由 GPS 接收机和天线组成,它们以稳定的方式设置在一个具有可靠的电力供应的安全地点上。接收机连续观测,记录原始数据,有些站还需要连续输出原始数据流,并常常输出 RTK 和 DGPS 数据以发给 RTK、GIS 和 GPS 导航设备。接收机通常由计算机进行控制,如果需要亦可进行远程控制。计算机通常定期下载数据文件并将它们发给一个 FTP 服务器供 GPS 用户使用。

一个单位需要一个或几个参考站,用来为区域内的用户提供 GPS 服务。但一些部门或机构需要建立一个参考站网(一般 5 个以上参考站),为某地区提供完整的 GPS 服务,如天津市参考站(CORS),如图 9-4 所示。一般来讲单独一个服务器(计算机)就能控制网中所有参考

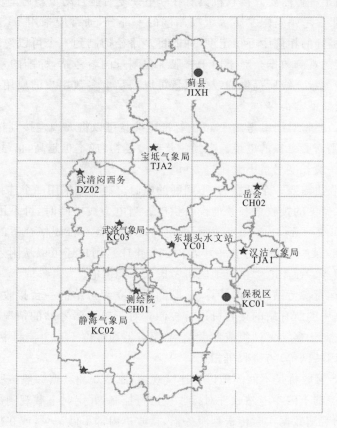

图 9-4 天津市参考站(CORS)分布图

站,在服务器上运行 GPS 参考站软件并以合适的通信方式进行通信。

9.2.5.1 参考站选址条件

参考站选址环境条件与基准站相同。

9.2.5.2 参考站建站要求

参考站的观测墩应建在坚实的地基上(最好是基岩),建墩时要考虑电力供应、通信情况、接收机和通信设备安放地点、安全性。建墩时可考虑将接收机、电源和通信设备安放在标墩内部,也可以像基准站建设那样建立观测室。

虽然 GPS 天线安放在比较高的地方对观测有利,但参考站不易建在高层建筑上,主要考虑其形变对精度有影响。

9.2.5.3 对设备要求

(1)GPS 接收机。为了能够以适宜的方式同时向不同用户提供所需要的服务,接收机最好能够以高速率记录数据、连续传送原始数据,并能以所有常用格式输出 RTK 和 DGPS 数据。某些应用还需要接收机以 2 种不同的速率将同步数据记录到 2 个不同的文件中。接收机有足够的接口能满足各种需要。接收机具有在断电恢复后能自动重新启动功能。

(2) 天线。如果参考站是国家高等级控制网的一部分，通常应采用 IGS 类型的扼径圈天线，此类天线具有极高的相位中心稳定度，并能将多路径抑制到一个可以忽略的水平，这有助于保证获得高质量的观测数据。对于用于一般工程测量的参考站，标准的紧凑型测量天线也可以适用。紧凑型测量天线所提供的数据质量可以满足大多数用户的应用要求，而且它们的价格要比扼径圈天线便宜很多。

(3) 天线电缆。通常对于参考站 10m 的标准电缆就可以将天线连接到接收机上。如果接收机距天线较远，则需要更长的电缆。电缆越长就会越粗，成本也越高，信号衰减越多。因此，电缆要尽可能短，一般长度尽量不要超过 30m。

(4) 电源。接收机需要一个可靠的、不间断的电源。通常是采用一个连接在主电力线上的交直流转换器为参考站的接收机和其他设备供电。当电力线中断时，可采用配备的电池组和 UPS 提供一段时间的后备供电。在电力不稳定的地方配备一台规格合适的 UPS 是必需的。如果是个参考站网，某一站偶尔停止一小段时间(如 1h)，用户还可以从附近其他参考站获得所需要的数据和服务。在无电力供应地区可考虑太阳能供电。

(5) 服务器。运行参考站软件的计算机，既能对独立参考站的一台接收机进行控制，也能够对一个参考站网中的所有站的接收机进行控制。对于单一参考站的情况，通常将接收机直接与计算机相连。对于多参考站组成参考站网，服务器通常位于一个控制中心，并通过通信方式(电话、局域网、因特网等)与接收机相连。

参考站上 GPS 接收机是不间断地进行连续观测，原始观测数据一般按所需要的长度记录在接收机内部，服务器上的参考站软件对接收机进行控制，并定时下载观测数据文件。也可以将接收机中的原始观测数据实时传送到服务器，接收机内部不做记录，或在接收机内部记录的同时实时传送到服务器。

当参考站数量较多、布设的范围较大时，可以将其分为若干子区，每个子区配 1 台服务器进行数据处理及参考站管理。

(6) 参考站软件。运行在服务器上的参考站软件对各参考站的原始观测数据进行检查，将其转换为 RINEX 格式存档，并将原始数据和 RINEX 格式文件放置在服务器上供 GPS 用户使用。该软件还对接收机观测情况、数据质量、通信链路、整个网络的机能进行监控。参考站软件可用商家提供的随机软件，也可根据实际需要自行研制软件。

一般商家提供的随机参考站软件具有以下功能：①对参考站观测数据进行处理，以标准格式输出 RTK 和 DGPS 数据；②对参考站网数据具有连续分析和计算能力。能对卫星轨道、电离层延迟、对流层延迟等与距离有关的误差进行改正，并连续对参考站网数据的状态进行分析，建立与距离有关的模型，连续计算改正参数；③能连续计算网站间的基线和参考站的坐标；④能以一种或多种格式从一个端口或多个端口发送 RTK 和(或)DGPS 数据。

系统管理员可以对参考站上的接收机和整个网络进行完全控制。能对接收机和网络的运转进行检查，启动或终止某种工作，改变设置、参数和运转模式，向接收机下达指令或对某系统进行更新。

(7) 通信要求。可靠的通信技术对参考站和参考站网的有效运行至关重要。在选取服务器与接收机之间最佳通信方法时应考虑以下因素：①参考站或参考站网的主要用途是什么；②当地可供使用的通信技术以及是否具有可靠的支持；③通信设备的成本以及安装成本；④运行成本;⑤服务和支持成本。

在决定用于向 RTK 和 GIS 流动站发送 RTK 和 DGPS 数据最佳方法时,应考虑以下几点:①RTK 流动的范围;②RTK 和 GIS 流动站所需的通信设备;③设备的成本及运行成本。

在不同地区,由于当地现有的通信技术不同,其通信方法也不同。因此没有标准的通信方式。一般的通信方式有:①拨号链路(需要时拨号链接开放);②永久开放链路(始终开放,不需拨号);③直接从接收机发送(接收机与无线电台连接);④通过电话链接,参考站接收机上连接一台电话调制解调器;⑤利用因特网;⑥利用手机网络(目前主要的方式)。

参考站网应用实例:江苏省参考站网

江苏省(2009 年)参考站网其站点数量在国内来讲是最多的,范围也是最广的,覆盖了整个江苏省,参考站(CORS)网的分布如图 9-5 所示。

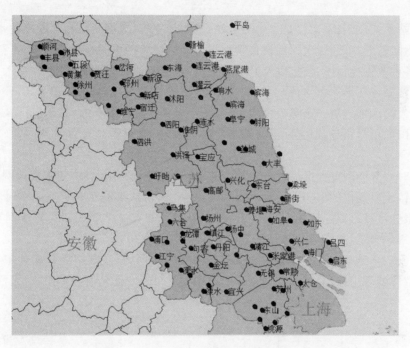

图 9-5　江苏省参考站(CORS)网分布图

江苏省参考站(CORS)网有 62 个站,分为 4 个子网,每个子网之间保持一定的重叠,这样既方便了系统管理,也能将数据处理的压力分担到多个服务器上。同时,根据用户所在位置,系统能自动选择其周围合理参考站,为用户提供网络差分数据。

江苏省参考站网经数据处理后,得到参考站地心坐标的各分量达到 0.013m,参考站间基线向量精度达到 1×10^{-8},完全能满足测量控制和导航需要。利用参考站网进行 RTK 测量,实量定位精度水平方向一般都优于 3cm,垂直方向优于 5cm,并且所测流动点精度均匀。

江苏省参考站网的特点是:

(1)系统控制中心预留了与邻近系统的接口,可通过控制中心联网,实现与周围系统或国家系统进行数据交换。

(2)其采用的是 Ntrip 协议,保证了与周边系统数据交换时的兼容性。

(3)距参考站 20km 以内保证 RTK 固定解。

(4)由于一些站选在了气象台站,可利用 GPS 数据开展 GPS 气象学方面的数据服务与研究。还有一定数量的站选址在基岩上,可进行地壳运动方面研究。

(5)系统采用气象 SDH 专网、广电 SDH 专网和宽带网络子系统,保证了控制中心与参考站数据传输的可靠与安全。

(6)采用了先进的远程接入服务平台,可多用户同时远程拨入,同时实现了实时身份验证、用户测量数据统计及用户历史数据存储、显示、查阅与管理等功能。

(7)采用的是双频双星 GPS 接收机。

9.3 单参考站

单参考站系统,顾名思义就是一个参考站,利用计算机、数据通信和互联网技术,实时地向不同类型、不同需求、不同层次的用户自动地提供经过检验的不同类型的 GPS 观测值(载波相位、伪距)、各种改正数、状态信息以及其他有关 GPS 服务项目的系统。

单参考站系统在形式上与传统 RTK 有点相似,基本原理上与普通 GPS RTK 作业时的参考站没有太大的区别。每一个参考站服务于一定作用半径内所有的 GPS 用户。利用一个站为其覆盖范围的用户服务,但实际上有着本质的区别,一是数据处理方式不同,二是通信方式不同。

对于长时间静态跟踪数据后处理的用户,借助于接收调频副载波、宽带快速网络通信以及其他数据通信手段提供的 DGPS 伪距差分改正数信息,对从事准实时定位或实时精密导航的用户来说,服务半径可以达到几十千米、几百千米,甚至更长一些。而对需要实时给出厘米级定位精度的用户来说,单参考站的服务半径目前可以达到 30km 以上。

单参考站的选址、建设、对设备的要求与参考站网相同,只是数据处理软件不同。流动站与参考站(数据处理中心)联系一般采用 GPRS 方式。GPRS 通信有两种模式(图 9-6)。

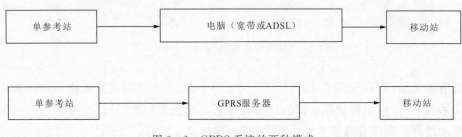

图 9-6 GPRS 系统的两种模式

GPRS(General Packet Radio Service,通用无线分组业务)是一种基于 GSM 系统的无线分组交换技术,提供端到端的、广域的无线 IP 连接。通俗地讲,GPRS 是一项高速数据处理的技术,方法是以"分组"的形式传送资料到用户手上。利用单参考站进行 RTK 测量方法如图 9-7 所示。

下面我们结合一个实例来说明单参考站系统。

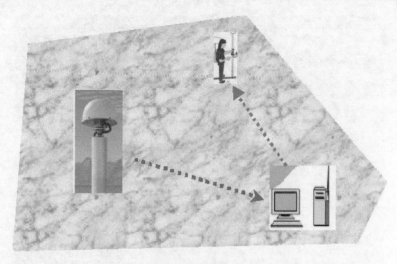

图 9-7 单参考站 RTK 测量示意图

9.3.1 广东中山市单参考站系统

广东省中山市连续运行双频双星 GPS 单参考站系统的建设于 2008 年 2 月正式启动,根据中山市域的实际情况,经过踏勘选址、技术设计、GPS 单参考站的建设、网络通信的建设、系统的性能测试,于 2008 年 5 月 15 日全部完成。

9.3.1.1 系统组成

中山市单参考站系统由双频双星 GPS 单参考站系统、数据通信系统、数据中心系统、用户应用系统等组成。网络 RTK 覆盖面积为 3 000 多平方千米(图 9-8)。

GPS 单参考站系统:由 1 个双频双星单参考站组成,主要功能是全天 24h 不间断地接收 GPS 卫星信号,采集原始数据。

通信网络系统:由 1 条静态 IP 网络组成,实时传输单参考站 GPS 数据至数据控制中心和发送 RTK 改正数到流动站用户。

数据控制中心系统:由服务器和相应的 SPIDER 软件构成;作用是控制、监控、下载、处理、发布和管理单参考站 GPS 数据,生成各种格式的改正数据,并发给流动站用户。

用户应用系统:由不同的流动站组成,接收改正数,并解算出流动站的精确位置。

9.3.1.2 关键技术

1)双频双星 GPS 系统

采用双星系统,结合了俄罗斯的 GLONASS 系统,并且考虑了对将来的欧洲 GALILEO 系统的兼容,全天 24h 连续观测。

2)GPRS 无线通信技术

GPS 流动站用户通过 GPRS 无线通信方式实现与数据中心连接,连续运行 GPS 单参考站系统在数据中心安装了一个服务器,流动站用户只需配置支持 GPRS 功能的蓝牙手机,通过访问 GPS 单参考站的固定 IP,在确认授权的情况下,便实现了流动站用户和数据中心的连

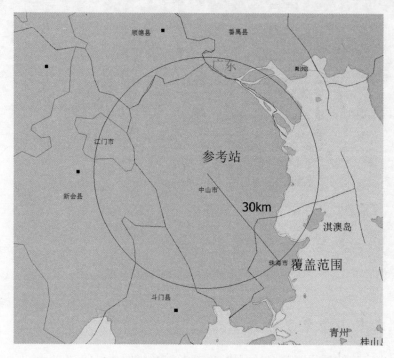

图 9-8 中山规划系统连续运行 GPS 单参考站 RTK 区域覆盖图

接,进而得到 RTK 改正数进行精确定位。

系统允许多路用户同时接入,用户的数量仅仅受带宽的限制,而与授权流动站用户的数量无关,大大降低了流动站用户和系统的费用。

3) GPS 参考站系统实时动态定位解算的主副站技术

系统采用主副站技术(MAX),主副站技术是由瑞士徕卡测量系统有限公司基于"主副站概念"推出的参考站技术。基于主副站技术的参考站网软件 SPIDERNET 采用最新国际标准,软件结构灵活,功能强大,模块化设计且安全,可以满足大型、小型、简单和复杂的参考站网的需要进行软件定制。它采用最新 MAX 专利技术,大大减少了数据负荷,支持单向和双向通信,徕卡主副站技术提供的 RTCM V3.0 MAC 网络数据是相对真实的参考站,而不是虚拟的,它提供了真正的网解,并非像其他软件那样是多基线解,同时它支持 Leica、RTCM V2.x、CMR、CMR+以及最新 RTCM V3.0 格式的改正数据,支持多个 CPU,支持因特网网络 RTK。

目前的系统扩充性强,可以在将来轻松地升级,在系统中增加多个站点构成网络,扩大覆盖区域,而不需要改变现有结构和系统,极大地减少了升级的费用,保护了目前的投资。

4) 精确转换参数的求解

网络 RTK 定位直接结果是 WGS84 坐标,而我们通常使用的坐标是地方坐标,因此必须求出 WGS84 坐标到地方坐标的转换参数。目前,求解坐标转换参数的方法有两种。

(1) 将测区控制点的 WGS84 坐标和地方坐标直接键入到流动站的控制器中,来求取坐标转换参数。

(2) 控制点若无 WGS84 坐标,可采取现场采集的方法,通过键入一定数量控制点的地方坐标,然后在这些控制点上用 RTK 采集 WGS84 坐标,通过点校正拟合出坐标转换参数。坐标参数的准确性与转换方法、控制点发数量、采集精度和分布有关。要精确求解坐标转换参数,就必须采用七参数等精确坐标转换方法,控制点的坐标精度高,参加求解参数的控制点尽可能地多,而且应均匀地分布在测区。

9.3.1.3 建设过程

1)单基站建设

在广东中山市规划局的四楼楼顶建设了1个GPS参考站,作业覆盖距离半径30km左右,面积约3 000km^2。

(1)站点勘点。在建设初,根据地形情况选择了2个点做待选点,进行了24h每秒1个历元的静态观测,经专业软件解算和评估了效果,并确定了建设位置。

(2)站点建设。在选定的位置建设了1.8m高的观测墩,并做了相应的专业防雷处理。

2)通信网络的构建

根据连续运行GPS单参考站系统的特点和中山市数据通信的现状,本着经济实用的原则,采用了ADSL静态IP的通信网络。

9.3.2 不同参考站系统特点

虚拟参考站网系统在DGPS、准实时定位及事后差分处理的服务半径上与单参考站没有任何差别,但是在RTK作业半径方面应该可以得到较大距离的延伸。只要无线电通信或其他数据传输手段能够保证,则RTK的作业半径也有可能达到30km以上,未来的潜力甚至可以更大。虚拟参考站系统的另一个显著优点就是它的成果的可靠性、信号的可利用性和精度水平在系统的有效覆盖范围内大致均匀,同离最近参考站的距离没有明显的相关性。

虚拟参考站系统的不利之处在于:目前由于各种方法都不是十分成熟,技术上还没有统一的国际标准,非标准化带来一系列兼容性问题。同时,整体解法从事RTK作业需要额外的外部装置,给外业人员增加了一定的负担,给系统的稳定性造成了一定的隐患;插值解法则因模型完善性较差,且需要双向通信,经常无法实现RTK作业。系统的首期投入较大,需要较多的启动资金。它至少需要建立3个以上台站构成1个网络,才能按照虚拟参考站理论开展模型计算工作。误差模型的生成还存在许多问题,在电离层和对流层强烈活动条件下出现的大误差仍然是一个影响实际使用的大问题。由于采用的模型不正确,实时获得的流动站点位成果根本无法确定其实际可靠性程度。任何一个台站故障都有可能导致整个系统的瘫痪;任何一个台站的某一个卫星的信噪比欠佳,都有可能减少卫星模型改正数的数量,导致RTK无法正常进行。覆盖一个数万平方千米的大城市,至少需要一次建立10来个甚至更多台站,不但投资数额惊人,而且日常管理与维护费用也十分巨大,所以在国内外除一些小型试验网外,还很难找到几个大型综合性台站网成功运行的案例。

单参考站网的优势就在于:

(1)由于不用组网,首期投入较少。台站设在城中心及近郊区、城市进出口。主要交通沿线以及各设站点区县城乡地区都可以进行快速厘米级实时定位,城市其他地方均可进行厘米级准实时定位或获得其他各种快速定位技术服务。

(2)随时可以升级和扩展。除了单参考站系统可以随时增加新的台站,加大实时RTK作业的覆盖区外,一旦虚拟参考站系统有了国际标准,只要进行系统软件的升级,单参考站系统即可轻松地纳入到虚拟参考站网系统。

(3) 系统灵活、安全、可靠、稳定。目前许多仪器的 RTK 作业半径已经扩大到 30km 以上，利用 GSM 进行 50~80km 的 RTK 测试成功案例已经屡见不鲜。

(4) 不需要任何额外的装置，不需要报告流动站点位的双向数据通信设备，流动站进行自主被动定位，不会暴露流动站的目标位置，可以满足军事等特殊部门的精密定位要求。

(5) 施工周期短。

9.3.3 参考站在桥梁监测中的应用

为了有效地管理桥梁，了解桥梁每天和长期的运行条件和健康情况，以便采取必要的预防措施并更好地了解其退化率。交通主管部门需要完全地了解桥梁建筑的条件和桥梁的健康状况，这样才能以最少的维护费用来抵御恶劣的自然环境和承受每年百万次的承载情况下保证对桥梁交通开放。这就需要对桥梁施行实时监测，由于高精度、全天候和观测点间无需通视等优势，GPS 在建筑物健康状态和地壳运动监测等高精度定位项目中起着越来越重要的作用。

对桥梁监测主要监测桥梁的绝对位移和相对位移，而 GPS 参考站系统则可以满足在绝对位移和相对位移的应用中的大部分静态和动态测量的需要。

实时监测就需要在桥梁两端桥头附近合适的位置建立 GPS 参考站系统。参考站站址的选择要求地质稳定，避开反射环境，以免产生多路径误差。在桥梁的两侧均匀布设监测点，如图 9-9、图 9-10 所示。GPS 天线必须安装在能避免由于电缆、障碍物、汽车等引起的多路径影响的位置。天线必须安装在有强制对中装置的观测墩上，一是保证测量精度，二是确保天线的安全。另外，天线的防雷装置也是不可缺少的。

参考站和监测点分布示意图见图 9-11。

图 9-9 监测点的天线安置

GPS 桥梁监测系统由包含 GPS 传感器、通信链路、处理和管理软件、附件和分析软件在内的一个完整的系统组成。

每一台 GPS 接收机必须用双向通信线路连接到数据处理中心的服务器上。在工作期间必须为每一台接收机提供安全和永久的供电。

桥梁监测系统需要专门的数据处理软件，一些仪器厂家可以提供相应的数据处理与分析软件，也可以根据监测的技术要求自己编写数据处理与分析系统。

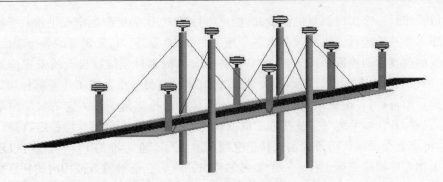

图 9-10 监测点天线安置示意图

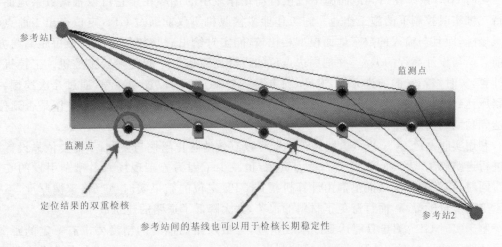

图 9-11 参考站与监测点分布示意图

建立桥梁结构健康监测系统,利用收集到的特定信息,可以对大桥状态和安全进行评估。目前阶段,GPS 系统主要用于实现桥梁整体变形的监测,考察结构在各种载荷作用下,结构变形与设计假设的偏离程度,为桥梁的日常安全营运提供决策依据。

9.3.4 在公路和铁路施工中的应用

公路与铁路的线路施工测量贯穿于工程的始终,其中最繁重并且最有代表性的莫过于从事路面开挖或回填的土石方施工工程与路面铺装工程。工程的一举一动都必须在测量仪器的监督与指导下进行,任何差错都会造成极大的人力、物力、财力与时间的浪费。尽管目前线路施工中已经广泛使用各类筑路机械,但是施工机械与测量并没有融合成一个有机的整体。如果用户能够采用实时 GPS 系统,并利用系统提供的人机接口指令(Man - Machine Interface,缩写为 MMI,部分厂家可提供)编制开发相应的应用软件,就可以实现 GPS 引导下的地面施工机械的自动化作业,那么线路施工的效率、质量都会显著地提高,对劳动力的需求也将大大地减少,其成本也将因此大幅度地降低。特别是高速公路、高速铁路对路面铺装提出了相当高的精度指标,实时 GPS 引导的路面铺装可以有效地控制工程质量与材料消耗,为用户创造显著的经济效益。

GPS 引导的地面施工机械自动化作业基本原理如下。安装在施工机械固定部位的 GPS

接收机可以看作是一个实时测量的流动站,能够以每秒 10 次的更新速率提供相对于附近已知参考站的厘米级三维坐标。机械设备上各个施工面(如抓斗、铲刀、压辊等的各个端面)相对于接收机天线的位置由两项因素构成:一个是设备静态结构相对于接收机天线安置位置的固定偏差,它们可以根据设备的设计图纸及大量测试加以确定;另一个是施工作业部件相对于结构基准状态的运动量,可以由机械设备的传动系统所接收的控制指令按一定的数学模型推算出来。所以,只要 GPS 参考站与安装在施工机械设备上的流动站都能够保持稳定、可靠、精确的工作状态,再加上与机械传动及控制保持信息同步的一台工业标准的 PC 机,就可以随时知道施工机械工作面的精确三维坐标。一个参考站可以同时为它信号覆盖范围内的任意数量的施工机械提供实时厘米级动态差分定位服务。

实时 GPS 系统在引导地面施工机械自动化作业中的优势在于它可以根据数字地面模型进行三维实时控制下的施工作业。施工作业中接收机不仅能通过 GPS 定位得出当前点位的三维坐标,而且与输入的数字地面模型相比较,能实时给出它与相邻边界的最短距离与方位、当前点位与设计高程的偏差,并把周边点位的设计高程信息一起传输给工控机。工控机则通过计算,实时修正它的前进方向、速度,确定下一个施工面的位置与高程,通过几次挖掘、推进或碾压达到该点处的设计指标。与此同时,GPS 定位信息则检验控制各项操作是否到位,是否达到预期的精度指标。

利用实时 GPS 系统进行道路施工作业可以有效地防止超挖与欠挖,不需要依靠设置引张线进行道路施工,大大地节省了劳动力资源,也减少了因为施工现场人员嘈杂引发的安全事故。同时,路面的每一层铺垫都由计算机根据 GPS 定位的结果实时地严格掌握厚度,不仅有利于工程质量的提高,而且避免了材料的浪费,大大降低了道路的建筑成本。

鉴于实时 GPS 测量只能达到厘米级精度,与最后路面铺装的精度要求有一定的距离,为了保证路面的平整度和达到其他各项控制指标,最后一道工序可以采用全站仪作业,以期获取毫米级精度标准的实时路面铺装质量控制。

目前,采用实时 GPS 系统进行引导的地面施工机械自动化作业,还没有现成的配套软件供应。但是有些厂家向用户免费提供了一个开发工具,那就是 GPS 传感器的人机接口指令集——一组类似于高级语言的宏命令。工业控制型 PC 机在编程中利用这组指令可以设置传感器,并按不同的采样频率提取各种实时定位的结果和存储于传感器及闪存 PCMCIA 卡中的数据资料。至于机械运动状态信息与其他控制命令可以根据所用机械设备的技术资料和实验数据来编制,经过试用和调试,不难成为筑路工程发展史上一项革命性的飞跃。

9.4 基准站的建设

GPS 连续运行基准站是我国 A 级 GPS 网的组成部分[全球定位系统(GPS)测量规范,2009],是国家最高等级控制网,用于建立国家二等大地控制网和三、四等大地控制网的 GPS 测量,为我国大陆、海岛(礁)提供平面基准、高程基准的首级控制。同时,为国防建设提供测绘保障,并具备服务于科学研究、国家经济建设的巨大能力。

目前,中国地震局、总参测绘局、国家测绘局、中国科学院、中国气象局和教育部六部委联合在全国建立了 250 个 GNSS 站(境外 10 个,共 260 个)。许多省市均建有自己的 GPS 连续观测站,用于导航、测量和城市建设,但由于在选址、建设方面没按基准站要求去做,许多站达不到基准站的精度要求。

基准站的建设一般分 4 步进行：①图上设计；②实地勘选；③工程设计与建设；④设备安装与调试。下面就这几个方面分别进行论述。

9.4.1　图上设计

设计前应收集下列资料：
(1)所在地区地形图和交通图。
(2)所在地区地质构造图。
(3)所在地区已有的 GPS 测量、大地测量成果资料。
(4)与设计有关的地质与地壳形变测量分析报告。
(5)与设计有关的地震、地球动力学资料。
(6)与设计有关的交通运输、物质供应、通信、水文、气象、冻土和地下水位等资料。
(7)与设计有关的地震台、人卫站、气象台、验潮站、地球物理基准站、兵站等的站址资料。
(8)与设计有关的文件(上级批准的工程项目建议书、可行性报告、布设要点和技术规程等)。
GPS 连续观测站(GNSS)建设前首先在图上进行设计，根据收集的资料，分析站所在地的环境情况、地质情况、通信情况，并在地形图上确定建站的位置。

9.4.2　实地勘选

图上设计完成后，勘选人员携带双频 GPS 接收机到实地进行勘选。

9.4.2.1　GNSS 勘选需满足的条件

(1)站周围环境满足 GPS 观测要求(见本章第四节 GPS 选点要求)。
(2)地质条件良好，地层为基岩或坚硬的土层。
(3)用双频 GPS 接收机进行观测，确定站址概略坐标和观测在该站址上接收 GPS 卫星信号的状况。连续测试时间应不少于 24h，测试结果经 TEQC 检验，高度角在 10°以上的观测中有效观测量应不少于 85%；测距观测质量 MP1 和 MP2 应小于 0.5m。
(4)了解站址所在地的通信情况，确定采用何种数据传输方式。
(5)了解土建建材来源。
(6)了解所建立的墩标的深度。
(7)选址时，还需了解施测区的自然地理、交通运输、传输通信、物资供应、生活条件、沙石、水电、民工等情况，并收集其他有关资料。

9.4.2.2　选点完成后需提供的资料

(1)站址概况。
(2)地质情况。
(3)地形情况。
(4)点位平面图及环视情况。
(5)通信情况。

(6)实地测试结果。
(7)建站条件。
(8)征地情况。
(9)标石设计。
(10)观测室和工作室设计。
(11)避雷情况。
(12)工程概算。

以上内容均可用相应的表格说明,根据勘选时调查的点位平面图及环视情况,还可以附上草图,如图 9-12 所示。

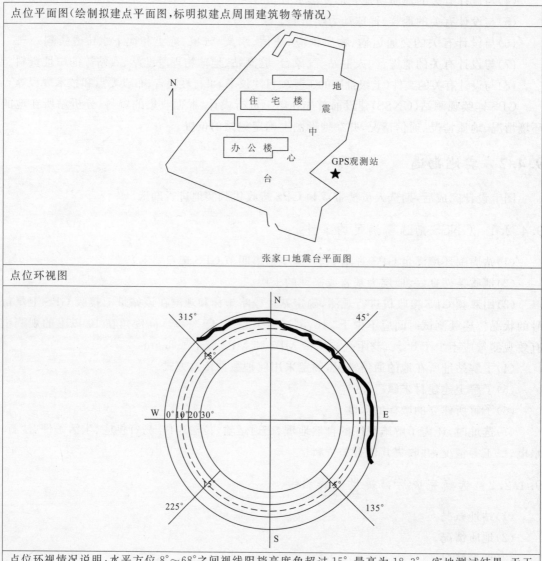

图 9-12 点位平面图及环视情况

9.4.3 工程设计与建设

根据实地勘选情况,首先进行工程设计,包括观测墩的规格(基岩或土层)、工作室、观测室的大小、所需要的建材规格和数量、各类设备的位置、通信方法及设备。

观测墩可以埋设在观测室内,也可以不建观测室,但必须有保温设施。工作室应尽可能靠近观测墩,以缩短天线电缆长度(原则上不超过60m)。气象观测设备与通信设备可安置在方便工作又不影响观测的地方。

观测墩高出地面一般不超过5m,但不低于2m,天线应高于屋顶。观测墩周围应有宽度为40~60mm的隔振槽。基准站内应埋设联测用水准点和重力观测墩。

基准站观测墩用钢筋混凝土现场灌制。

观测墩必须在选定的点位上埋设,若发现点位不符合规程要求时应向主管部门反映,重新选址,再次造埋,并重绘点之记。

造埋时强制对中装置应用置平工具安平。点之记中应注明归心孔的深度、孔径。

为防直接雷击,基准站观测室必须安装有良好接地的铜制专用避雷针(或等效产品)。

基岩上埋设的观测墩至少需经过一个月方可进行观测。非基岩上埋设的观测点应在设计要求的稳定期之后方可进行观测。

观测墩设计方案如图9-13所示。

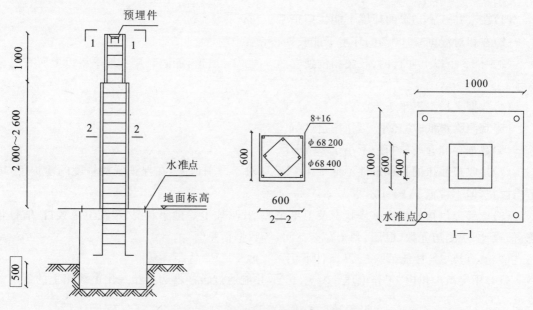

图9-13 基岩观测墩设计图(单位:mm)

观测室设计方案如图9-14所示。

9.4.4 设备安装与调试

GPS连续观测站设备的基本配置包括GPS接收机、天线、气象仪器、电源、传输设备、防雷

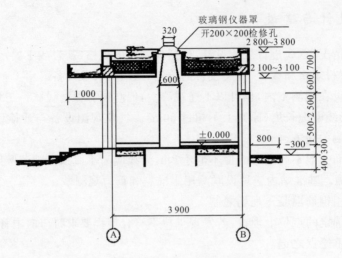

图 9-14 观测室剖面设计图(单位:mm)

装置、有线通信设备、办公设备等。

GPS 接收机和天线应满足 GPS 连续观测站的技术指标。

1. 用于连续观测站的 GPS 接收机技术指标(参考)

(1)在 $-35\sim+55$℃ 的环境下能长期正常工作。

(2)在相对湿度≤100% 的环境下能长期正常工作。

(3)有 12 个以上并行的、载波相位独立的 L_1 和 L_2 通道,能同时接收地平线以上所有卫星信号。

(4)数据采样率不小于 10Hz。

(5)观测噪声低、功耗小,工作稳定性好。

(6)数据存储介质(内存)不小于 32MB。

(7)接收机晶振的日稳定性不低于 1×10^{-8};对于个别情况,在保证观测精度的前提下,可适当放宽,但不得低于 1×10^{-7}。

(8)能够提供接收机的工作状态及卫星跟踪情况(如卫星健康状况、跟踪卫星数目、信号状态、信噪比、观测历元数、电压、剩余存储空间)等数据信息。

(9)具有抗 AS 性能,即在 AS 条件下仍可接收 P1,P2 伪距。

(10)用交流电供电,工作电压 110~240V,并能通过转换器为连接在供电线路上的蓄电池充电。

(11)具有网络接口。

(12)接收机可采用内存或磁卡等介质存储数据,但都必须具有防静电功能,并保证存储量≥32MB。为保证观测的连续性,存储数据溢出时应具有自动覆盖功能;数据下载时,仍能进行卫星连续跟踪。

(13)需具备对观测时段、采样率的选择与调整、发布开始/结束命令和观测数据下载与传输(包括目录选择、传输方式选择、注册或删除等)的遥控功能。

2. 用于连续观测站的 GPS 接收机天线技术指标(参考)

(1)在 $-40 \sim +75℃$ 的环境下能长期正常工作。
(2)在相对湿度≤100%的环境下能长期正常工作。
(3)天线的相位中心必须稳定,并有指北标志线。
(4)有强抗干扰性能,在电离层活动强时或较强无线电干扰时仍能正常工作。有较强的抗多路径效应的能力。

9.5 移动 GNSS 基准站

9.5.1 基本原理

可移动 GNSS 基准站主要用于快速、任意地布设在 GNSS 基准站稀疏地区或需要特别增加基准站密度的区域,起到临时 GNSS 基准站和动态差分基准站的作用。其是基于我国现有 250 个组网的 GNSS 基准站,可移动 GNSS 基准站在测区架设设备(通信设备和 GPS 基站),利用 GPS 接收机的导航值确定本站概略位置,利用移动 GNSS 实时定位服务软件搜索周围基准站(半径一般 150km),一般选择 4 个以上分布均匀的 GNSS 站,当 GNSS 站小于 3 个时,放大搜索范围。GPS 基站连续观测 2h 以上,当移动 GNSS 基准站距离 GNSS 站较远时,适当增加观测时间,利用通信设备与周围选定的 GNSS 站联网,下载这些站与 GPS 基站的同步观测数据,并下载快速精密星历(IGU),进行数据处理,可得到 GPS 基站的准确坐标。将准确坐标输入 GPS 基站主机,进行 GPS RTK 测量,可实时得到周围控制点坐标。

9.5.2 可移动 GNSS 基准站组成

可移动 GNSS 基准站由移动载体(汽车)、通信设备、GPS 仪器(GPS RTK 设备 1 套)、电源设备组成。

9.5.2.1 移动载体

在陆地上的移动载体指越野型汽车,车内安置有电源设备,电源设备包含直流电源和交流电源,由 UPS 和直流电池组组成,能直接使用交流电源为 UPS 充电。

9.5.2.2 通信设备

通信设备的作用主要是联网下载测区周围 GNSS 基准站观测数据和快速精密星历。可采用 3 种方式,一是 3G 通信;二是卫星通信;三是有线通信。受测区条件限制,一般采用前两种方式,在有 3G 信号地区可选择 3G 方式,在困难地区可采用卫星通信方式。

可移动基准站通信设备组成为:Cisco1841 路由器 1 台,Cisco CP7942 IP 电话 1 部,Cisco 无线 AP1 台,Cisco 3G 传输模块 1 套,卫星传输设备 1 套。

Cisco1841 路由器使用 3G 模块连接互联网,作为主线路连接台网内 VPN 网关,使用卫星线路作为备份线路,当 3G 连接出现故障或无信号时自动切换为卫星线路,PC 设备可以使用有线或无线方式连接到路由器,自动获取 IP 后可以与陆态网互访,每个基站部署 Cisco IP 电话 1 部,可以直接与其他移动基站或台网进行通话联系。

9.5.2.3 GPS 设备

GPS 基准站设备 1 套,GPS 电台 1 套,GPS RTK 设备 1 套。

9.5.3 工作流程

9.5.3.1 架设参考站(基准站)

移动 GNSS 基准站到达测区后,首先选择架设基准站的站址,选择站址要求与 GPS 点选址要求一致,由于基站一般是临时站,最主要是满足 GPS 观测要求。然后架设 GPS 接收机与天线,进行 GPS 静态测量,这个过程是为了获取本站与周围 GNSS 同步观测数据。

9.5.3.2 架设通信设备

GPS 接收机开始工作后,连接安装通信设备,等 GPS 接收机观测 2h 以后,利用通信设备获取周围 GNSS 站的同步观测数据。3G 设备见图 9-15。

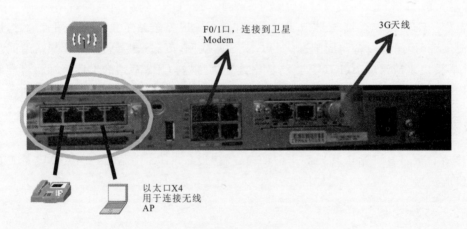

图 9-15 3G 设备图

通信设备连接与调试按以下步骤进行。

1)3G 连接

(1)连接好路由器、卫星猫、无线 AP 和 IP 电话。

(2)加电等待系统启动及 3G 连接,一般需要 3~5min 可完成。

(3)PC 可以使用有线或无线连接,自动获得 IP 即可。

(4)系统运行正常后,PC 可以访问到台网数据,并且可以使用 IP 电话拨打其他基站或加拨 90 及电话号码拨打普通电话。

(5)系统优先使用 3G 作为主连接,当遇到 3G 故障或无信号时,会自动切换到卫星线路。

(6)本系统的 3G 为预存话费,每个月 1G 流量,超出部分自动扣费。

(7)连接适配器。

(8)将话机上100 SW端口连接到路由器最左端4个以太口中的任意一个。

(9)等待注册完成后可拨打电话。

注:新话机第一次使用前,请按**#后进行调试,应先在设置选项中关闭DHCP,配置相应IP,并将TFTP服务器设置为172.128.15.42,完成注册。

2)卫星通信连接

目前卫星转发器租用的是亚洲卫星公司的亚洲四号卫星。亚洲四号卫星于2003年4月发射,在轨运行寿命大于16年。其特点为:运行稳定,放大功率大,覆盖范围广。目前租用卫星转发器,Ku波段(K8H)和C波段(C6H)。卫星通信设备包含调制解调器、天线、中频电缆(图9-16)。

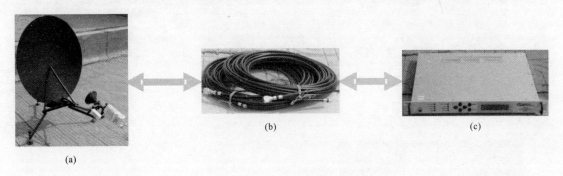

图9-16 卫星通信设备

3)卫星通信天线组装与调试

(1)调试。天线调试的时候,可以暂不用连接发射电缆(避免对人体辐射);打开电源,进入正常状态;用调制解调器前面板按键,进入Monitor→Rx-Params菜单项目。

(2)计算天线的方位角、俯仰角和极化角。用GPS导航出当地的经纬度,计算出通信卫星的方位角、俯仰角和极化角。

(3)用罗盘标定天线的方位角、俯仰角和极化角,将天线按这3个角度对准通信卫星。

方位角标定:用罗盘测出当地的正北方向,指北针指向"0"的位置,逆时针转动罗盘,指北针指到计算出的方位角数值,瞄准器对准的方向就是天线方位角的大致方向。

俯仰角标定(图9-17):打开罗盘,用侧面的平面紧贴到天线馈源支杆上斜面,调整悬锥,按偏馈天线的俯仰角度数,把指针指到垂直刻度盘的度数,调整天线后方的粗调节杆和细调节螺栓,使悬锥的气泡在正中间位置。

极化角标定(图9-18):打开罗盘,用侧面的平面紧贴到BUC正面上,调整悬锥,按计算出的极化角度数,把指针指到垂直刻度盘的度数,偏馈天线的计算极化角度数为正时逆时针转动,为负时顺时针转动(LNB为12点位置,极化角度为0),松紧固定馈源头的螺栓,调整固定极化角。

卫星天线的微调(图9-19):首先确定俯仰角,在方位角的大致方向微调转动,读取调制解调器的Eb/N0值。Eb/N0值大于8dBm时,BER(误码率)为0.0×10^{-9},RSL(接收信号电平)为-30~-70。

图 9-17 俯仰角标定

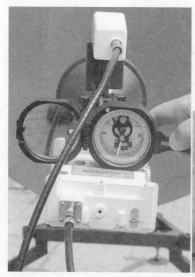

图 9-18 极化角标定

图 9-19 卫星天线微调

注意:
(1)调整天线时,发射中频电缆调制解调器端可以不连接,防止电磁波对人体辐射。
(2)天线调整完成后,一定把发射中频电缆与调制解调器连接好。
(3)天线调整完成后,一定把天线上的螺丝固定好,遇到强风天气需要在天线支架上压重物。

9.5.3.3 搜索 GNSS 站

通信设备连接完成后,搜索周围 GNSS 基准站(图 9-20),一般以 150km 半径搜索,当搜索到 GNSS 基准站少于 4 个或分布不理想时可扩大搜索半径,然后选择分布较好的 4 个 GNSS 基准站作为本参考站控制点(图 9-21)。

图 9-20 搜索周围 GNSS 基准站

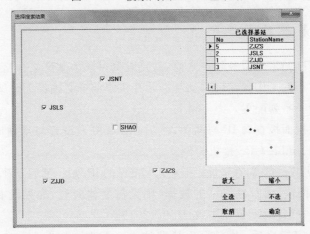

图 9-21 选择 GNSS 基准站

9.5.3.4 坐标解算

当参考站静态观测 2h 以后(参考站距周围 GNSS 较远时,适当增加观测时间),下载参考数据到计算机(图 9 - 22),然后利用移动 GNSS 基准站实时定位服务软件下载周围 GNSS 基准站的同步观测数据,并在 Internet 网下载快速精密星历(IGU),解算本参考站坐标。

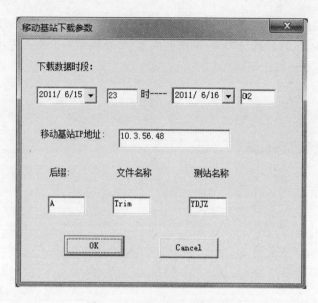

图 9 - 22 移动基站数据下载

9.5.3.5 RTK 测量

解算完毕后,检查基准站三维坐标及经纬度,查看解算过程是否收敛,结果是否可靠。检查完毕后,将坐标结果文件中的经纬度大地高拷贝到移动 GNSS 基准站 GPS 接收机中,然后即可开始 RTK 流动作业。

9.5.4 可移动基准站基本配置

在使用可移动基准站定位服务软件之前,需要确保可移动基准站、电台以及相关通信链路等设备连接完好并能正常工作。在可移动基准站开机之前务必确保天线架设完好。之后需要对可移动基准站进行一系列配置。

通过基准站接收机面板查看 IP 与网关,然后在 PC 机上设置与基站同网段的 IP 等信息(图 9 - 23),下面以 Trimble GPS 接机为例。

设备联通后,打开 IE 浏览器,在地址栏上输入基准站的 IP 地址,然后查看数据记录(图 9 - 24)。

如选择 30s 采样间隔,若存在 30s 的数据,则无需新建时段,如果没有,则需要点击建立"新时段",后缀需要与软件的配置相一致(图 9 - 25)。

参考站坐标解算完毕之后,对 GNSS 基准站进行配置,经纬度等在结果文件中拷贝到 GNSS 基准站设置页面(图 9 - 26)。

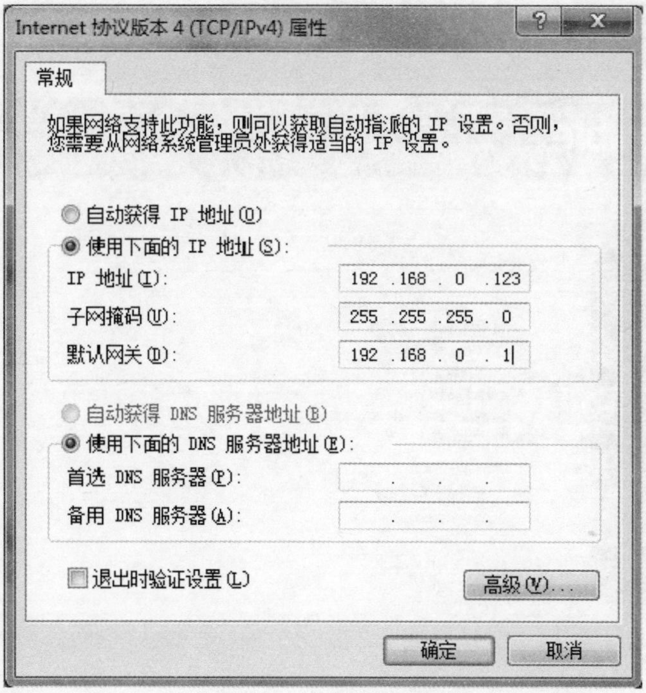

9 基准站(CORS站)与RTK测量

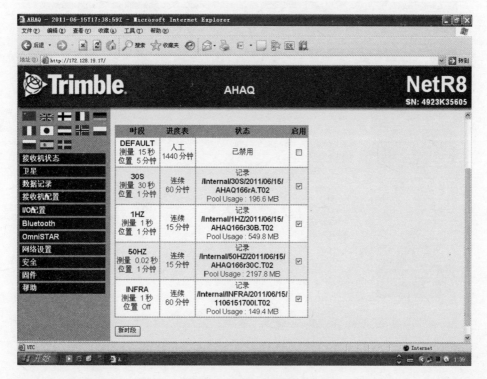

图 9-23　IP 地址设置

图 9-24　参考站设置

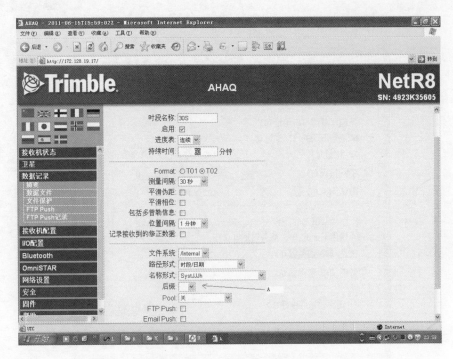

图 9-25 参考站时段设置

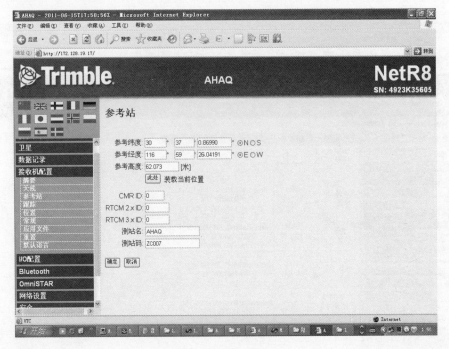

图 9-26 坐标输入

10 利用 GPS 求取正常高

GPS 定位用户迫切要求将其获得的大地高转换为我国所采用的高程,即正常高。其中最方便、最简捷的解决方案就是按用户所要求的精度,提供局部地区的似大地水准面。目前,对 GPS 高程平差结果的后处理方法是研究的热点。GPS 测量经平差所得到的高程是相对于 GRS80 椭球的大地高,我国一般使用的是正常高。因此,GPS 测量经平差、转换,如能获得高精度的正常高,则可部分地节省极其繁重的水准测量。本书主要研究了采用多项式、移动曲面及多曲面插值法进行局部区域似大地水准面的拟合,分析了各种拟合方法的基本原理,并根据工程实例进行了计算、分析比较。

10.1 GPS 正常高测量原理

水准测量有着明显的缺点,主要是劳动强度大、效率低、实时性差、受地形限制。水准测量基于水准仪的水平视线,读取两标尺间的高差。仪器至标尺间的距离,如一等水准不超过 30m,二等水准不超过 50m,三等水准不超过 75m。每隔 2~6km 要埋设标石,而且需要多人协助作业。GPS 测量能否代替水准测量,从目前 GPS 测高结果来看,GPS 测量可以满足低等级水准测量,在实际应用中,采用什么样的方法来满足需要,这是值得研究的问题。

我们知道,GPS 测量是在 WGS84 地心坐标系上进行的,它所提供的高程是该点在 WGS84 椭球上的大地高 H,而水准测量是以水准原点为基准相对于平均海平面的正常高 h,h 是与大地水准面相联系的(图 10-1)。由于地球内部质量分布不均匀,大地水准面与参考椭球之间存在着不同的差异,这种差异就是大地水准面起伏(高程异常) N。参考椭球可以用数学表达式表示,而大地水准面则不能。这样,H 与 h 之间不能建立严密的关系式,这也是用 GPS 测量正常高的困难所在。

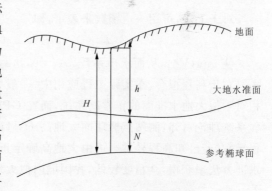

图 10-1 H 与 h 的关系图

大地水准面是基本地球物理参考面,它的形状反映了地球内部质量的分布,它是由地球表面的等位面所定义的,即大地水准面是包括平均海平面的等位面,它既不是由数学模型导出的参考面,也不是直接在海洋中测量出的海洋平面。大地水准面是一个等位面,它与地球重力有着密切的联系。

大地测量工作者的任务就是在不知道地球内部物质密度分布的情况下,用地球表面上的测量数据求解大地水准面起伏。水准测量是由水准原点沿似大地水准面进行测量的,由此得到的高程是水准高,即正常高。而 GPS 所得的高程是大地高。如图 10-2 所示,其数学关系式为

$$H+\Delta N=h+N \quad (10-1)$$

也可表示为 $h=H+\Delta N-N \quad (10-2)$

由以上分析可知,GPS 高程测量就是利用 GPS 测量出地面点相对于 WGS84 球面的大地高,然后经过计算和改正,求出相应的水准高。

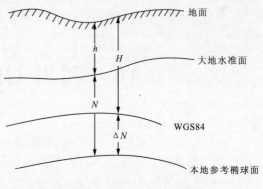

图 10-2 $H, h, N, \Delta N$ 的关系图

10.2 采用多项式进行拟合

10.2.1 基本原理

设有一个数组 $(x_i, y_i, z_i)(i=1,2,\cdots,n)$,从这个数组出发构造 3 个变量之间的函数关系式 $z=f(x,y)$。对于给定的数组 $(x_i, y_i, z_i)(i=1,2,\cdots,n)$,$Z_i=f(x_i, y_i)$,现在用函数 $V=Q(x,y)$ 来近似代替 $z=f(x,y)$,这时有一个误差,即

$$\delta_i = Q(x_i, y_i) - f(x_i, y_i) \quad i=1,2,\cdots,n \quad (10-3)$$

为了使拟合曲面能尽量反映所给数据点的变化趋势,达到最佳拟合效果,对于数据点使其

$$\min \sum_{i=1}^{n} \delta_i^2 = \min \sum_{i=1}^{n} [Q(x_i, y_i) - f(x_i, y_i)]^2 \quad (10-4)$$

对于上式,可用一个函数来表示,即

$$V_i = Z(x_i, y_i) = a_0 + a_1 x_i + a_2 y_i + a_3 x_i^2 + a_4 x_i y_i + a_5 y_i^2 \quad (10-5)$$

使 $\min(V_i^2)$,从而求出系数 $a_i(i=0,1,2,3,4,5)$。

对于高程拟合,在实际工程应用中,一般采用水准测量获得相对于大地水准面的正常高或相对于似大地水准面的正常高系统,而在 GPS 观测中获得的是相对于椭球面的大地高,由高程系统理论可知,测站点椭球面大地高 H 与正常高 h 之间的关系为 $H=h+N$,其中,N 为高程异常,若已知高程异常则可由大地高确定正常高。高程异常通常采用天文水准或天文重力水准方法来获得,其精度较低,我国境内似大地水准面精度为 0.3~0.6m,在西部地区精度更差一些。

对于任意两点其大地高差和正常高差的关系为

$$\Delta H = \Delta h + \Delta N \quad (10-6)$$

在实际应用中,不管采用什么方法,由于系数级数的原因永远不可能满足式(10-6)。用常规的方法确定正常高需要水准测量结合重力得出。通常水准路线沿公路布设,水准观测前后视距最大不超过 100m。每 4~6km 有一水准点,高程归算到水准点上。这是一个速度慢而且造价高的过程,甚至使用电子水准仪这样的最新仪器每次也最少需要 4 个人。随着 GPS 技术的发展,它提供了快速和高精度的结合,而且消耗低,在代替水准测量方面 GPS 也是一种可

选择的技术。GPS 提供的笛卡尔坐标(X,Y,Z)属于 WGS84 系统,它能利用 GRS80 椭球转换成大地坐标(B,L,H),也能转换成其他的坐标系统,例如转换成北京 1954 年坐标。无论怎样,GPS 测量虽然不能精确地提供正常高,但它能提供大地高。因此,尽管 GPS 不能直接提供正常高,但利用 GPS 高程和水准高程能建立局部大地水准面模型,从而求出其他 GPS 点的正常高。

在实际的一些应用中,如测量地形图或一些工程测量,由于测区覆盖区域不是非常大,限制于几十平方千米,这种情况下大地水准面一般不会出现严重的变化。因此,在一些应用中,利用 GPS 水准测量就能创建一个局部大地水准面,也可以利用通用的大地水准面模型及所有信息综合改正。模型的参数可利用已知点数据得出,该参数决定了所有待测点位的正常高。

根据上述原理,当测区有一定数量的 GPS 水准点时,我们可按式(10-7)求出每点大地高与正常高差值,即

$$Z = H - h \tag{10-7}$$

然后按式(10-8)列出线性方程,即

$$V_i = Z(x_i, y_i) = H_i - h_i = a_0 + a_1 x_i + a_2 y_i + a_3 x_1^2 + a_4 x_i y_i + a_5 y_i^2 \tag{10-8}$$

用上面方程可求出待定系数 a_i,当已知点个数小于 6 时,方程无解;已知点个数为 6 时,方程有唯一解,已知点个数大于 6 时,采用最小二乘法求解。

10.2.2 拟合模型

根据测区 GPS/水准点的个数我们可以采用以下几种拟合方法(表 10-1)。

表 10-1 几种拟合方法的数学模型

拟合方法	需要 GPS/水准点的个数	数学模型
平面拟合	3 个以上	$V_i = Z(x_i, y_i) = a_0 + a_1 x_i + a_2 y_i$ $\min(V_i^2)$
四参数拟合	4 个以上	$V_i = Z(x_i, y_i) = a_0 + a_1 x_i + a_2 y_i + a_3 x_i y_i$ $\min(V_i^2)$
五参数拟合	5 个以上	$V_i = Z(x_i, y_i) = a_0 + a_1 x_i + a_2 y_i + a_3 x_i^2 + a_4 y_i^2$ $\min(V_i^2)$
六参数拟合	6 个以上	$V_i = Z(x_i, y_i) = a_0 + a_1 x_i + a_2 y_i + a_3 x_i^2 + a_4 x_i y_i + a_5 y_i^2$ $\min(V_i^2)$

10.2.3 计算结果

本书对某测区 60 个 GPS 水准点进行分析,分别用不同的方法对其进行拟合,在拟合过程中,60 个点分成 6 组,每组 10 个点进行高程拟合,然后再与该点的水准高程进行比较。整个

测区南北长 132km,东西长 125km,主要分为 3 个部分,在计算过程中不考虑点位分布问题,直接进行计算,计算结果如图 10-3 所示。

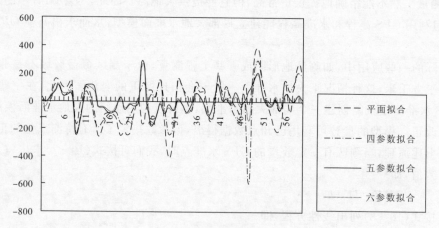

图 10-3 多项式拟合结果

10.3 移动曲面拟合

10.3.1 基本原理

移动曲面拟合法是一种局部逼近的方法。其基本思想是以每一个内插点为中心,利用内插点周围数据点的值,建立一个拟合曲面,使其到各数据点的距离的加权平方和为极小,而这个曲面在内插点上的值就是所求的内插值。

设 P 为内插的点,下面对 P 构造相应的曲面。曲面通常取如下的二次曲面。

$$Z(x,y) = a_0 + a_1 x + a_2 y + a_3 x^2 + a_4 xy + a_5 y^2 \tag{10-9}$$

一般不用三次曲面,因为在数据点较少的情况下往往会引起误差,且对内插结果没有大的改进。当测区范围很小时也可采用下面的四参数拟合方法。

$$Z(x,y) = a_0 + a_1 x + a_2 y + a_3 xy \tag{10-10}$$

以二次曲面为例,为了给出曲面式(10-9)的系数,需要选取 P 点周围的数据点。选取的方法通常是以点 P 为中心,R 为半径,凡是落在圆内的点即被选用,所选取的点数根据所采用的曲面函数来确定,使得所选点的个数大于曲面方程系数的个数。当点数不够时,则扩大 R 的值。这里设选取的点的坐标为 $(x_i, y_i)(i=1,2,\cdots,n; n \geqslant 6)$,且设 P 的坐标为 (x_P, y_P)。将 (x_i, y_i) 改化到以 P 为原点的局部坐标系中,即

$$\left. \begin{array}{l} \tilde{x}_i = x_i - x_P \\ \tilde{y}_i = y_i - y_P \end{array} \right\} \quad (i=1,2,\cdots,n) \tag{10-11}$$

则由 n 个数据点的值,可得到如下的方程式,即

$$V_i = a_0 + a_1 \tilde{x}_i + a_2 \tilde{y}_i + a_3 \tilde{x}_i^2 + a_4 \tilde{y}_i^2 + a_5 \tilde{x}_i \tilde{y}_i - f_i \quad (i=1,2,\cdots,n) \tag{10-12}$$

然后,对每个数据点赋予权 ω_i,这里 ω_i 不代表数据点的观测精度,而是反映该点与内插点

的相关程度。因此,对于权 ω_i 确定的原则应与该数据点与内插点的距离 d_i 有关,d_i 越小,它对内插点的影响越大,则权也越大。常采用的权有如下几种形式。

$$\omega_i = \frac{1}{d_i^2} \tag{10-13}$$

$$\omega_i = \left(\frac{R-d_i}{d_i}\right)^2 \tag{10-14}$$

$$\omega_i = e^{-\frac{d_i^2}{k^2}} \tag{10-15}$$

式中,R 是选取点半径,d_i 为内插点到数据点的距离,k 是一个可供选择的常数,e 是自然对数的底。这 3 种权的形式都符合上述选择权的原则,但与距离的关系有所不同。具体选用何种权的形式,需根据实际情况进行试验选取。在本书中,选用的是前两种形式。

最后,由最小二乘法解如下的带权的极小问题,即

$$\min\left(\sum_{i=1}^{n} \omega_i V_i^2\right) \tag{10-16}$$

由此解得系数 $a_i(i=0,1,\cdots,6)$,从而得到所对应的二次曲面方程,进而得到所求的内插点的值。

一般地,从一个内插点到相邻另一个内插点,曲面方程都会改变。

有时,确定一个内插点的值可用周围 n 个数据点的值按如下方法计算出来,即

$$\tilde{Z}_P = \tilde{Z}(x_P, y_P) = \frac{\sum_{i=1}^{n} \omega_i f_i}{\sum_{i=1}^{n} \omega_i} \tag{10-17}$$

式中,ω_i 表示第 i 个数据值 f_i 的权。这样确定的曲面不一定通过各个数据点,这种方法是加权平均法。

10.3.2 拟合模型

根据测区 GPS/水准点的个数我们可以采用以下几种拟合方法(表 10-2)。

表 10-2　3 种拟合方法权选取方式

拟合方法	数学模型	权的选取方式	
		方式 1	方式 2
四参数拟合	$V_i = Z(x_i, y_i) = a_0 + a_1 x_i + a_2 y_i + a_3 x_i y_i$	$\omega_i = \frac{1}{d_i^2}$	$\omega_i = \left(\frac{R-d_i}{d_i}\right)^2$
五参数拟合	$V_i = Z(x_i, y_i) = a_0 + a_1 x_i + a_2 y_i + a_3 x_i^2 + a_4 y_i^2$	$\omega_i = \frac{1}{d_i^2}$	$\omega_i = \left(\frac{R-d_i}{d_i}\right)^2$
六参数拟合	$V_i = Z(x_i, y_i) = a_0 + a_1 x_i + a_2 y_i + a_3 x_i^2 + a_4 x_i y_i + a_5 y_i^2$	$\omega_i = \frac{1}{d_i^2}$	$\omega_i = \left(\frac{R-d_i}{d_i}\right)^2$

加权平均拟合法不考虑大地水准面的曲面起伏,只认为某点的高程异常与邻近点数有关。如果在限定的区域内,已知 N 个 GPS 点的正常高,则可求得这些点的高程异常为

$$s_k = H_k - H_k^r \quad (k=1,2,\cdots,N) \tag{10-18}$$

式中,H_k,H_k^r 分别为已知点的大地高和正常高。

计算点的高程异常 s_i 可按下式算出,即

$$s_i = \frac{\sum_{k=1}^{N} S_k P_k}{\sum_{k=1}^{N} P_k} \tag{10-19}$$

则计算点的正常高 H_i^r 为

$$H_i^r = H_i - s_i \tag{10-20}$$

式(10-19)中 P_k 为第 k 个已知点的高程异常的权,一般取该点与计算点的水平距离 D_k 的倒数为权,即已知点离计算点越近,其对计算点的影响越强。

$$P_k = \frac{1}{(D_k + \varepsilon)} \tag{10-21}$$

式(10-21)中加入常数 ε 是为了防止分母接近于 0 时,P_k 趋于无穷大。

加权平均法一般适用于已知 GPS 水准点较均匀的情况。

10.3.3 计算结果

分别以四参数、五参数、六参数以及加权平均法对前述测区的点位进行高程拟合,按式(10-21)选取权的计算结果比较(单位:mm),结果如图 10-4 所示。

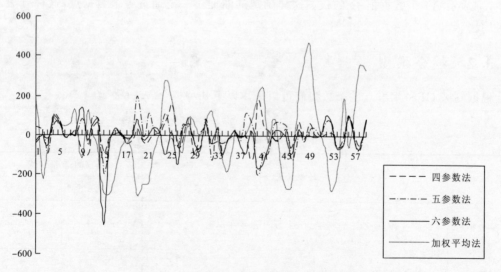

图 10-4 移动曲面和加权平均法拟合结果

10.4 多曲面插值法

10.4.1 基本原理

设有一个曲面 $\sum, z = f(x,y)$,我们通过某种途径得到了该曲面上的一些点的值:$z_i = f(x_i, y_i)$。我们用一组简单的解析函数(称之为核函数或基本函数)的某种线性组合来逼近这个曲面,在这里选择多元二次函数作为核函数。其形式为

$$Q_k(x,y) = [(x-x_k)^2 + (y-y_k)^2 + d^2]^\alpha \tag{10-22}$$

式中,$Q_k(x,y)$ 为第 k 个核函数;(x_k, y_k) 为该核函数中心的坐标;(x,y) 为曲面上点的坐标;d^2, α 为可调函数。它们的改变可以改变核函数的形状以得到较好的逼近效果,曲面 $\sum$ 上一点 (x,y) 的值可由一组核函数的线性组合来逼近,即

$$z'(x,y) = \sum_{k=1}^{L} c_k Q_k(x,y) \tag{10-23}$$

它与曲面上该点的实际观测值之差 $\varepsilon(x,y)$ 即为该点上的逼近残差,即

$$\varepsilon(x,y) = z'(x,y) - z(x,y) = -z(x,y) + \sum_{k=1}^{L} c_k Q_k(x,y) \tag{10-24}$$

式中,(x,y) 为点的坐标;$Q_k(x,y)$ 为选定的核函数;$z(x,y)$ 为观测值。只有 $c_k(k=1,2,3,\cdots,L)$ 为待定系数,因此,逼近曲面问题实际上转化为由曲面 $\sum$ 上的 M 个实际观测值的求解,也就是解上面一组线性方程组中的未知系数 c_k,使得逼近列差平方和最小,即

$$\sum_{t=1}^{M} \varepsilon(x_t, y_t) = \min \tag{10-25}$$

当待求的参数 $c_k(k=1,2,3,\cdots,L)$ 的个数大于采样点个数 M 时,方程无解;当 $L<M$ 时,有最小二乘解;当 $M=L$ 时,逼近的曲面将通过这些采样点成为一个曲面插值逼近问题。

由式(10-25)对 M 个采样点可列出如下观测方程,即

$$\begin{aligned}
z(x_1, y_1) + \varepsilon(x_1, y_1) &= Q_1(x_1, y_1)c_1 + Q_2(x_1, y_1)c_2 + \cdots + Q_L(x_1, y_1)c_L \\
z(x_2, y_2) + \varepsilon(x_2, y_2) &= Q_2(x_2, y_2)c_2 + Q_2(x_2, y_2)c_2 + \cdots + Q_L(x_2, y_2)c_L \\
&\vdots \\
z(x_m, y_m) + \varepsilon(x_m, y_m) &= Q_1(x_m, y_m)c_1 + Q_2(x_m, y_m)c_2 + \cdots + Q_L(x_m, y_m)c_L
\end{aligned} \tag{10-26}$$

在方程的求解过程中,根据测区的大小和地形的情况确定不同的核函数。核函数的类型有以下几种:

(1) $Q_i = [(x-x_i)^2 \beta^2 + (y-y_i)^2 + \alpha]^{\frac{1}{2}}$ (双曲面) $\tag{10-27}$
    ($\beta = 1.0$ 时为旋转曲面)

(2) $Q_i = [(x-x_i)^2 \beta^2 + (y-y_i)^2 + \alpha]^{-\frac{1}{2}}$ (倒双曲面) $\tag{10-28}$
    ($\beta = 1.0$ 时为旋转曲面)

(3) $Q_i = [(x-x_i)^2 \beta^2 + (y-y_i)^2 + \alpha]$ (抛物面) $\tag{10-29}$
    ($\beta = 1.0$ 时为旋转曲面)

$(4) Q_i = [(x-x_i)^2 \beta^2 + (y-y_i)^2 + \alpha]^{-1}$（反抛物面） (10-30)

$\quad (\beta = 1.0$ 时为旋转曲面）

$(5) Q_i = [(x-x_i)^2 \beta^2 - (y-y_i)^2 + \alpha]$（双曲抛物面）

$\quad (\beta = 1.0$ 时为旋转曲面）

$(6) Q_i = 1.0 + \lambda \times d^\delta = 1.0 + \lambda \{[(x-x_i) + (y-y_i)^2]^{\frac{1}{2}}\}^\delta$（三次曲面） (10-31)

$\quad (\lambda \leq 1.0, \delta$ 一般取 3.0）

多曲面插值法是在点较多的情况下使用,应用过程中关键是核函数的选取。

10.4.2 不同曲面拟合结果

用同一测区数据以不同的曲面进行拟合,参加计算的有 60 个点,点位精度分布结果见表 10-3。

表 10-3 不同曲面拟合及点位精度分布结果

曲面	参数	0～5cm	5～10cm	10～20cm	20～30cm	30～40cm	≥40cm
双曲面	三参数	12	5	16	10	7	10
	四参数	12	7	15	12	9	5
	五参数	14	9	13	12	6	6
	六参数	9	11	15	11	8	6
倒双曲面	三参数	4	6	17	13	11	8
	四参数	11	6	14	10	14	5
	五参数	9	11	14	11	8	6
	六参数	11	10	14	11	7	7
抛物面	三参数	3	7	10	10	5	23
	四参数	7	7	16	10	3	17
	五参数	3	8	10	10	5	24
	六参数	6	6	16	10	3	17
反抛物面	三参数	12	9	15	9	11	4
	四参数	11	11	15	8	9	6
	五参数	11	11	13	11	9	5
	六参数	10	6	18	10	6	5
双曲抛物面	三参数	3	3	12	11	11	20
	四参数	7	4	16	10	14	8
三次曲面	三参数	9	8	11	8	12	12
	四参数	9	7	14	11	9	10

10.5 结 论

(1) 二项式拟合是目前最为常用的拟合方法，它与已知 GPS 水准点的精度、密度和分布相关；用二项式进行拟合时，应采用内插方法，避免外推，以免导致误差过大；对同一测区，采用不同的参数，其拟合结果不同；在测区用二项式进行拟合时，采用五参数的方法较好。

(2) 采用移动曲面拟合时，根据测区的点位分布情况、大地水准面的起伏情况选择不同的拟合模型。在本测区利用曲面移动拟合方法，无论采用哪种模型，对测区内部的未知点拟合精度均有较好的效果，从本章第三节的结果(图 10-4)中可以看出，其精度一般在 5cm 以内。

(3) 利用多曲面插值法进行拟合时，其不定因素较多，应注意以下 3 个方面。

核函数的选取：Hardy 的研究结果是对扰动位型调和函数拟合倒双曲面函数，对地形模型等非调和函数拟合正双曲面函数。因此，根据 Hardy 的建议，对高程异常的拟合应采用倒双曲面函数。

平滑因子的确定：优化选取平滑因子对提高拟合效果有作用，但比较困难，尤其对于抛物面、双曲抛物面和三次曲面，平滑因子选取不同，其拟合结果相差很大。对于双曲面和倒双曲面，平滑因子一般选择已知 GPS 水准点间的平均距离。

测区内平均坐标的选择：对于大面积、点位较多的测区，可分区进行计算，每个区求取一个平均坐标，对本区进行计算。当点位不多时，可求取一个平均坐标进行高程拟合。

利用多曲面插值法对本测区的点位进行高程拟合，从表 10-3 中看出，拟合结果不如前两种方法效果好。这说明，多曲面插值法不适合太平坦的测区，当大地水准面起伏不大时，不宜采用此方法。

(4) 无论采用哪一种拟合模型，在拟合过程中应采用内插方法，避免外推，以免引起误差。通过采用不同模型的拟合，从计算结果中可以看到，在本测区采用曲面移动方法中的四参数模型拟合效果较好，拟合精度均在 5cm 以内，说明该种方法适合于本测区，对于地形起伏不太大的地区，建议采用该种模型。

(5) 点位间距离。GPS 水准点间相距不要过短。一般应在 2km 以上。

(6) 天线高量测。为确保高程方向精度，天线高应在测前、测后各量一次，两次结果之差应小于 2mm。

(7) 对于数百平方千米的测区，进行计算时，其选择参数不易超过 5 个。

(8) 对于地形起伏较大的地区，应尽可能增加 GPS 水准点，以便能较好地拟合局部大地水准面。

附录一　精密星历及相关表文件的获取

一、精密星历的获取地址

ftp://132.239.152.86（或 ftp://lox.ucsd.edu 或 gecb.jpl.nasa.gov）
login:anonymous
passwd:e-mail 地址
到/pub/processing/gamit/tables 目录取 UT1 表、POLE 表等 gamit

二、软件所需的表文件

到/pub/rinex/目录取全球站的数据；
到/pub/products/目录取精密星历。

三、精密星历文件

igs＊＊＊＊♯.sp3:快速精密计算结果；
igr＊＊＊＊♯.sp3:事后精密星历(所需下载的精密星历数据);
igu＊＊＊＊♯.sp3:预报精密星历;
igs＊＊＊＊♯.sum:卫星状态数据(删除卫星可在 sesion.info 文件中进行)。
其中,＊＊＊＊为 GPS 周；
♯为星期日的序号(如 0,1,2,3,4,5,6)。

附录二　GPS 测量的有关术语

(1) sigma。基于平均值的标准误差。

(2) 后验误差。网平差后,用先验误差乘以单位加权标准误差(参考因子)得到的值。

(3) 先验误差。网平差之前的观测值误差的估计值。

(4) 精度。观测值与实际值(真值)的近似程度。

(5) 星历。由 GPS 卫星播发的数据,包括所有卫星的轨道信息、星钟改正和大气延迟参数。星历用于快速捕获 SV。轨道信息是降低了精度的星历数据的子集。

(6) 模糊度。包含在一组未中断的观测值内,是重建的载波相位的未知整周数。接收机可以以很高的精度对无线电波(经过天线时来自卫星的电波)进行计数,但是,无法得到从开始计数时起到达卫星的波数量,此卫星和天线间的未知波长数就是模糊度,也称作整周模糊度或整周偏差。

(7) 天线相位改正。GPS 天线相位中心既不是一个自然点也不是一个固定点。GPS 天线相位中心随着卫星信号的方向而改变。相位中心的变化主要取决于卫星的高度。在单机测量中,允许采用不同类型的天线来使天线相位中心位置变化模型化。当使用两个相同的天线时,天线相位中心改正不是非常重要,因为共同的误差可以消去。

(8) APC(Antenna Phase Center)天线相位中心。APC 是天线的电子中心,它通常不对应于天线的自然中心。在天线相位中心测量无线信号。

(9) 自动定位。GPS 接收机不考虑基准站提供的数据,只采用从卫星实时采集的数据来计算位置。自动定位是低精度定位,由 1 台 GPS 接收机即可完成。当选择可用性有效时,产生的定位水平 RMS 误差可精确到 $\pm 100m$,当选择可用性无效时,可精确到 $\pm 10\sim 20m$。其又被称为绝对定位或点定位。

(10) 基线处理器。利用卫星观测值来计算基线解的计算程序。它可在个人计算机上进行后处理或在接收机上进行实时处理。WAVE(加权模糊度矢量估算)是 Trimble 的基线处理软件。

(11) x 平方测试。网平差的总体统计测试,它是残差、自由度数和 95% 或更大临界概率的加权平方和的测试。测试目的是拒绝或接受一项假设——预计误差已被准确估计的假设。

(12) 时钟偏差。两个时钟之间的读数差。在 GPS 中通常指卫星时钟和用户接收机时钟之间的偏差。

(13) 粗(C/A)码。调制到 L_1 信号上的伪随机噪声(PRN)代码,这种代码帮助接收机计算从卫星到测量点的距离。

(14) P 码。由 GPS 卫星发送的精确码。每颗卫星都有调制在 L_1 和 L_2 载波上的唯一代码。当 A/S 有效时,P 码被 Y 码代替。

(15) Y 码。Y 码是包含在 P 码里的信息被加密而形成的。当 A/S 有效时,卫星发送 Y 码代替 P 码。

(16) L_1。GPS卫星发送卫星数据使用的 L 波段载波信号。它的频率是 1 575.42Hz。可用 C/A 码、P 码和导航信息进行调制。

(17) L_2。GPS卫星发送卫星数据使用的 L 波段载波信号。它的频率是 1 227.6Hz。可用 P 码和导航信息进行调制。

(18) 协方差。两个观测值或所获大量观测值间的误差的相关性测量。

(19) 协方差矩阵。定义观测值的方差和协方差的矩阵。对角线上的元素是方差,非对角线上的元素是协方差。

(20) 周跳。接收机锁定一颗卫星时的无线电信号的中断。基线解算过程中,周跳需要重新估计整周模糊度。

(21) 自由度。对网的冗余度衡量。

(22) 差分定位。对于同时跟踪相同卫星的 2 个接收机的相对位置的精确测量。

(23) DOP 精度因子(Dilution of Precision)。GPS 定位质量的标志。它考虑到每颗卫星相对于星群中其他卫星的位置和相对于 GPS 接收机的几何位置。DOP 值越小表示一个精度可能越高。GPS 应用的标准 DOP 值如下:

  PDOP 定位精度因子(三维坐标);

  HDOP 平面精度因子(二维平面坐标);

  RDOP 相对精度因子 VDOP 垂直精度因子(仅限高度);

  TDOP 时间精度因子(仅限钟差)。

(24) 多普勒偏移。由卫星和接收机的相对运动引起的信号频率的明显改变。

(25) 双差分。跟踪相同卫星的 2 台接收机同时测量到的载波相位差的计算方式。这种方法消去了卫星和接收机的钟差。

(26) 单频接收机。只用 L_1 GPS 信号的接收机类型。对电离层的影响没有补偿措施。

(27) 双频接收机。使用来自 GPS 卫星的 L_1 和 L_2 信号的接收机类型。双频接收机能够在长距离和比较恶劣的条件下计算更精确的位置固定点,因为它补偿了电离层的延迟。

(28) 星历。描述天体位置随时间变化函数的一组数据。每颗 GPS 卫星定期发送一个由控制段上载的广播星历,描述它在短期内的预测位置。事后处理程序也能使用一个描述卫星过去的确切位置的精密星历。

(29) 历元。GPS 接收机的测量间隔。历元随测量类型变化为:对于实时测量,设置到 1s;对于后处理测量,可以设置到 1s 与 1min 之间。

(30) 历元间隔。GPS 接收机使用的测量间隔,也叫周期。

(31) 误差。一个量的观测值和它的真值之差。测量误差通常分为 3 种:粗差、系统误差和随机误差。最小二乘法原理用于探测和消除粗差与系统误差,最小二乘法平差用于计算和适当分布随机误差。

(32) 误差椭圆。坐标误差椭圆用图形描述网平差点的误差的量级和方向。

(33) 快速静态。利用长达 20min 的观测采集 GPS 原始数据的一种 GPS 测量方式。然后通过事后处理达到亚厘米级精度。通常观测的时间基于能观测到的卫星数,观测时间通常 4 颗卫星需 20min,5 颗卫星需 15min,6 颗或 6 颗以上的卫星需 8min(均以 15s 的历元率采集)。

(34) 浮动解。当基线处理器不能确定是否从搜索中选择到一个整周的整周模糊度时所得到的解。它被称作浮动解,因为包含少部分不是整周的模糊度。

(35)大地水准面。近似于平均海水面的万有引力等位面。它不是一个均匀的数学形状,而是一个整个形状类似于椭球的不规则图形。通常,测点的高程依据大地水准面而得到。然而,用 GPS 方式固定的测点,其高度建立在 WGS84 基准上。WGS84 基准和大地水准面之间的关系必须通过观测确定,因为没有能描述这种关系的统一数学定义。必须使用常规测量方式来观测大地水准面上的高程,然后与同一点在 WGS84 椭球上的高度相比较。通过收集大量的大地水准面和 WGS84 基准之间的观测值之差,就能建立差距值的格网文件,它允许在中间位置插入大地水准面差距。把包含这些大地水准面差距的文件作为大地水准面模型。假设 WGS84 定位值在大地水准面模型的范围内,模型能返回这一点的内插大地水准面差距值。

(36)GPS 基线。用差分技术同步采集和处理的 GPS 数据的一组测站间的三维观测值。用 $\Delta x, \Delta y, \Delta z$ 或方位,距离和高差来表示。

(37)GPS 观测值。带有相关误差的 GPS 基线,平差处理后,观测值成为平差的 GPS 观测值。

(38)GPS 原始数据。GPS 接收机采集的用于事后处理的数据。格式为 .dat 文件(Trimble 原始数据文件格式)或 RINEX 文件。

(39)GPS 时间。NAVASTAR GPS 系统使用的时间度量。GPS 时间是基于 UTC 的,它不加周期性的跳秒去改正地球自转周期引起的变化。

(40)内部约束。没有固定任何测点坐标而计算的网平差。Trimble Geomatics Office 软件使用网的质心作为内部约束。

(41)整周模糊度。GPS 卫星和 GPS 接收机间的载波相位中伪距的整周数。

(42)电离层。地球表面以上 80~120 英里(1 英里=1.609km)处的带电粒子束。如果使用单频接收机测量长基线,它将影响 GPS 测量的精度。

(43)消除电离层影响。消除电离层影响的解[Ionospheric Free Solution(IonoFree)]联合 GPS 测量值模拟和剔除 GPS 信号中电离层影响所得的解。这种解通常用于高级控制测量,特别是观测长边基线时。

(44)电离层模拟。根据 GPS 信号频率的不同,电离层产生的时延对 L_1 和 L_2 载波信号有不同的影响,当使用双频接收机时,双频的载波相位观测值都能用于模拟和消除大部分电离层影响,当双频观测值不可用时,由 GPS 卫星发播的电离层模型可用于减弱电离层影响。然而,使用发播的模型不如使用双频观测值有效。

(45)对流层模型。GPS 信号在对流层发生时延。时延大小随温度、湿度、气压、测站在海平面以上的高度和 GPS 卫星在地平线上的高度而变化。使用一种考虑了这些时延的对流层模型可对码和相位观测值进行改正。

(46)窄带。L_1 和 L_2 载波相位观测值的线性组合(L_1+L_2)有利于消除所采集的基线数据的电离层影响。窄巷观测值的有效波长为 10.7cm。

(47)宽带。L_1 和 L_2 载波相位观测值的线性组合(L_1-L_2)。它的有效波长很短(86.2cm),对于确定长基线的整周模糊度非常有用。

(48)相位中心模型。根据指定的天线类型改正 GPS 信号的一种模型。这个改正是基于卫星在地平面以上的高度,并模拟天线相位中心位置的电量变化。当基准站和流动站使用不同的天线时,这些模型有利于消除误差。

(49) ppm 百万分比(Parts Per Million)。距离观测值误差的标准比例表示。1ppm 误差表示每 1 000m 的距离有 1mm 的观测值误差。

(50) 残差。为了得到控制网的整体闭合差,观测值的改正数或平差值,或观测的量和该量的计算值之差。

(51) RINEX。接收机独立交换格式(Receiver Independent Exchange Format)标准 GPS 原始数据文件格式,用于多个接受机制造商的转换文件。

(52) RMS。均方根(Root Mean Square,RMS)表示点的观测值精度,它是包括大约 70% 的定位数据的误差圆的半径。它可用距离单位或波长周数表示。

(53) SNR。信噪比(Signal-to-Noise Ratio)是对卫星信号强度的衡量。SNR 的范围从 0(没有信号)到 35。

(54) UTC。世界通用时间(Universal Time Coordinated)基于格林威治(Greenwich)子午线的地区日照平均时间的时间标准。

(55) 方差分量估计。用于估计网的不同部分的相关误差。

(56) 天顶时延。从天顶观测到的来自卫星的 GPS 信号穿过对流层产生的时延。当卫星接近地平线时,信号穿过对流层的路径更长,时延增加。

附录三 名词解释(缩写词)

CIS:协议惯性坐标系。
CTS:协议地球坐标系。
BIH:国际时间局。
ICRS:国际天球参考系。
ITRS:国际地球参考系。
WGS:世界大地坐标系。
GNSS:全球卫星导航系统(Global Navigation Satellite System)。
GALILEO:伽利略。
IAG:国际大地测量协会。
IGS:国际 GPS 地球动力学服务。
PPP:精密单点定位。
RTK:实时动态(定位)。

附录四 我国常用大地参考系的定义和有关常数

一、1954 北京坐标系

1954 北京坐标系是局部大地坐标系。采用克拉索夫斯基椭球，椭球常数是：

长半轴 $a = 6\ 378\ 245$ m

扁率 $f = 1 : 298.3$

正常重力计算，采用赫尔默特 1901—1909 年正常重力公式，即

$$\gamma_0 = 978\ 030(1 + 0.005\ 302\sin^2 B - 0.000\ 007\sin^2 2B)(\text{mGal})$$

1954 北京坐标系是苏联 1942 普尔科沃坐标系在我国的延伸，其具体实现是通过呼玛、吉拉林、东宁 3 个基线网将我国大地网与苏联的大地网相连。坐标系原点在普尔科沃，大地起算数据为

$B_0 = 5946\text{xx}.55$

$L_0 = 3019\text{xx}.09$

$A_0 = 12140\text{xx}.79$（至布格拉）

$\zeta_0 = 0$ m

高程异常是以苏联 1955 似大地水准面重新平差结果为依据，按照我国天文重力水准路线推算出来的。

二、1980 西安坐标系

1980 西安坐标系为通过 1972—1982 年全国天文大地网 48 433 点整体平差建立的局部大地坐标系。采用 1975 年 IUGG 第 16 届大会推荐的 4 个椭球基本常数，即

长半轴 $a = 6\ 378\ 140$ m；

地心引力常数 $GM = 3.986\ 005 \times 10^{14}\ \text{m}^3/\text{s}^2$；

二阶带谐系数 $J_2 = 1.082\ 63 \times 10^{-3}$；

地球自转角速度 $\omega = 7.292\ 115 \times 10^{-5}\ \text{rad/s}$；

根据这 4 个常数，得到以下导出常数，即

地球椭球扁率 $f = 1 : 298.257$；

赤道正常重力 $\gamma_e = 978.032$ Gal；

极正常重力 $\gamma_p = 983.212$ Gal；

正常重力公式中的常系数 $\beta = 0.005\ 302, \beta_1 = -0.000\ 005\ 8$；

正常椭球面的正常重力位 $U_0 = 6\ 263\ 683$ kiloGal·m

大地原点位于陕西省泾阳县永乐镇。大地起算数据与 1980 西安坐标系不同，其值为

$B_0 = 34°32'\text{xx}.9996''$

$L_0 = 108°55'\text{xx}.7956''$

$A_0 = 268°49'\text{xx}.82''$（至阡东方向）

$\xi_0 = -\text{x}.62''$

$\eta_0 = -\text{x}.00''$

$\zeta_0 = -\text{xx}.16\text{m}$

三、新 1954 北京坐标系

1980 西安坐标系经参考椭球参数变换并经平移而成的局部坐标系。采用克拉索夫斯基椭球，椭球参数如下：

长半轴　$a = 6\,378\,245\text{m}$；

扁率　$f = 1:298.3$。

主要导出常数为

短半轴　$b = 6\,356\,863.018\,77\text{m}$；

第一偏心率平方　$e^2 = 0.006\,693\,421\,622\,97$；

第二偏心率平方　$e'^2 = 0.006\,738\,525\,414\,68$。

新 1954 北京坐标系坐标接近于 1954 北京坐标系坐标，但是由于 1954 北京坐标系坐标的不一致性，不可能以足够的精度得到全国范围的新旧 1954 北京坐标系之间的变换参数。新 1954 北京坐标系与 1980 西安坐标系之间，坐标系轴向相同，仅原点不同，坐标之间存在简单的平移关系，即

$$\begin{Bmatrix} X \\ Y \\ Z \end{Bmatrix}_{\text{XGS80}} = \begin{Bmatrix} X \\ Y \\ Z \end{Bmatrix}_{\text{NEW54}} + \begin{Bmatrix} 111\text{m} \\ -95\text{m} \\ -75\text{m} \end{Bmatrix}$$

大地原点位于陕西省泾阳县永乐镇。大地起算数据与 1980 西安坐标系不同，其值为

$B_0 = 34°32'\text{xx}.6059''$

$L_0 = 108°55'\text{xx}.7051''$

$A_0 = 268°49'\text{xx}.47''$（至阡东方向）

$\xi_0 = -\text{x}.62''$

$\eta_0 = -\text{x}.00''$

$\zeta_0 = -\text{xx}.12\text{m}$

四、1988 地心坐标系

1988 地心坐标系实际上为导弹和航天应用定义的坐标变换参数 DX-2。参考椭球采用 IUGG-75 椭球。4 个定义常数如下：

长半轴　$a = 6\,378\,140\text{m}$；

地球引力常数（包括地球大气质量）$GM = 3\,986\,005 \times 10^8\,\text{m}^3/\text{s}^2$；

动力形状因子（不包括潮汐永久形变）$J_2 = 108\,263 \times 10^{-8}$；

地球角速度　$w = 7\,292\,115 \times 10^{-11}\,\text{rad/s}$；

主要导出常数如下：

短半轴　$b = 6\ 356\ 755.288\ 56$m；

扁率　$f = 0.003\ 352\ 813\ 115\ 53$；

第一偏心率平方　$e^2 = 0.006\ 694\ 384\ 875\ 25$；

第二偏心率平方　$e'^2 = 0.006\ 739\ 501\ 693\ 45$。

归算至似地形面的正常重力公式是

$$\gamma = \gamma_0 + \Delta\gamma(H)$$
$$\gamma_0 = 978\ 027.4 \times (1 + 0.005\ 298\sin^2\varphi + 0.000\ 019\ 7\sin^2 2\varphi) \times 10^{-5}\text{m/s}^2$$
$$\Delta\gamma(H) = -(0.308\ 77 - 0.000\ 43\sin^2\varphi)H + 0.72 \times 10^{-7}H^2 \times 10^{-5}\text{m/s}^2$$
$$\varphi = B - m\sin 2B, m = (a^2 - b^2)/(a^2 + b^2)$$

式中，$a = 6\ 378\ 245$m；$b = 6\ 356\ 863$m；H 为重力点的正常高，单位为 m；B 为重力点的大地纬度。

五、参考椭球

1. GRS80

1979 年国际大地测量协会在堪培拉召开的大会上，对大地测量参考系进行了更新，以决议的形式将下述元素定义为 1980 年大地测量参考系，即 GRS80。

$$a = (6\ 378\ 137 \pm 2)\text{m}$$
$$f = 1 : 298.257\ 222\ 101$$
$$J_2 = (1\ 082.63 \pm 1) \times 10^{-6}$$
$$GM = (3\ 986\ 005 \pm 0.5) \times 10^8 \text{m}^3/\text{s}^2$$
$$\omega = 7\ 292\ 115 \times 10^{-11}\text{rad/s}$$

2. WGS84

WGS84 椭球实际上使用 GRS80 椭球，仅扁率存在微小差异。

$$a = (6\ 378\ 137 \pm 2)\text{m}$$
$$f = 1 : 298.257\ 223\ 563$$
$$J_2 = 1\ 082.635 \times 10^{-6}$$
$$GM = 3\ 986\ 005 \times 10^8 \text{m}^3/\text{s}^2$$
$$\omega = 7\ 292\ 115.147 \times 10^{-11}\text{rad/s}$$

3. ITRF 规范

1995 年 IAG 推荐最新的理想地球椭球定义为下述参数，此参数已被引入"ITRF 规范 (1996)"中。

$$a = 6\ 378\ 136.49\text{m}$$
$$f = 1 : 298.256\ 45$$
$$GM = 3\ 986\ 004.418 \times 10^8 \text{m}^3/\text{s}^2$$
$$\omega = 7\ 292\ 115 \times 10^{-11}\text{rad/s}$$

主要参考文献

Seeber Gunter. 卫星大地测量学[M]. 德国. 赖锡安,游新兆,等译,北京:地震出版社,2007.

陈刚. GPS跨河水准高差拟合方法研究[J]. 军事测绘,2008(11):20-41.

陈刚. 特大型桥梁高精度GPS跨河(谷、海)高程传递关键技术研究[D]. 武汉:中国地质大学博士论文,2008.

党亚民,秘金钟,成英燕. 全球导航卫星系统原理与应用[M]. 北京:测绘出版社,2007.

符养. 中国大陆现今地壳形变与GPS坐标时间序列分析[D]. 上海:中国科学院上海天文台博士论文,2002.

姜卫平. GAMIT软件操作手册[M]. 武汉:武汉大学出版社,2001.

金双根,朱文耀. 关于全球板块运动模型ITRF 2000VEL若干问题探讨[J]. 地球物理学进展,2002,17(3):430-436.

金双根,朱文耀. 基于ITRF 2000的全球板块运动模型[J]. 中国科学院上海天文台年刊,2002,23(1):28-33.

赖锡安,黄立人,等. 中国大陆现今地壳运动[M]. 北京:地震出版社,2004.

刘基余,李征航. 全球定位系统原理及其应用[M]. 北京:测绘出版社,1993.

刘经南,施闯,许才军,等. 利用局域复测GPS网研究中国大陆块体现今地壳运动速度场[J]. 武汉大学学报·信息科学版,2001,26(3):189-195.

刘经南,施闯,姚宜斌,等. 多面函数拟合法及其在建立中国地壳平面运动速度场模型中的应用研究[J]. 武汉大学学报·信息科学版,2001,26(6):500-506.

石耀霖,朱守彪,等. 利用GPS观测资料划分现今地壳活动块体的方法[J]. 大地测量与地球动力学,2004,24(2):1-5.

孙建中,杨少敏. 用GPS资料揭示现今中国大陆构造运动[J]. 大地测量与地球动力学,2005,25(3):75-80.

唐颖哲,杨元喜,宋小勇. 2000国家GPS大地控制网数据处理方法与结果[J]. 大地测量与地球动力学,2003,23(3):77-82.

田建波,董朝阳. WGS84与ITRF的区别[J]. 军事测绘,2007(1):25-27.

田建波,王俊勤. GPS在测高方面的应用[J]. 军事测绘,2002(2).

田建波,曾兵. 固定点对GPS工程网精度的影响[J]. 军事测绘,2003(1).

田建波,曾志林. 利用GPS高求取正常高的几种拟合方法[J]. 海洋测绘,2004,24(2):15-18,24.

田建波. GPS控制网布测[M]. 北京:解放军出版社,2003.

田建波. 中蒙边界联测GPS控制网布设[M]. 北京:解放军出版社,2004.

王敏,张祖胜,许明元,等. 2000国家GPS大地控制网的数据处理和精度评估[J]. 地球物理学报,2005,48(4):817-823.

许其凤.空间大地测量学[M].北京:解放军出版社,2001.

姚宜斌,刘经南,施闯,等.ITRF97参考框架下的中国地壳板块运动背景场的建立及应用[J].武汉大学学报·信息科学版,2002,27(4):363-367.

郑祖良.全球大地测量坐标系综述[M].北京:解放军出版社,2002.

朱长青.计算方法及其在测绘中的应用[M].北京:测绘出版社,1997.

朱汉泉,田建波.利用GPS方法求定正常高[J].军事测绘,2003(4).

朱文耀,符养,李彦,等.ITRF 2000的无整体旋转约束及最新全球板块运动模型NNR-ITRF2000VEL[J].中国科学(D辑),2003,33(S):1-11.

朱文耀,符养,等.基于ITRF 2000的全球板块运动模型和中国的地壳形变[J].地球物理学报,2002,45(21):197-204.